Wilhelm Schneider

Glauben oder doch lieber selber denken?

Unsortierte Gedanken über das Glauben im allgemeinen und über den Glauben im Besonderen

© 2021 Wilhelm Schneider

Verlag und Druck:
tredition GmbH, Halenreie 40-44, 22359 Hamburg

ISBN
Paperback: 978-3-7497-2006-4
Hardcover: 978-3-7497-2007-1
e-Book: 978-3-7497-2008-8

Glauben oder doch lieber selber denken?

UNSORTIERTE GEDANKEN ÜBER DAS GLAUBEN IM ALLGEMEINEN

UND ÜBER DEN GLAUBEN IM BESONDEREN

Aberglaube, Esoterik, Homöopathie, Germanische Medizin, Klima, Milchstraßenbesiedelung, Religionen, Sekten, Ufo`s

und andere Fantastereien

Wenn der Geist den Fortschritt der Technik und der Wissenschaft eingeholt hat, können wir Hoffnung für unseren Planeten haben.

Sithu U Thand

Die Natur hat uns mit einem hochentwickelten Gehirn ausgestattet, mit dem wir viele unserer Probleme angehen und lösen können und damit sind unter anderem auch die Voraussetzungen dafür geschaffen, dass wir in der Lage wären, in Frieden miteinander zu leben und unseren Planeten zu bewahren, wenn wir nur wollten.

Doch ich **glaube**, im Moment sieht es auf unserem Planeten trotz des rasanten Fortschritts in der Technik und den enormen Erkenntnissen in der Wissenschaft mit der geistigen Entwicklung bei sehr großen Teilen der Menschheit trotz des hochentwickelten Gehirns leider nicht nach irgendwelchem Fortschritt aus.

Im Gegenteil, viele Menschen sperren sich oft gegen jede wissenschaftliche Erkenntnis und schalten ihr Gehirn aus. Sie glauben lieber geistig gestörten Verschwörungstheoretikern oder sind auf dem Weg zurück in die Steinzeit. Leider nicht mehr mit Trommel und Keule sondern mit Internet, Sprengstoff und Sturmgewehr. Dabei ist niemand bei seiner Geburt bereits auf Dummheit programmiert oder ein Rassist, ein potentieller Mörder oder

ein religiöser Eiferer, er wird erst durch seine Umwelt dazu gemacht. Leider.

In vielen Fällen spielen religiöse Gründe eine Rolle, die ausschlaggebend für die Entscheidungen eines Menschen sind. Solange noch Religionen eigenständig in Schulen und Hochschulen
gegen besseres Wissen unterrichtet werden und damit junge
Menschen mit längst überholten, wissenschaftlich nicht mehr
haltbaren Dogmen indoktriniert werden, hat der Fortschritt keine
Chance. Religionen mit ihren Göttern, egal welcher Couleur, gehören in unserer Zeit in den Geschichtsunterricht.

Wir müssen dem Glauben mit Logik, Vernunft und Wissen begegnen.

Wilhelm Schneider

Wie sagen die Westfalen doch? Wenn man einmal anfängt nachzudenken, kommt man schnell von „Höcksken auf Stöcksken". Das stimmt. Es gehen einem viele Fragen und Ideen auf einmal durch den Kopf und ein Denkspiel bedingt häufig ein anderes. Manchmal kommen die Ideen schneller als man schreiben kann. Deshalb werde ich hier und da ein schon angesprochenes Thema unter einem anderem Blickwinkel noch einmal aufgreifen. Insbesondere der Zustand unseres Planeten lässt mich nicht los.

Ich bitte Sie, liebe Leserin, lieber Leser, im Voraus, die etwas chaotische Reihenfolge und meinen manchmal mit mir durchgegangenen Sarkasmus zu entschuldigen. Vielleicht folgen Sie trotzdem meinen etwas sprunghaften Gedanken und können mir manchmal sogar zustimmen. Sollten Sie einen Druckfehler finden, dürfen Sie ihn behalten.

Glaube an sich

Unsere Welt ist voller Rätsel und es ist ein menschliches Bedürfnis, auch zunächst unerklärliche Dinge verstehen zu wollen. Diese Neugier ist verständlich, doch sie ist nicht bei jedem Menschen gleich stark ausgeprägt, und nicht immer gelingt es, bestimmte Phänomene selbst zu ergründen. In diesen Fällen kommen häufig andere Menschen ins Spiel und behaupten, die mysteriösen Zusammenhänge erklären zu können.

Wenn es Wissenschaftler sind, werden sie anhand von Beweisen die Erklärungen liefern. Wenn es sich aber um selbsternannte Alleswisser oder Religionsvertreter handelt, die angeblich aufgrund göttlicher Unterstützung alles wissen, wie die Pfarrer, Rabbis und Imame behaupten, ist Skepsis angesagt. Auch wenn in ihren Auslegungen und teilweise skurrilen Erklärungen keinerlei Logik enthalten ist und auch keine Beweise geliefert werden, soll man ihre wirren Ausführungen kritiklos glauben und nichts hinterfragen.

Mit dem Glauben ist das allerdings so eine Sache. Selbstverständlich steht es jedem frei, etwas zu glauben. Jeder kann glauben, was er will, selbst noch so unsinnige, absurde Dinge, auch wenn sie dem gesunden Menschenverstand und allen wissenschaftlichen Erkenntnissen deutlich erkennbar widersprechen. Dennoch wird man einen Glaubenden von völlig unsinnigen Vorstellungen auch mit wissenschaftlichen Beweisen nicht abbringen können, wenn er sein Gehirn nicht einschaltet.

Ein vom Glauben Besessener kann allerdings nicht erwarten, dass alle Mitmenschen seine Ansicht ohne kritische Prüfung übernehmen. Ein Glaubender sollte nicht versuchen, dem Anderen gegen dessen Willen seinen Glauben aufzwingen zu wollen, was allerdings ständig versucht wird. Im anderen Fall kann man einen Glaubenden nicht zwingen, etwas nicht zu glauben. Vielleicht hilft in Einzelfällen jedoch der Versuch, ihn mit schlagkräftigen Argumenten zu überzeugen. Ansonsten gibt es auch noch Psychiater, die helfen können.

Doch was sagt uns das Glauben an eine Sache oder eine Fiktion? Es bedeutet: Ich bin mir zwar ziemlich sicher, dass meine Vorstellung tatsächlich richtig sein könnte, es fehlen mir leider die Beweise. Aber ich hoffe, es könnte so sein, wie ich es mir vorstelle, es wäre so schön. Ja, ich will es so sehen!

Der Glaubende verwechselt häufig Glauben mit Wissen. Er hat für seine Vorstellungen keinerlei Beweise und kann seine Behauptungen nicht mit Fakten untermauern, ist jedoch von der Richtigkeit seiner Vorstellung überzeugt. Gäbe es allerdings gesicherte Beweise und wissenschaftliche Untermauerungen, müsste er nicht glauben. Dann kann er sagen: Sieh mal, so ist es! Ich weiß es. Ich kann es dir an folgenden, nachprüfbaren Fakten beweisen.

Es wird uns in Sachen Glauben aber auch äußerst viel abverlangt, und das in allen Bereichen unseres Lebens. In manchen Fällen ist die Situation eindeutig, in anderen Fällen sehr kompliziert zu beurteilen.

Dazu drei Beispiele:

1) „Herr Richter, ich habe den Mann nicht umgebracht, *das müssen Sie mir glauben!*", sagte der bereits wegen mehrfacher Körperverletzung vorbestrafte Angeklagte.

„Das müssen Sie mir glauben!", der Standardsatz eines jeden Verbrechers kommt in jedem Kriminalfall in der Realität und in jedem Kriminalfilm vor.

Der Angeklagte hofft etwas naiv, dass der Richter ohne weitere Nachprüfung seinen Worten glauben würde. Der glaubt dem Angeklagten jedoch nicht, weil es erdrückende **Beweise** gibt. Das Messer in der Brust des Toten gehört dem Angeklagten und weist nur dessen Fingerabdrücke auf. Das Blut des Toten ist auf der Kleidung des Angeklagten nachgewiesen. Unter den Fingernägeln des Toten hat man Hautpartikel gefunden, die nach einer Genanalyse eindeutig dem Angeklagten zugeordnet werden konnten. Ein Zeuge hatte die Tat beobachtet und sofort ein Foto mit seinem Handy gemacht. Es gibt einfach zu viele Beweise verschiedenster Art, die wissenschaftlich untermauert werden können. Nur ohne alle diese Beweise hätte die Sache für den Mörder vielleicht günstig ausgehen können.

2) **Ich** habe mit meiner Sekretärin kein Verhältnis, und das Kind, das sie bekommen hat, ist nicht von mir. *Das musst du mir glauben!*"

Doch seine Frau bleibt skeptisch. „Du kannst mir viel erzählen! Ich bestehe auf einer aussagekräftigen **Genanalyse.**" Hier hilft die Wissenschaft: Ein Vaterschaftstest bringt Gewissheit.

3) Eine Meinung: „Ich glaube nicht an die Klimakatastrophe."

Eine zweite Meinung: „Ich glaube, die Klimaerwärmung wird zu großen Problemen führen."

Auch bei dem für die Menschheit derzeit wichtigsten aktuellen Thema **Klimaentwicklung**, mit der sich namhafte Wissenschaftler in aller Welt beschäftigen, gibt es konträre Meinungen. Wissenschaftler haben eindeutige Beweise, mit denen sie ihre Theorien beweisen können. Der nicht wissenschaftlich vorbelastete ehemalige amerikanische Präsident Donald Trump glaubte dagegen, die Klimaerwärmung wäre eine Erfindung der Chinesen. Eigenartigerweise sind auch viele Politiker der populistischen Parteien häufig blind für die Ergebnisse der Wissenschaftler. Offensichtlich sind manche Gehirne für die Beurteilung wissenschaftlicher Erkenntnisse und für die Folgen der Ignoranz nicht geeignet. Fehlen in bestimmten Regionen eventuell einige Millionen Gehirnzellen, oder sind sie falsch vernetzt?

Glaube, Wissenschaft, Beweise

Das, was man in diesen verschiedenen Beispielen glauben soll, kann durch offensichtliche **Beweise** oder mit Hilfe der **Wissenschaft** entkräftet oder bestätigt werden. Dadurch wird aus einer Vermutung **Gewissheit**. Man muss heute keine Götter und Geister mehr erfinden und bemühen, mit der Wissenschaft fährt man besser, der Glaube ist überflüssig.

Die verschiedenen Religionen leben jedoch ausschließlich vom Glauben. Im religiösen Bereich werden Geschichten verbreitet, ohne dass sie plausibel oder auf irgendeine Art bewiesen sind. Viele Behauptungen stammen aus Zeiten, in denen die Menschen keinerlei Kenntnisse von Naturgesetzen hatten und alle Phänomene überirdischen Mächten und Geistern zugeschrieben haben. Uralte mündliche und schriftliche Überlieferungen von fantasievollen Autoren werden auch heute noch unkritisch als wahr übernommen. Ein gutes Beispiel ist die Bibel, Gottes Wort, wie die Priester sagen. Allerdings sind sämtliche Kapitel ohne

Ausnahme nicht von „Gott", sondern von mehr oder weniger fantasiebegabten Autoren geschrieben worden.

Mit unseren heutigen wissenschaftlichen Kenntnissen sollte man mit dem Glauben vorsichtig sein und alles erst einmal auf Plausibilität hinterfragen. Wenn etwas unklar ist, kann heute in vielen Fällen die Wissenschaft helfen.

Behauptungen, die man ohne jeden Beweis glauben soll, die oft sogar dem simplen kritischen Menschenverstand völlig widersprechen und einer wissenschaftlichen Überprüfung in keiner Weise standhalten, sind nicht glaubwürdig und sollten unter der Rubrik „Vorsicht! Unsinn", oder sogar „Betrug!" abgelegt werden.

Man sollte generell skeptisch sein und für sein Urteil seine geistigen Fähigkeiten und die heutigen wissenschaftlichen Erkenntnisse nutzen. Dazu hat der Homo Sapiens im Laufe der Jahrtausende ein an sich gut funktionierendes Gehirn erworben und stets weiterentwickelt. Wenn man wirklich will, kann man viele Milliarden Gehirnzellen aktivieren, um fragwürdige Aussagen zu überdenken.

Bedenken Sie, auch wenn viele Menschen einer Meinung sind, kann diese Ansicht falsch sein.

„Die Wahrheit hat nichts zu tun mit der Zahl der Leute, die von ihr überzeugt sind", meinte Pascal Claudel, französischer Schriftsteller und Diplomat (1868 – 1955).

Der Glaube in jeder Form ist offensichtlich ein menschliches Bedürfnis und ein Problem zugleich. Normalerweise ist Glaube immer mit einer bestimmten Hoffnung gekoppelt: Hoffnung auf Heilung, Hoffnung auf Glück, Hoffnung auf Erfolg, oder ein Platz im Elysium.

Aber auch Angst kann zu ungewöhnlichen Reaktionen führen und den Glauben an Geister und Dämonen auslösen.

Leider gibt es immer wieder Scharlatane, die die Leichtgläubigkeit der Mitmenschen skrupellos ausnutzen und sie geschickt manipulieren. Und das kostet den Leichtgläubigen oft viel Geld oder in vielen Fällen sogar seine Gesundheit.

Nicht nur im religiösen, auch in nichtreligiösem Bereich wird viel geglaubt und viel bezahlt, ohne dass nur der geringste wissenschaftliche Beweis vorhanden ist. Oder noch schlimmer, es ist sogar wissenschaftlich bewiesen, dass eine Behauptung oder eine Ansicht falsch ist. In diesem Fall sollte man sich von diesem Glauben trennen, auch wenn es noch so schwer fällt. Der Mensch kann immer dazulernen.

Es scheint aber zuweilen eine Art Besessenheit zu sein, um jeden Preis etwas glauben zu wollen und sei es auch noch so absonderlich.

„Tritt eine Idee in einen hohlen Kopf, so füllt sie ihn völlig aus, weil keine andere da ist, die ihr den Rang streitig machen könnte", meinte schon **Charles-Louis de Montesquieu**, französischer Schriftsteller und Philosoph (1689 – 1755)

Dummheit gab es damals schon und wird es leider immer geben.

In der heutigen Zeit erreichen Behauptungen, Gerüchte oder Falschmeldungen über Twitter, Facebook, YouTube oder Feed-Dienst in kürzester Zeit Millionen Menschen und können, einmal in die Welt gesetzt, nicht mehr aus dem kollektiven Bewusstsein der Menschen gelöscht werden.

„Menschen glauben Gerüchten sogar dann, wenn sie nachweislich falsch sind", sagt der US-Psychologe **Jerry Wilson**.

Wunderliches aus der Medizin

Jeder Mensch mit einem normal funktionierenden Denkvermögen muss auch heute noch am Verstand vieler seiner Mitmenschen zweifeln.

Da gibt es zum Beispiel Zeitgenossen, die bewusst wissenschaftliche Fakten verleugnen und uns irreführen wollen. Und es gibt andererseits Zeitgenossen, die auf offensichtlichen Unsinn hereinfallen.

Durch viele Köpfe geistert der Begriff „alternative Medizin", ein Begriff, der im Vergleich zur „Schulmedizin" für einige Gläubige die bessere Heilung verspricht. Dabei hat ein approbierter Schulmediziner eine langwierige und gründliche Ausbildung durchlaufen. Ich glaube, dass ein Heilpraktiker durch seine kurze Ausbildung auch nicht annähernd das Wissen eines Arztes erreicht.

Dann gibt es noch die Spezialisten ohne medizinische Ausbildung. Können Sie sich zum Beispiel etwas unter *Germanischer Medizin* vorstellen? Nein? Ich auch nicht. Was soll das speziell *Germanische* an der Medizin sein?

Jedenfalls vertritt ein früherer Molkerei-Fachmann die Idee der ***Germanischen Neuen Medizin*** und versucht, seine bizarre Erleuchtung zu verbreiten. Sind wir wieder bei der germanischen Rasse?

Der NDR berichtete am 14.04.2015 über *„Das wirre Weltbild der Germanischen Neuen Medizin". Hier werden gefährliche Heilversprechen und antijüdische Verschwörungstheorien verantwortungslos vermischt und verbreitet.*

Für ihn, den nicht wissenschaftlich vorbelasteten Molkerei-Fachmann, existieren zum Beispiel die von vielen Generationen von Forschern inzwischen sehr genau erforschten und in unzähligen wissenschaftlichen Arbeiten nachgewiesenen, in modernen Mikroskopen sichtbaren Viren mit ihren für Mensch und Tier tödlichen Fähigkeiten nicht! Nein, Krankheiten werden nicht durch Ansteckung verbreitet, so die Botschaft des germanischen Molkereifachmannes. Masern und andere Epidemien werden nicht von Viren ausgelöst, sondern sind die Folge seelischer Probleme. Demnach müssten tausende Menschen, bei Pandemien sogar Millionen Menschen, gleichzeitig die gleichen seelischen Probleme bekommen und sollten von Psychiatern behandelt werden. Dann wäre nach dieser Hypothese auch die Angst vor den in Geheimlaboren aufbewahrten Pocken- oder Milzbrandviren völlig unbegründet. Auch Corona-Viren verschwinden, wir müssen nur wissen, wo das seelische Problem liegt und uns vor dem Problem hüten.

Es ist allerdings umgekehrt. Seelische Probleme sind die Folge der Krankheit. Tatsache ist, dass Viren eine tötliche Krankheit auslösen können und die notwendigen Isolationen zu seelischen Problemen führen. Ich muss also die Krankheit bekämpfen, damit die seelischen Probleme gelöst werden können.

Impfungen werden von Vertretern der germanischen Richtung generell als unnötig abgelehnt. Die **Spanische Grippe**, die Anfang des vorigen Jahrhunderts (1918 – 1920) weltweit etwa fünfhundert Millionen Menschen erfasste, von denen etwa zweiundzwanzig Millionen Opfer starben, wurde nach der Version der German-Mediziner nicht durch Viren ausgelöst. Sie hatten alle nur seelische Probleme. Sie hätten also zum Psychiater gehen müssen. Es starben damals nur geimpfte Personen, so die germanische Aussage. Dumm ist nur, dass es zu der damaligen Zeit noch keine Grippeimpfungen gab und kein Pharma-Unternehmen die zweiundzwanzig Millionen Einheiten eines damals noch nicht existierenden Grippe-Impfstoffs herstellen konnte.

Und was die studierten Mediziner über den Krebs wissen ist völlig falsch. Durch intensives Nachdenken ist den German-Medizinern die Erleuchtung gekommen. Der Krebs entsteht nach Ansicht dieser nicht wissenschaftlich vorbelasteten Steinzeit-Mediziner durch innere Konflikte des Körpers! Stellt sich die Frage: Wer hat im Körper mit wem derartige Konflikte, dass sich ein Tumor entwickelt? Gibt es verschiedene Konfliktsituationen? Hat etwa die Niere Probleme mit der Bauchspeicheldrüse? Das gilt es herauszufinden. Jedenfalls, nach der Lösung des Konfliktes verkümmern die Krebszellen und der Krebs verschwindet auf mysteriöse Weise von allein ohne weitere Behandlung, eine Operation oder Chemotherapie ist nicht notwendig. Allerdings gibt es keinen Vorschlag von den germanischen Medizinern, wie man die Konfliktparteien ermitteln kann, oder was zur Lösung der Konflikte der inneren Regionen beiträgt. Ich fürchte, mit Yoga oder Hypnose allein kann man die Konfliktparteien nicht erkennen und ihren Konflikt nicht lösen.

Trotz der nachgewiesenen falschen, unsinnigen Behauptungen
finden sich auch in diesem Fall leichtgläubige Menschen, die auf
diese Falschaussagen eines wunderlichen Kauzes herein fallen
und kritiklos diesen germanischen Unsinn glauben. (Siehe oben
Montesquieu und Wilson)

Das gleiche Problem scheint bei neuen Epidemien immer wieder
aufzutauchen. Ende 2019 wurde die ganze Welt von einer weiteren Pandemie bisher nicht bekannten Ausmaßes heimgesucht.
Es trat ein neues Virus, **Covid-19**, auf, das bisher in asiatischen
Fledermäusen und im Pangolin, einem Schuppentier schlummerte. Da in Asien Fledermäuse und das Pangolin als Delikatesse
gelten, war es nur eine Frage der Zeit, bis das Covid-19-Virus
dort bei der Verarbeitung in der Küche auf die Köche übersprang. Die Auswirkungen der weltweiten Pandemie kennt jeder
zur Genüge. Im Juli 2021 waren es weltweit bereits über 190 Millionen Infizierte und mehr als 4 Millionen Todesfälle. Spitzenreiter waren die USA mit über 33,9 Millionen Infizierten und mehr
als 600.000 Toten. Inzwischen befindet sich Indien mit täglich
400.000 Infizierten auf der Überholspur. Von den Germanen ist
zu dieser Pandemie noch nichts zu hören.

Enttäuschend waren die Reaktionen vieler Politiker, die nicht
wussten, wie sie mit der ausufernden Pandemie umgehen sollten. Wie eine bisher nicht gekannte Pandemie dieses Ausmaßes
bekämpfen? Die Empfehlungen wechselten ständig. Abstand
halten, Masken tragen, Impfen, reicht das? Wenn alle mitmachen, kann das funktionieren. Doch nicht alle machten mit. Viel
mussten ohne Masken und ohne Abstand zu halten gegen die
Maßnahmen der Regierung demonstrieren.

Und dann die völlig unsinnigen, jeden wissenschaftlichen Erkenntnissen widersprechenden Verschwörungstheorien der
„Querdenker", nach denen die Pharma-Industrie die Viren in die
Welt gesetzt haben sollte, um Geld zu generieren. Andere wiederum vermuteten Bill Gates hinter der Pandemie, der über die

Impfung den Patienten einen Mikrochip implantieren will, um die Menschen zu kontrollieren zu können. „Querdenker" bedeutet, dass sie nicht normal denken können. Ihr Gehirn arbeitet nicht normal von einer Gehirnzelle in die nächste Zelle, sondern quer zur Seite in die falsche Region.

Ebenso gab es abstruse Behandlungsvorschläge, die überwiegend in den sozialen Netzwerken verbreitet wurden. Empfohlen wurde unter anderem hochkonzentrierter Alkohol, wodurch 800 Menschen starben. Auch Methanol sollte helfen, dadurch landeten fast 6.000 Menschen im Krankenhaus, 60 erblindeten. US-Präsident Trump empfahl die Einnahme von Desinfektionsmitteln, die, wenn sie auf der Haut wirken, auch im Körper Viren töten müssten. In Indien wurde das Gerücht verbreitet, man könne mit Kuh-Urin oder Kuhdung vorbeugen, andere nahmen einen Drink aus hochgiftigen Stechäpfeln zu sich. In Saudi-Arabien wurde Kamel-Urin mit Limone als Wundermittel offensichtlich von Witzbolden angepriesen.

Wollen Sie, lieber Leser, in diesem Zusammenhang unbedingt etwas glauben? Dann glauben Sie mir, die Viren gibt es wirklich. Gehen Sie in ein Forschungslabor und schauen Sie durch ein Elektronenmikroskop. Und Kamel-Urin mit Limone ist keine Medizin gegen Covid-19-Viren und Bill Gates hat nichts damit zu tun! Aber Impfen hilft!

Was sind Viren? Kann man sie eigentlich zu den Lebewesen rechnen? Es sind sehr seltsame, nur im Elektronenmikroskop zu entdeckende, kugelförmige geordnete Konglomerate aus verschiedensten Proteinen, allerdings ohne Gehirn, Nerven und Blutbahnen. Auch irgendwelche Andeutungen von anderen Organen sind nicht vorhanden, dafür hätten sie im Nano-Bereich auch keinen Platz. Ohne Gehirn können sie nicht denken, aber diese Gen-gesteuerten Winzlinge haben einen äußerst fiesen Charakter. Sie zeigen einen unstillbaren Drang, sich ohne Rücksicht zu vermehren. Dazu brauchen sie jedoch eine kuschelige Wirtszelle. Was zwingt diese hirnlose Kugel dazu, woher kommt dieser Drang? Mit Fledermäusen und dem Schuppentier Pangolin haben sie im Laufe vieler Jahre eine Koexistenz entwickelt. Diese Wirte zeigen zwar eine Immunität gegen die Covid19-Viren, beherbergen jedoch die Viren und geben sie gerne weiter. Die geeignesten Zellen hat offensichtlich der Mensch in seiner Lunge. Die Viren dringen in die Zelle ein und vermehren sich dort, indem sie das Zellmaterial dafür verwenden und die Zelle dadurch zerstören. Der Wirt hat dann in den meisten Fällen durch den Befall große gesundheitliche Schwierigkeiten.

Dank der Forschung vieler Wissenschaftler ist man heute in der Lage, vielen Krankheiten durch **Impfung** den Schrecken zu nehmen und viel Leid zu verhindern. An der Entwicklung eines Impfstoffes gegen das Covid-19-Virus wurde und wird weltweit intensiv geforscht. Im November 2020 haben die ersten hoffnungsvollen Impfstoffe ihre Tests bestanden.

Bei der Entwicklung eines Impfstoffes braucht man jedoch viel Zeit, um eventuelle Nebenwirkungen zu erkennen und auszuschließen. Hat man dann einen Impfstoff, sind die Risiken einer Impfung deutlich geringer als die Risiken einer ausbrechenden Krankheit. Da ist es unverständlich und verantwortungslos, wenn Menschen mit beschränktem Horizont Müttern das Impfen ihrer Kinder suggestiv ausreden und unnötigerweise die Gesundheit der Kinder zum Beispiel mit *Masern-Partys* aufs Spiel setzen. Durch Impfungen wird auf jeden Fall eine ausbrechende Krankheit in ihrem Verlauf gemildert und die Gesundheit eines Kindes ist ein hohes Gut, dass man nicht leichtsinnig aufs Spiel setzen darf.

Neben den Viren sind auch die Bakterien eigenartige winzige Lebewesen, aus nur einer Zelle bestehend, ebenfalls ohne Organe und ohne Blutkreislauf, jedoch ausgestattet mit Chromosomen und der Fähigkeit, sich ohne Wirt zu teilen. Wir kommen besser mit ihnen aus, als mit Viren. Sie sind auch kleinste chemische Fabriken, die die Biochemiker nutzen und die uns zum Beispiel auch als Darmbakterien sehr nützlich sind. Ein Wunder der Natur.

Heilpraktiker / Homöopathie.

Wenden wir uns einem anderen großen Gebiet des Glaubens zu, den alternativen Heilverfahren der Heilpraktiker.

Die **Ruhr-Nachrichten** berichten am 23. August 2017: „Reformen bei Heilpraktikern gefordert. Experten sehen Patientenwohl gefährdet."

Eine 17-köpfige Expertengruppe hat sich im August 2017 in Münster mit dem Beruf des Heilpraktikers befasst. Das Gremium spricht sich für tiefgreifende Reformen des Heilpraktiker-Berufes aus. Der Beruf des Heilpraktikers sollte entweder ganz abgeschafft oder grundlegend reformiert werden.

„Alternativmediziner" dürfen sich nicht weiter nach einer kurzen, weitgehend unregulierten Ausbildung als staatlich anerkannte Heilpraktiker bezeichnen dürfen. Das würde bei Patienten den Eindruck erwecken, Heilpraktiker seien eine gleichwertige Alternative zu Ärzten, die ein langjähriges Studium absolviert hätten. Das könne gefährliche Folgen haben. Trotz fehlender wissenschaftlicher Beweise für die Wirksamkeit werden von Heilpraktikern teils dubiose Methoden und zweifelhafte Medikamente angewandt.

Am 3.Juli 2019 lautet ein Zeitungsartikel: *Kassen sollen nicht mehr für Homöopathie zahlen*   Berlin (dpa). „SPD-Fraktionsvize Karl Lauterbach will gesetzlichen Krankenkassen die Kostenerstattung von Homöopathie verbieten..."

Im *Brennpunkt* der Apotheken Umschau vom Juli 2019 heißt es: *Kranke Konkurrenz*

„Gesetzliche Krankenkassen   Viele Pflichtversicherer bezahlen Therapien, für die es keinen wissenschaftlichen Wirksamkeitsnachweis gibt. Gesundheitsexperten kritisieren diese Praxis....."

Problematisch wird es, wenn Menschen mit lebensbedrohlichen Krankheiten, zum Beispiel Krebspatienten, sich nur auf Heilpraktiker oder selbsternannte Heiler verlassen und ausschließlich auf homöopathische Mittel vertrauen. Im Sommer 2016 hatte ein Heilpraktiker am Niederrhein einige Patienten in einer alternativen Krebspraxis behandelt. Drei von ihnen starben. Die Staatsanwaltschaft hat ermittelt, dass der Heilpraktiker ein nicht zugelassenes Medikament verwendet hat und die Mischungen seiner Krebsmittel falsch waren. Von Konsultationen von Schulmedizinern hatte er abgeraten.

Homöopathische „Wirkstoffe"

Homöopathie ist ein weiteres großes Feld des Glaubens im Bereich der „Alternativmediziner". Homöopathen bekämpfen unter anderem Krankheiten mit den Mitteln, die normalerweise die Krankheiten hervorrufen, allerdings in hohen Verdünnungen, den *Potenzen,* angegeben in *D = Dezimalpotenz*. Niedrige und niedrigste Dosen eines Wirkstoffes wirken angeblich heilend.

Die nächst höhere Potenz ist immer 1:10 verdünnt. D1 heißt, man nimmt einen Kubikzentimeter eines Wirkstoffs und verdünnt ihn mit zehn Kubikzentimeter wirkstofffreiem Verdünnungsmittel. Von dieser Verdünnung nimmt man wieder einen Kubikzentimeter und verdünnt ihn wiederum mit zehn Kubikzentimetern Verdünnungsmittel. D6 heißt dann, die Prozedur wurde sechs mal durchgeführt, es ist also schon extrem stark verdünnt. Bei einer Potenz D6 wird 1 cm^3 in 1 m^3 verteilt!!! Somit reicht ein Kubikzentimeter Wirkstoff für 10.000 Medizin-Flaschen zu je 100 Kubikzentimeter. Bei einem D9-Präparat ist 1 cm^3 in 1.000 m^3 aufgelöst. Das wäre ein Teelöffel Wirkstoff in einem Schwimmbecken von 50 Meter Länge, 10 Meter Breite und 2 Meter Tiefe. Was soll da noch wirken? Sie können ein D9-Präparat literweise trinken ohne eine therapeutische Wirkung zu erreichen. Allerdings ruft der extrem verdünnte giftige Wirkstoff keine entsprechende Krankheit hervor. Hier macht es wirklich nur der Glaube!

Fest steht, dass man in der Homöopathie mit sehr wenig Wirkstoff sehr viel „Arznei" produzieren kann. Bei einer D12-Verdünnung gibt man einen Kubikzentimeter, etwa einen halben Fingerhut voll Wirkstoff in einen Würfel von hundert Meter Kantenlänge. Erwarten Sie bei dieser Verdünnung noch eine positive Wirkung, wenn Sie zum Beispiel fünf oder zehn Kubikzentimeter der fertigen „Arznei" zu sich nehmen?

Ein Beispiel aus der Apotheken Umschau: Im Präparat *Gelencium arthro* ist der Wirkstoff *Toxicodendron quercifolium* in der Verdünnung D12 angegeben! Wollen Sie es ausrechnen, wieviel Tonnen „Medizin" man mit einem Kubikzentimeter Wirkstoff herstellen kann? Der Preis des Wirkstoffs spielt bei der Verdünnung keine Rolle mehr.

Das gleiche gilt für Globuli. Wenn ich krank bin, nehme ich Globuli! Bei D6-Globuli sind 1 Gramm Wirkstoff auf 1.000 Kilogramm Füllstoff verteilt. Um diese kleine Menge Wirkstoff homogen in der riesigen Menge Füllstoff zu verteilen, braucht man technisch hervorragende Präzisionsmischer. Wenn Sie D6-Globuli in Erwägung ziehen sollten, nehmen Sie doch gleich einen Teelöffel reinen Zucker, der hat den gleichen Effekt, Sie müssen nur an seine Wirkung glauben. Probieren Sie es doch einmal anstelle von Kügelchen in D6-Verdünnung, Sie werden überrascht sein.

Bei diesen homöopathischen Verdünnungspotenzen ist rechnerisch nachweisbar, dass ab einer Verdünnung von D23 in der Flasche kein Molekül der Wirksubstanz mehr enthalten sein muss!

Trotzdem verschreiben Homöopathen in manchen Fällen sogar noch D30-Potenzen mit dem Hinweis, das Wasser habe ein *Erinnerungsvermögen* und die „Arznei" wirke deshalb auch bei dieser Verdünnung noch. Eine Behauptung, die niemand, auch der Homöopath nicht wissenschaftlich beweisen kann. Es ist reine Glaubenssache und widerspricht wissenschaftlichen Erkenntnissen!

Unter dem gleichen Aspekt müsste sich unser gereinigtes Trinkwasser auch an die vielen Verunreinigungen, die ihm entzogen wurden, erinnern. Sie müssten sich dann sehr negativ auf unsere Gesundheit auswirken.

Wissenschaftlich bewiesen ist jedoch vom *Max-Born-Institut* in Berlin, dass der Impuls, den ein Wassermolekül erhalten hat, bereits nach 50 Femtosekunden,   (0,000 000 000 000 050 sec.) abgeklungen ist und nicht mehr existiert.

Dr. *Nils Huse* ist der Überzeugung, dass dieses Ergebnis manches Erklärungsmodell für den Wirkungsmechanismus homöopathischer Medizin völlig ausschließt.

In solchen Modellen sollen Wassermoleküle angeblich über Tage und Wochen eine Struktur, die dem Negativ eines homöopathischen Wirkstoffes entspricht, behalten und dadurch ähnlich wie der Wirkstoff selbst heilen.

Im Wasser eine negative Struktur eines homöopathischen Wirkstoffes?? Was soll eigentlich eine „negative Molekülstruktur" sein? Soll es eine Abformung eines nicht mehr vorhandenen Wirkstoffmoleküls sein? Ein negatives Molekül ist ein nicht existierendes Molekül. Wassermoleküle können nicht die negative Struktur eines Wirkstoffes aus anderen Atomen annehmen und die Wirkung eines nicht vorhandenen Wirkstoffs übertragen! Wassermoleküle bestehen aus einem Sauerstoffatom und zwei Wasserstoffatomen, von denen sich in flüssiger Form acht Moleküle zu einer Molekülkette angelagert haben. Die Achterkette aus Wasserstoff- und Sauerstoffatomen können keine Kohlenstoff- und Stickstoffatome imitieren und komplizierte Großmoleküle nachahmen oder sogar ersetzen, sie bleiben in flüssiger Form in Achterketten nebeneinander. Entweder ist ein originaler Wirkstoff enthalten, oder nicht. Wenn nicht, ist auch keine Wirkung zu erwarten. Negativ geht nicht!

Dr. Nils Huse bezeichnet das Wasser auf Grund seiner Forschungsergebnisse als einen hochgradigen Kandidaten für *Alzheimer*.

Es ist wissenschaftlich absolut nicht nachzuvollziehen, dass Wasser ein Erinnerungsvermögen besitzt und negative Wirkstoffmoleküle darstellen kann. Trotzdem hält man in der Homöopathie an der offensichtlich falschen Behauptung fest und verkauft hoch verdünnte Wässerchen mit negativem Wirkstoff an gutgläubige Menschen.

Es soll Patienten geben, die bekunden, das ein D30-Mittel geholfen hätte. Das kann nur unter die Rubrik „Placeboeffekt und Autosuggestion" fallen! (Bild der Wissenschaft). Sie haben Ihrem Gehirn suggeriert, etwas gegen die Beschwerden getan zu haben, das registriert Ihr Gehirn und reduziert die Schmerzgrenze. Es merkt nicht sofort, dass Sie Ihrem Körper allerdings keinen „Wirkstoff" zugeführt haben. Das Gehirn reagiert spontan und fühlt sich verpflichtet, selber nach Besserungsmöglichkeiten zu suchen.

Diagnose- und Behandlungsmethoden von Heilpraktikern sind in vielen Fällen sehr eigenwillig und wissenschaftlich nicht nachvollziehbar, wie die folgenden Verfahren:

Seltsame Diagnose-Geräte

Ein persönlich erlebtes Beispiel des Autors: Ein früher in unserer Stadt praktizierender Heilpraktiker hatte mir vorgeschlagen, mich in die Geheimnisse der alternativen Heilverfahren einzuweihen und seine Praxis nach kurzer Ausbildung zum Heilpraktiker zu übernehmen. Er hat mir in diesem Zusammenhang ein Diagnoseverfahren vorgeführt, das mir als Chemieingenieur als absoluter Hokuspokus erschien. Ich verstehe etwas von Chemie und Technik, aber das, was der alte Herr mir dann erklärte, sprach gegen jede wissenschaftliche Regel:

Der Patient hält in jeder Hand eine Elektrode, die mit einem Anzeigegerät verbunden sind. Auch der Heilpraktiker hat eine mit dem Anzeigegerät verbundene Suchelektrode. Langsam fährt er mit der Suchelektrode über in Glasampullen eingeschlossene

Medikamente, die in mehreren Schubladen nebeneinander liegen. Hat die Suchelektrode das für den Patienten als notwendig auserwählte Präparat erkannt, meldet sich die Anzeige des Gerätes. Auf diese Weise hat man das für den Patienten notwendige Medikament gefunden. Ich nehme an, dass wahrscheinlich ein Zufallsgenerator im Spiel war, oder mein Bekannter unbemerkt einen Impuls auslösen konnte. Es ist absoluter Unsinn, dass ein in Glas eingeschmolzenes Präparat seinen speziellen Wirkbereich auf eine spezielle Krankheit in Form von ominösen Wellen ausstrahlt und der Patient über Elektroden selektiv den Bedarf signalisiert. Leichtgläubige werden sicher sehr beeindruckt von dieser Diagnostikmethode sein! Doch das ist Scharlatanerie in technischer Vollendung!

Vor einiger Zeit konnte man mit **Bio-Scan**-Geräten die gesamten Funktionen der verschiedenen Organe des Körpers überprüfen und Defizite ermitteln.

Im „Reformhaus-Kurier" März 2018 heißt es: *„Machen Sie den Vitality-Check mit dem wissenschaftlich geprüften biozoom Scanner! Ist mein Körper ausreichend geschützt? Messen Sie Ihr Gesundheitsprofil. Die kompetenten Fachberaterinnen zeigen Ihnen gerne, wie Sie Ihr Immunsystem fit halten können."*

Der Proband gibt Alter, Geschlecht und Gewicht ein und hält eine Elektrode in der Hand, die mit dem Bioscan-Gerät verbunden ist. Die *„Bio-Resonanz"* der verschiedenen Organe wird durch *„Scalar-Wellen"* wiedergegeben. Sie geben Auskunft über eventuelle Mängel in der Versorgung der Organe. Jedes Organ sendet verschiedene Scalar-Wellen aus, je nach gesundheitlichem Zustand und ein Computer wertet diesen enormen Wellensalat aus! Gleichzeitig macht das Gerät Vorschläge zur Abhilfe.

Das Seltsame an der Geschichte ist, dass die sogenannten Scalar-Wellen trotz der Behauptung im „Reformhaus-Kurier" wissenschaftlich nicht nachgewiesen werden können, die Bioscan–Geräte diese seltsamen Wellen aber angeblich auswerten! Im „Reformhaus-Kurier" muss zumindest die Aussage „wissenschaftlich" unbedingt gestrichen werden.

Tester haben weitere verschiedene Tests mit dem Bio-Scan-Gerät durchgeführt. Sobald die gleiche Person Tests mit verschiedenen Altersangaben macht, erhält man je nach Alter völlig unterschiedliche Auswertungen. Die sogenannten Scalar-Wellen hätten bei der gleichen Person bei zwei Messungen trotz unterschiedlicher Altersangaben gleiche Werte zeigen müssen, da es sich um die gleichen Organe der gleichen Person in gleichem Zustand handelt, die die gleichen „Wellen" aussenden. Die Scalar-Wellen der Organe werden sich njcht durch eine geänderte Zahl bei der Eingabe von einer Minute zur anderen völlig geändert haben. Nur die eingegebenen Daten, das Alter bestimmt die Empfehlungen der notwendigen Fitmacher, der derzeitige Zustand der Organe wird nicht erfasst! Die körperliche Verfassung spielt also keine Rolle bei diesem Test, genauso wenig die bei Wissenschaftlern nicht bekannten *Scalar-Wellen*, die die *Bio-Resonanz,* was immer das sein soll, angeblich erfassen. Hört sich allerdings für einen Laien interessant und höchst wissenschaftlich an.

Man hat daraufhin in weiteren Tests nach Eingabe verschiedener Daten zu Alter und Gewicht einmal die Elektrode auf einen Leberkäse gelegt und zum anderen in einen nassen Putzlappen gewickelt. In beiden Fällen druckte das Gerät die vollen Diagnosen der Organe aus. Dem Leberkäse wurde neben Defiziten unter anderem eine hervorragende Fertilität seiner Spermien bestätigt! Auch der Putzlappen wies Defizite auf, für die Abhilfe vorgeschlagen wurde. Offensichtlich ist in den Scannern ein Zufallsgenerator am Werk. (ZDF, Jan. 2018)

Ich frage mich, welcher „Wissenschaftler" die *Scalar-Wellen* entdeckt und den *biozoom Scanner* entwickelt und „wissenschaftlich" geprüft hat. Da wäre doch, wenn es funktionieren würde, eventuell ein Nobel-Preis fällig!

So kann man ein Beispiel nach dem anderen aufführen, in denen der <u>Glaube</u> an unbewiesene oder an wissenschaftlich als unhaltbar erwiesene Prozesse eine Rolle spielt. Leichtgläubige Menschen werden mit pseudo-wissenschaftlichen Ausdrücken wie „Vitality-Check", „wissenschaftlich geprüft", „XY-Wellen", „Bio-Resonanz" natürlich beeindruckt und geködert. Und es gibt viele Menschen, die unerschütterlich glauben wollen, auch wenn das, was sie glauben, durch die Wissenschaft mit fundierten Beweisen als eindeutig falsch nachgewiesen wurde und den Naturgesetzen widerspricht.

Es steht jedem frei, die homöopathischen, fast wirkstofffreien „Medikamente" zu kaufen, wenn er an die Wirkung glaubt. Allerdings sollten die Kosten für die Scheinmedikamente nicht den Krankenkassen, also der Solidargemeinschaft, aufgebürdet werden. Dieses Geld sollte besser für Arzneien mit nachgewiesener Wirksamkeit oder für teure Heilverfahren verwendet werden.

Noch einmal die Aussage des US-Psychologen Jerry Wilson, die auch auf Homöopathen mit ihren Versprechen erweitert werden kann:

„Menschen glauben Gerüchten sogar dann, wenn sie nachweislich falsch sind"

Ein weiteres Beispiel für Fanatismus: Der **Veganismus** hat sich in kurzer Zeit zu einer nicht-religiösen, fast sektenähnlichen Bewegung entwickelt. Viele Veganer sind konsequent und kompromisslos. Sie verlangen, dass man nichts zu sich nimmt, was von einem Tier stammt. Zur Bundestagswahl 2017 haben die Veganer sogar eine eigene Partei ins Feld geführt. Zahlreiche Bücher erklären, warum man keinerlei tierische Substanzen zu sich nehmen soll. Man muss auf das Filetsteak, aber auch auf Honig und den früher so geliebten Quark verzichten (warum eigentlich?) und kann keinen Wein trinken, der mit Eiweiß geklärt wurde, da er dadurch das Prädikat „vegan" verloren hat. Dabei trennen sich die Hühner freiwillig von ihren Eiern und lassen sie unbeaufsichtigt im Nest liegen, und für den Quark muss keine Kuh ihr Leben lassen. Wenn die Kuh nicht gemolken wird, sind Entzündungen des Euters die Folge. Was zwingt die Menschen zu diesem Extremismus? Radikale Veganer haben sogar schon Fleischereien attackiert. Ist es die Tierliebe?

Udo Pollmer meint hierzu, dass wir Säugetiere sind, das heißt, wir werden in anderen Säugetieren eher das finden, was unser Körper braucht, als in einer Staude am Wegesrand. Wenn Mütter sagen, mein Kind bekommt weder Milch noch Fleisch, sondern Rohkost und Smoothies, dann frage ich mich, ob das Kind wohl von einer Gurke abstammt. Dann sind rohe Gurken sicher ein vollwertiges Lebensmittel.

Hier stellt sich die Frage, ob Muttermilch für einen vegan ernährten Säugling zugelassen ist.

Man kann Tierliebe anführen, um vegan zu leben, das ist lobenswert. Allerdings tun wir uns schwer, so wie die Wiederkäuer nur von Gras und Blättern zu leben, dazu sind wir nicht optimal eingerichtet. Die Wiederkäuer haben es mit ihren mehrkammerigen Vormägen (Pansen, Netzmagen, Blättermagen) einfacher, selbst holzähnliche Produkte zu verdauen. Sie produzieren so die Proteine, die wir besonders gut vertragen. Uns geht es da wie den Löwen, die von Gras allein nicht leben können. Ärzte warnen davor, Kleinkinder nur vegan zu ernähren.

Wie ist in diesem Zusammenhang die Anwendung von lebenswichtigen Medikamenten zu sehen, die von Bakterien oder die nur aus tierischen Produkten hergestellt werden können, wie zum Beispiel Insulin und Heparin?

Überlegen Sie: Wenn wir Rindfleisch oder Quark essen, sind wir dann nicht indirekt auch Veganer? Der Ursprung des Quarks, aber auch unseres Steaks sind die Pflanzen, die die Tiere fressen und nur in eine für uns besser verdauliche Nahrung aufbereiten.

Unsere Vorfahren waren, wie allgemein bekannt, Jäger und Sammler, keine Veganer, sie lebten von Fleisch. Wir sind also genetisch vorprogrammiert. In diesem Zusammenhang muss man bedenken, dass für unsere Vorfahren nicht die heutige Vielfalt an Obst, Gemüse und Getreide und auch nicht in den heutigen Mengen zur Verfügung standen. Sie haben über viele Generationen keine Landwirtschaft betrieben.

Noch ein anderes Beispiel: Da gibt es die gefürchteten Termiten, die alles, was aus Holz ist, fressen und zerstören. Sie sind allerdings keine Veganer. Sie brauchen das Holz nur indirekt für ihre Nahrung, sie fressen das Holz nicht selbst. Sie können es nicht verdauen! Sie schleppen es in ihren Bau und füttern damit die von ihnen in ihrem Bau gezüchteten Pilze. Die Pilze sind es, die das Holz verarbeiten und mit ihren Ausscheidungsprodukten erst die Nahrung für die Termiten produzieren.

In diesem Zusammenhang noch ein unfairer Witz zum Abschluss des Themas „vegan": Veganer waren früher die, die vor den Büffeln Angst hatten und weggelaufen sind, statt einen Büffel zu erlegen.

Esoterik

Dann gibt es da auch noch das unendlich große Feld der **Esoterik**, auf dem sich viele Scharlatane tummeln und viel Geld ausgegeben wird.

Von selbsternannten Heilern und von manchen Homöopathen empfohlene **Edelsteine, Halbedelsteine** und **Steine** sollen eine unterschiedliche positive Wirkung ausstrahlen, wenn man sie in die Hosentasche steckt, oder unter das Kopfkissen legt. Während des Schlafes entfalten sie dann ihren jeweiligen positiven Einfluss auf den Schlafenden. Messbar oder wissenschaftlich begründet ist hier nichts. Aber die Steine unter dem Kopfkissen schaden auch nicht, sie können dort ohne weiteres bleiben. Sie sollten allerdings nicht radioaktiv sein, dann kann man tatsächlich von Strahlen sprechen!

Anzeige in *Die Aktuelle:* „Edle Steine für Ihr Trinkwasser Seit Jahrhunderten nutzen Menschen die Kraft von Edelsteinen, um ihr Wasser zu beleben. Mit der Trinkflasche von Vita-Juwel haben Sie den energetisierenden Durstlöscher stets zur Hand. Da sich die Steine in einem sicher verschraubten Glasdom befinden, ist Hygiene garantiert. Das Modell „Wellness" mit einer Mischung aus Rosenquarz, Bergkristall und Amethyst steht für Harmonie. 0,5-l-Flasche 55 Euro."

Was sind das für „belebende Kräfte" der in Glas abgekapselten Edelsteine, die das Wasser energetisieren, obwohl sie mit dem Wasser nicht in Berührung kommen? Was ist „energetisierendes Wasser"? Wissenschaftlich ist es jedenfalls völliger Unsinn, messbar ist hier nichts. Legen Sie doch einmal einen Diamanten ins Trinkwasser, vielleicht werden Sie reich.

Weil angeblich unter dem Haus eine **Wasserader** „fließt" und zu Schlafstörungen führt, wird im fünften Stock eines Hochhauses das Bett verschoben. Der Betroffene bildet sich ein und glaubt fest daran, dass diese imaginäre Wasserader ominöse Strahlen hervorruft, die ihn nicht schlafen lassen. Und er schläft tatsächlich schlecht. Durch den Glauben an schädliche Strahlen einer Wasserader wurde sein Gehirn programmiert, schlecht zu schlafen. Wird das Bett verschoben, kann der Betreffende besser schlafen. Offenbar hat das Gehirn registriert, dass etwas gegen die Störung unternommen wurde, ist damit zufrieden und lässt den Schlafgestörten endlich in Ruhe. Der ist jetzt überzeugt, dass Wasseradern unter Betten gesundheitsschädlich sind. Lassen wir ihn schlafen.

Die Besserung fällt sicherlich unter die nicht zu unterschätzende Rubrik Autosuggestion.

Eigenartig, eine Wasserader, die sich, wenn überhaupt, träge durch Sandschichten im Untergrund ihren Weg bahnt, soll durch mehrere Schichten mit Stahlmatten armierten Beton und unabhängig von den vielen Wasserleitungen im Haus, in denen das Wasser wesentlich schneller fließt, bis in obere Stockwerke

Strahlen senden? Was sollen das für Strahlen sein? Das Wasser schießt unter dem Haus ja nicht wie ein wilder Gebirgsbach mit hoher Geschwindigkeit durch einen sandfreien, widerstandsfreien Hohlraum. Und selbst schnell fließendes Wasser sendet keine krankmachenden Strahlen aus. Wissenschaftlich nachweisbar sind Strahlen selbst durch schnell fließendes Wasser nicht, das haben Experimente gezeigt. In den meisten Fällen findet man unter den Häusern oder im Garten nur stehendes Grundwasser, fließendes Grundwasser ist äußerst selten. Bohrt man allerdings in einer Senke einen Brunnen, kann Wasser von den höheren Seiten in das Bohrloch gedrückt werden und man braucht keine Pumpe.

Für einen Test mit Rutengängern, fließendes Wasser zu orten, wurden verschieden starke Rohre verlegt, durch die Wasser mit unterschiedlicher Fließgeschwindigkeit geleitet werden konnte. In einigen Rohren stand das Wasser still, einige Rohre waren leer.

Die Rutengänger wussten natürlich nicht, durch welches Rohr Wasser floss und das Ergebnis des Experiments war ernüchternd. Es waren weit weniger als 50% richtige Aussagen. Wenn ich rate, habe ich eine Chance von 50%, richtig zu raten: Wasser fließt, oder es fließt nicht.

Erfahrene Rutengänger haben sich mit Geologie befasst und wissen, dass sich in unseren Breiten viel Wasser im Untergrund befindet, das je nach geologischen Schichten unter unterschiedlichem Druck stehen kann. Dann muss es in dem einen Fall heraufgepumpt werden, im anderen Fall sprudelt die Quelle von selbst. In den meisten Fällen muss jedoch eine Pumpe her. Auch wenn man ohne Rutengänger in seinem Garten ein Loch bohrt, kann man mit etwas Glück auf Wasser stoßen, es sei denn, Sie stoßen auf Fels.

Feng Shui

Andere Mitbürger müssen ihre Möbel unbedingt nach den Regeln von **Feng Shui** ausrichten, um negative Einflüsse auf das Wohlbefinden durch falsch aufgestellte Möbel auszuschließen.

Feng Shui ist etwas für leicht beeinflussbare Gemüter, sagen selbst Asiaten und lächeln über diesen Zeitstil.

Ich glaube nicht, dass das tote, lackierte Holz eines Sideboards eine variable Ausstrahlung besitzt und je nach Stelle im Raum mich negativ oder positiv beeinflusst. Wenn es links steht wirkt es negativ und rechts stehend positiv? Ein Sideboard steht nur still vor sich hin, es sei denn, es gibt ein Erdbeben.

Negativ würde mich beeinflussen, wenn es unansehnlich, ramponiert und wackelig wäre. Dann würde es auf dem Sperrmüll landen.

Ich weiß außerdem auch ohne Feng Shui, dass man einen großen Kleiderschrank nicht vor das Fenster stellen sollte, wenn ich nicht im Dunkeln sitzen will.

Und was die Außenanlagen angeht, es gab auch schon in früheren Jahrhunderten viele europäische Gartenarchitekten, die ohne Feng-Shui-Ausbildung wunderschöne Gärten in Frankreich, England, Italien und Deutschland angelegt haben.

Einfluss des Mondes

Für die Esoteriker ist der **Mond** ein äußerst einflussreicher Erdtrabant. Viele esoterische Bücher befassen sich mit dem Einfluss des Mondes. Da gibt es Empfehlungen für die verschiedensten Situationen des Lebens und viele Menschen richten sich offenichtlich nach dem **Mondkalender**.

Wichtig ist für die Mondgläubigen stets der **Vollmond**. Eine Vollmond-beschienene Landschaft ist ja auch beeindruckend, romantisch und irgendwie geheimnisvoll.

Dabei ist zu bemerken, dass wir als Vollmond nur die beleuchtete Seite unseres Erdtrabanten, einer normalen, riesigen Felskugel sehen, die, wie ein schlecht geputzter Spiegel, einen Teil der Sonnenstrahlen reflektiert und damit unsere Nacht erhellt. Der Mond selbst sendet keine Lichtstrahlen oder anders geartete Strahlen aus.

Wenn wir uns den Vollmond ansehen, steht die Sonne hinter uns im Rücken. Das heißt, bei Vollmond steht der Mond auf der einen, die Sonne auf der anderen Seite der Erde. Man sagt dem Vollmond besondere Kräfte nach. Die Gravitationskräfte von Sonne und Mond ergänzen sich in diesem Fall jedoch nicht, sie wirken entgegengesetzt, sind in ihrer Auswirkung auf die Erde also kleiner als bei Neumond. Der Einfluss des Mondes ist bei gleicher Entfernung stets gleich, ob er von der Sonne beschienen wird, oder nicht.

Bei **Neumond** oder einer spektakulären Sonnenfinsternis stehen Sonne und Mond in einer Linie auf der gleichen Seite der Erde und addieren sich in ihrer Wirkung. Somit muss die Wirkung von Mond und Sonne bei Vollmond am schwächsten und bei Neumond am größten sein. Die Anziehungskraft hängt also nicht von der Größe der beleuchteten Mondfläche ab, sondern vom Standort und der Größe der Himmelskörper.

Sie sollten dabei bedenken, dass der Mond durch die Gravitation der Erde in seiner elliptischen Umlaufbahn gehalten wird. Damit ist er mal näher an der Erde, mal weiter entfernt, sein Einfluss ist mal größer, mal kleiner. Der viel kleinere Mond beeinflusst die Erde aber wenig, den größeren Einfluss hat die Erde auf den Mond und die Sonne hält mit ihrer unvergleichlich größeren Gravitationswirkung das gesamte Planetensystem zusammen.

Zum Vergleich: Die Erde hat einen Durchmesser von 12.742 km, eine Masse von $5{,}974 \cdot 10^{24}$ kg. Die Sonne mit einem Durchmesser von 1.392.530 km und einer Masse von $1{,}989 \cdot 10^{30}$ kg, ist 149.600.000 km von uns entfernt, der Mond ist dafür mit 384.400 km wesentlich näher, hat aber nur einen Durchmesser von 3.476 km und eine Masse von $7{,}350 \cdot 10^{22}$ kg. Die Gravitation nimmt zwar im Quadrat der Entfernung ab, aber die gewaltige Masse der Sonne ist in unserem Planetensystem absolut dominant.

Sie können die jeweilige Anziehungskraft selber nach der Gravitationsformel ausrechnen.

$$F = G \frac{m_1 \times m_2}{r^2}$$

F = Anziehungskraft   m = Masse der Körper

G = Gravitationskonstante r = Abstand

Nach dieser Formel können Sie auch die Anziehungskraft des Mondes auf Ihren Körper oder Ihre Haare errechnen. Die Gravitationskonstante können Sie im Lexikon oder im Internet nachschlagen. Es lohnt sich aber nicht, hier umfangreichere Berechnungen anzustellen, das Ergebnis wird sicher nicht Ihren esoterischen Vorstellungen entsprechen.

Haarwuchs

Sektkorken knallen. Es herrscht Partystimmung unter den Damen im Frisiersalon. Heute scheint der Vollmond durch die Fenster. Wenn jetzt die Haare geschnitten werden, wachsen sie besonders gut und kräftig nach. Ich bin mir nicht sicher, aber sollte man vielleicht auch an die Ausrichtung des Frisierstuhls denken, da sich die Position des Mondes zum Frisierstuhl durch seine Umlaufbewegung während der nächtlichen Party ständig ändert.

Jedenfalls glauben die aufgekratzten Damen im Salon an eine besondere Wirkung in dieser Nacht. Leider sind sie einem Aberglauben aufgesessen. Kontrollierte Versuche haben gezeigt, dass **Haareschneiden bei Vollmond** keinerlei besondere Wirkung auf das Haarwachstum zeigt. Es ist nur ein Gag, bei Vollmond mit Gleichgesinnten und einem Glas Sekt beim Friseur zu sitzen. Was sollen vom Mond reflektierte Sonnenstrahlen bewirken? Besser wären dann intensive Sonnenstrahlen in der Mittagszeit.

Auch hier ist festzuhalten, dass, wenn überhaupt, eine Wirkung nur bei Neumond logisch wäre, weil dann, wie bereits erwähnt,

Sonne und Mond auf der gleichen Seite der Erde stehen würden und sich die Anziehungskräfte an den Haarwurzeln addieren. Aber Haare wachsen in dieser kurzen Zeitphase trotzdem nicht besser. Und in einer dunklen Neumondnacht beim Friseur sitzen, macht keinen Spaß. Sie können in der Zeit spaßeshalber die Anziehungskraft selber ausrechnen, sie müssen nur in obiger Formel für m_1 das Gewicht eines Ihrer Haare einsetzen.

Mond-Tee: Vielleicht wird auf der Vollmondparty auch Mond-Tee ausgeschenkt. Der soll ebenfalls außergewöhnlich sein und müsste zum Haareschneiden bei Vollmond wunderbar passen. Der bei Vollmond geerntete Mond-Tee zeigt leider bei genauerer Prüfung keine außergewöhnliche Wirkung. Das haben exakte Vergleichsversuche gezeigt. Es kommt auch hier nur darauf an, dass der normale Tee die gleiche Zusammensetzung hat und ebenso sorgfältig wie der Mond-Tee behandelt wird. Der Unterschied zum „normalen" Tee ist nur der höhere Preis. Was sollen auch schwache, vom Mond reflektierte Sonnenstrahlen auf der Teeplantage bewirken, wenn die Sonne am Tage wesentlich mehr Energie liefert?

Mondholz soll angeblich qualitativ ein besonders gutes Holz sein. Wissenschaftler sind der Behauptung nachgegangen, aber ihre Untersuchungen haben die bessere Qualität nicht bestätigen können. In einem Großversuch wurde innerhalb von drei Monaten in regelmäßigen Abständen Holz, auch in der Vollmond-Phase, geschlagen und unter völlig gleichen Bedingungen verarbeitet. Es wurden keinerlei Unterschiede festgestellt. Man hatte offensichtlich früher für das Mondholz im Vergleich zum „normalen" Holz, bewusst oder unbewusst, qualitativ besonders gute Bäume ausgesucht und das Mondholz besonders sorgfältig bearbeitet, es war ja schließlich „Mondholz".

Mondkalender Im Kundenmagazin *Land Flair* des Raiffeisen-Marktes finden Bauern und Gärtner einen **Mondkalender für Feld- und Gartenarbeiten**, der ihnen sagt, an welchem Tag und teilweise auch zu welcher Tageszeit sie was säen oder pflanzen sollen, und wann es ungünstig für Feld- und Gartenarbeit ist.

Dort sind Fruchttage, Blütentage Wurzeltage, Blatttage und Tage, die ungünstig für Gartenarbeit sind, aufgeführt.

<u>Ein Beispiel aus dem Mondkalender</u>: Am 22. Oktober 2017 sollen Blumen, Heil- und Küchenkräuter nur bis 10.00 Uhr und Chicorée, Kohlrabi, Salat, Spinat und Kohlarten, außer Brokkoli, da dieser auf Blütenimpulse (?) reagiert, erst ab 11.00 Uhr gepflanzt werden!

Merken Sie sich: Chicorée also auf keinen Fall schon 10.00 Uhr pflanzen! Setzen Sie sich besser auf die Bank und warten Sie mit dem Pflanzen bis elf Uhr. Ein oder zwei Flaschen Bier für die Wartezeit nicht vergessen!

Aber beim Säen und Pflanzen spielt die Mondphase tatsächlich keine Rolle. Hier kommt es auf Temperatur, Feuchte und Zustand des Bodens, sowie auf die weiteren Bedingungen nach der Aussaat bzw. dem Pflanzen an. In einer extremen Trockenphase wie zum Beispiel im Sommer 2018 kann auch der Vollmond keine positive Ernte garantieren.

In einer Frauen-Zeitschrift (*„a" die Aktuelle*) findet man neben dem Horoskop auch einen schmalen Streifen, den Mondkalender in abgespeckter Form, der für die Woche unglaublich simple Hinweise gibt. Die Angaben sind für alle Sternzeichen gültig. Eine Empfehlung für Dienstag lautete: Zeit für das Pflanzen von Sträuchern. Das Einwässern nicht vergessen. Günstig für finanzielle Angelegenheiten. Und für Donnerstag: Am Nachmittag bewegt sich der Mond zum Stier. Säen Sie jetzt Salat und verschiedene Kohlsorten aus. Sie gedeihen in dieser Konstellation besonders gut.

Verbrechen und **Selbstmorde** werden wesentlich häufiger bei Vollmond begangen, wird behauptet. Ich glaube nicht, dass Selbstmörder ihr Vorhaben drei Wochen verschieben, bis der Vollmond endlich wieder scheint. Auswertungen unzähliger Statistiken haben die Behauptungen über den Einfluss des Vollmondes widerlegt. Es zeigt sich kein Trend zu mehr Verbrechen und Selbstmorden bei Vollmond. Vorteil des Vollmondes ist nur, dass man unauffällig ohne Taschenlampe durch die Anlagen schleichen kann.

Geburten: Bei Vollmond werden mehr Kinder geboren! Jedenfalls behaupten das die Mondspezialisten. Die Untersuchung von **40.000 Geburten** hat allerdings gezeigt, dass bei Vollmond nicht mehr Kinder geboren wurden, als an anderen Tagen. Wie sollte es auch anders sein, da die Anziehungskräfte von Sonne und Mond sich nicht addieren und die Geburt außerdem in der Waagerechten erfolgt. Hier spielen sicherlich der Tag der Befruchtung, der Gesundheitszustand der Mutter und die Entwicklung des Embryos eine größere Rolle.

Auch für die **Schlaflosigkeit** gilt: Kein Unterschied! Versuche im Schlaflabor haben ergeben, dass man in anderen Nächten ebenso häufig wach wird, wie in Vollmondnächten. Es ist dann nur nicht so hell und man registriert das Wachwerden nicht so bewusst. Bei Vollmond und nicht abgedunkeltem Fenster glaubt man dann, dass dieser für das Wachwerden verantwortlich ist. Es werden noch Untersuchungen angestellt, ob durch Meme aus der Zeit, als es noch keine künstliche Beleuchtung gab und der Mond nachts die einzige Lichtquelle war, der Mondrhythmus manchmal eine Rolle spielt.

Schlafwandler wandeln auch, wenn der Mond nicht scheint, sie werden nur nicht so häufig gesehen. Sie wandeln auch nicht alle auf Dächern. Vorteil des Vollmondes auch hier für Schlafwandler, sie können die Taschenlampe zu Hause lassen.

Heilung und **Genesung** werden durch den Mond ebenfalls nicht beeinflusst. Knochenbrüche heilen auch bei Vollmond nicht besser. Viel wichtiger ist es, dass der Chirurg am Montagmorgen in guter Verfassung ist und eine Sepsis vermieden wird.

Die Anziehungskraft des Mondes hat auf den Menschen mit seiner geringen Masse keine messbare Wirkung. Ebenso steigen die Säfte in den Pflanzen bei Vollmond nicht besser in den Kapillaren nach oben. Wenn überhaupt, dann, wie bereits erwähnt, eher bei Neumond. Bei gleichem Abstand des Mondes von der Erde spielt die Mondphase keine Rolle.

Die Masse des Menschen, eines Tieres oder einer Pflanze ist viel zu gering, als das ein messbarer Effekt auftreten würde. Die Anziehungskraft des Mondes hat gegen die Gravitation der Erde, die wesentlich größer ist, keine große Chance. Das kann man berechnen.

Springflut Während des Durchlaufens der <u>sonnennahen Abschnitte der elliptischen Erdumlaufbahn um die Sonne</u> wirkt die Gravitationskraft deutlich stärker auf unsere kleine Erde. Steht der Mond zur gleichen Zeit auf der Seite der Sonne, ergibt das Zusammenwirken der Anziehungskräfte von Sonne und Mond eine **Springflut**, <u>wenn sich gleichzeitig auch der Mond auf einem besonders erdnahen Abschnitt seiner elliptischen Bahn befindet</u>. Die Erdkruste hebt sich bis zu einem halben Meter. Es ist die Sonnennähe und die damit größere Gravitationskraft der Sonne. Der Mond hat daran allerdings den geringeren Anteil. Seine Masse kann im Vergleich zur Masse der Sonne praktisch vernachlässigt werden. Beim <u>sonnenfernen Teil der elliptischen Erdumlaufbahn</u> sind die Springfluten weniger dramatisch. Daraus resultiert, dass die Nähe zur Sonne ausschlaggebend ist.

Die ganzen Mondgeschichten dienen nur dazu, leichtgläubigen Menschen auch ohne die Anziehungskraft des Mondes das Geld aus der Tasche zu ziehen!!!

Wahrsager/innen, Hellseher/innen sind auch heute noch vielgefragte Menschen. Ihnen werden von leichtgläubigen Menschen übernatürliche Kräfte nachgesagt.

Glauben Sie, dass einzelne Personen „übernatürliche Fähigkeiten" besitzen, die Sie nicht haben? Glauben Sie tatsächlich, dass einige Menschen besondere Fähigkeiten haben, die den Naturgesetzen völlig widersprechen, also Fähigkeiten, die es in unserer Welt nicht gibt? Glauben Sie wirklich, dass andere, Ihnen völlig fremde Menschen in Ihre spezielle Zukunft „sehen" und die Zukunft vorhersagen können?

Natürlich sind im Leben eines jeden Menschen aufgrund seiner Lebensumstände einige Entwicklungen vorhersehbar, wenn man seinen analytischen Verstand benutzt. Eine ungesunde Hautfarbe, ein trauriger Ausdruck der Augen, ein Problem in den Bewegungen, das alles gibt einem guten Beobachter wertvolle Hinweise auf sein Gegenüber. Das hat allerdings nichts mit Hellseherei zu tun. Bei allgemeinerer Plauderei mit eingeschobenen Fragen der Wahrsagerin geben die Antworten der Hilfesuchenden oft die richtige Richtung vor.

„Anerkannte" Wahrsager sind hervorragende Beobachter und Psychologen. Sie analysieren in Sekundenschnelle das Verhalten und die Gestik des Kunden. Bevor sie ihre prominenten Klienten beraten, werden sie sich nach der Terminabsprache bestens über die betreffende Person und sein Umfeld informieren. Wenn dann auch noch die Voraussagen nicht zu präzise formuliert werden, kann nicht viel passieren. Nachgewiesenermaßen ist die Treffsicherheit der Prophezeiungen der Zukunftsseher generell bescheiden.

Im Fernsehen kann man auf mehreren Kanälen telefonisch Wahrsagerinnen und Hellseher/innen aller Couleur erreichen, die Ihnen Hilfe in allen Lebenslagen versprechen.

Irritierend ist für mich, dass auch Politiker, bei denen man einen gewissen Grad von Intelligenz erwarten kann, Hellseher in Anspruch nehmen und ihre Erleuchtung bei diesen angeblich mit einem siebten oder achten Sinn ausgestatteten Menschen suchen. Sehr bedenklich wird es, wenn ein Politiker nach dem Blick einer Wahrsagerin in ihre Glaskugel oder in den Kaffeesatz große, weitreichende Entscheidungen trifft.

Selbst frühere Politiker wie Hitler, Heß und Himmler befassten sich mit Sterndeutung. Sie hätten eigentlich das kriegerische Desaster und ihr nicht sehr ruhmreiches Ende vorhersehen und rechtzeitig gegensteuern müssen. Dilettanten!

Als Krönung der Schwachsinnigkeit kann man zum Beispiel sogar über ein „Medium", was immer das sein mag, mit Verstorbenen oder sogar mit Engeln reden. Sicher wäre es amüsant, ein

Interview zum Beispiel mit Franz Josef Strauß oder Albert Einstein zu führen und ihre Meinung über die Gegenwart zu erfahren. Ich bin allerdings sicher, sie werden für ein Interview nicht zur Verfügung stehen.

Insbesondere der Sender *„astrotv"* mit seinem Hellseher Daniel Kreibich und dessen Kolleginnen und Kollegen versuchen, den vielen gutgläubigen Menschen die unterschiedlichsten, absolut wertlosen Dinge zu verkaufen.

Im Angebot sind magische Ringe, Energie-Armbänder, Lichtkristalle und Steine. Sogar Voodoo-Wunsch-Puppen, mit denen man anderen Menschen Böses wünschen kann, können Sie dort erwerben. Eine solche Puppe von der Voodoo-Expertin Ariane Piehl können Sie für 149 Euro bestellen, natürlich mit Wunsch-Nadel.

Bei sexuellen Problemen kann man sich auch Tarot-Karten mit sexueller Energie schicken lassen. Ich kann mir allerdings nicht vorstellen, wie man die sexuelle Energie der Karten auf den Körper übertragen kann. Muss man die Karten vorher in die Unterhose stecken? Und wann vorher? Sicherer ist indes der Gang in die Apotheke. Holen Sie sich dort Tadalafil, das funktioniert garantiert besser als Tarot-Karten in der Hose.

Geschliffene grüne Glassteine (z. B. *Diamond of Eternity*, ca. 900 g, zum Astro-Preis von nur 99,95 € + 5,59 € Versand) versprechen laut Hellseher Kreibich Reichtum. Nur wem??

Siehe dazu auch „Bild" vom 26. August 2014, Seite 5: *„Das sind die größten Scharlatane im TV"*. Und am 28. August berichtet das „Medium" Birgit Vildebrand in der Bild-Zeitung wie die Anrufer abgezockt werden.

Mehr, als in der Bild-Zeitung die breite Masse aufzuklären, kann man nicht tun.

Es ist schon erstaunlich und gleichzeitig fast beängstigend, dass erwachsene Menschen mit einem ausgebildeten Gehirn in unserer Zeit an diesen Unsinn glauben und für völlig wertlose Dinge Geld zum Fenster hinauswerfen. Auch wenn man einen

Glasklumpen in die Form eines Brillanten bringt und ihn „Diamond of Eternity" nennt, wird daraus kein wertvoller Diamant bzw. Brillant mit magischen Kräften. Das Geld für diese Dinge, dass viele Menschen offensichtlich übrig haben, sollten diese Leichtgläubigen besser für karitative Zwecke spenden.

Schon unsere Vorfahren wollten in die Zukunft sehen und deuteten den Vogelflug oder lasen die Zukunft aus den auf die Erde geworfenen Knochen. Versuchen Sie es doch einmal mit den abgenagten Knochen Ihres Brathähnchens.

Die alten Ägypter hatten ihre Sterndeuter genauso wie Wallenstein seinen Seni. Giovanni Battista Seni, italienischer Astrologe, war von 1629 bis zur Ermordung Wallensteins 1634 dessen Sterndeuter. Hat Seni die Ermordung Wallensteins vorausgesagt? Ich weiß es nicht.

Auch im Kaffeesatz soll die Zukunft liegen, heißt es. Ich kann noch so lange in den Bodensatz meiner Kaffeetasse starren, die Zukunft oder die nächsten Lottozahlen werde ich dort nicht entdecken. Da fällt mir gerade ein, Kaffeesatz ist Unsinn, ich habe eine Kapsel-Maschine, da ist kein Kaffeesatz in meiner Tasse. Ich müsste einen Blick in die gebrauchte Kapsel werfen. Lohnt sich aber nicht.

Und wie ist es mit Tarot-Karten? Der Volksmund sagt, die Karten lügen nicht. Dazu hat jemand einmal gesagt: Das stimmt. Sie liegen nur ohne jede Bedeutung auf dem Tisch und sagen uns nichts, also lügen sie auch nicht. Da ist etwas dran: Wer nichts sagt, lügt tatsächlich nicht.

Und noch eine Überlegung zu diesem Thema: Wieviel Wahrsager haben sechs Richtige im Lotto gehabt? Wer hat die Corona-Pandemie vorhergesagt?

Ob Sterne, Kaffeesatz, Glaskugel, Knochen, Vogelflug oder Karten, in allen Fällen ist dort nicht die Zukunft zu finden, die unaufhaltsam auf uns zukommt. Analytische Überlegungen können da schon eher weiterbringen.

Ein persönliches Beispiel: Meiner 1919 in Wolfenbüttel geborenen Mutter wurde, als sie achtzehn Jahre alt war, auf dem jährlich stattfindenden Jahrmarkt „Masch" von einer Wahrsagerin aus der Hand gelesen und prophezeit, sie würde 53 Jahre.

Diese Aussage hatte sich in ihrem Gehirn eingenistet und schlummerte dort vor sich hin. Je näher ihr 53. Geburtstag kam, um so unruhiger und ängstlicher wurde sie. Sie feierte ihren 53. Geburtstag und ist mit neunzig Jahren gestorben!

Die Wahrsagerin hatte im Grunde nicht gesagt, dass sie mit 53 Jahren sterben werde. Sie hatte einfach nur eine Zahl genannt, die sie wahrscheinlich erreichen werde. Meine Mutter hatte es aber als Todespunkt interpretiert. So kann ein „Wahrsager" den Kunden Angst einflößen, die lange im Unterbewusstsein schlummert.

Astrologie. Die Sterndeutekunst, von fantasiebegabten Vorfahren entwickelt, deutet den Einfluss der Gestirne aufgrund ihrer Konstellationen und sagt daraus ein ganz individuelles Schicksal, glücksverheißende Tage, Krieg, Frieden oder auch Katastrophen voraus. Dazu spielen neben den Sternbildern auch die den Planeten zugeschriebenen *Wesenskräfte* eine Rolle, wie zum Beispiel *Aktivität* dem Mars, *Erfahrung* dem Saturn oder *Intellekt* dem Merkur, aber nur, wenn sie in einer ganz bestimmten Konjunktion stehen und nicht für alle Menschen gleichzeitig.

Unsere Milchstraße schätzt man auf 200 Milliarden Sterne. Der Astronom Dr. Michio Kaku spricht schon von 300 Milliarden. Sie ist nur eine Galaxie von bisher geschätzten mehr als 200 Milliarden Galaxien. Der heute beobachtbare Bereich wird auf 170 Milliarden Galaxien geschätzt.

Durch neue Erkenntnisse der Hubble-Gesellschaft wurde die Zahl der Galaxien im April 2017 auf das Zehnfache der bisherigen Annahme geschätzt! Also 2.000 Milliarden!

Ob 200 Milliarden, 300 Milliarden oder sogar das Zehnfache, die Zahlen liegen schon an der obersten Vorstellungsgrenze, beziehungsweise weit darüber.

Der **Astrologe** verbindet wenige willkürlich ausgesuchte Sterne und Punkte am Himmel mit einem Lineal und bastelt zwölf Tierkreiszeichen. Viele Punkte, als Sterne angesehen, entpuppen sich heute als gewaltige, weit entfernte Galaxien. Man hätte ohne weiteres auch völlig andere Punkte an Himmel miteinander verbinden können und weitere Tiere einführen können.

Die miteinander verbundenen Striche malt der erste Astrologe mit viel Fantasie aus und erklärt, das ist ein Löwe, das ein Skorpion, das ein Steinbock usw. Aber die Umrisse von Tieren kann man aufgrund der wenigen Punkte beim besten Willen nicht erkennen. Aus den Punkten eines Sternbildes kann man ohne große Fantasie auch völlig andere Gestalten schaffen.

Der Astrologe arbeitet bei seinen Sternbetrachtungen zweidimensional und gibt sich bei seinen Ausarbeitungen, heute mit beeindruckenden Computerprogrammen, gern einen pseudowissenschaftlichen Anstrich.

Zwischen den Planeten, den Sternen und Galaxien können natürlich Gravitationskräfte wirken, die allerdings mit ihrer Entfernung quadratisch abnehmen. Kommen sich zwei dieser Gebilde allerdings zu nahe, kann das die Flugbahn des Himmelskörpers mehr oder weniger beeinflussen, es kann auch zu einer Katastrophe kommen. Auch Galaxien können miteinander verschmelzen. Aber Einfluss auf Ihre berufliche Entwicklung oder auf Ihr Liebesleben wird auch selbst so eine Katastrophe nicht haben, wenn es nicht unsere Galaxie betrifft und die Erde in Mitleidenschaft gerät.

Das Glück, das Schicksal der Menschen, oder der Ausbruch von Revolten und Kriegen ist von jeder Gravitation der weit entfernten Himmelskörper jedoch absolut unbeeinflusst. Es ist völlig egal, wo sich Jupiter, Saturn, Merkur, Pluto oder Mars, unbelebte

Felskugeln, oder auch Galaxien gerade befinden, kein Mensch wird davon beeinflusst, weder seine Gesundheit, sein Liebesleben oder seine berufliche Entwicklung.

Nach Vorstellung der Astrologen müssten die Himmelskräfte zur selben Zeit differenziert, je nach Tierkreiszugehörigkeit und Planetenstand, auf jeden Menschen unterschiedlich einwirken. Wie differenziert der Mars oder der Jupiter zum Beispiel seine magischen Kräfte auf die unterschiedlichen Tierkreismitglieder, die an einer gemeinsamen Kaffeetafel sitzen?

Ergibt sich aus Sicht der Astrologie-Gläubigen nicht eine weitere wichtige Frage? Wirken diese Kräfte generell auf alle Lebewesen, also auch auf Tiere? Tiere haben ebenfalls ein Gehirn und viele Menschen sprechen den Tieren eine Seele zu. Hunde werden immerhin vielfach als Familienmitglied angesehen. Sehen Sie, wie ein Hund sich auf der Couch zutraulich an sein Frauchen schmiegt? Da werden auch auf Seiten des Hundes Gefühle deutlich.

Und zumindest die Menschenaffen, als Vorstufe des Menschen, müssten doch ebenfalls von den Kräften der Planeten und Sterne beeinflusst werden. Gesteht man den Affen eine Seele zu, müsste man es auch allen anderen Tieren mit größeren Gehirnen zugestehen. Dann müssten die Astrologen noch eine Rubrik „Horoskope für Tiere" einführen und sie den Tierkreiszeichen zuordnen. Ist zur Zeit eine Marktlücke, die es zu füllen gilt! Man könnte viel Geld damit verdienen, für die verhätschelten Lieblinge ein persönliches Horoskop zu erstellen. Allerdings gibt es sicher Probleme, die genaue Geburtsstunde der Tiere und damit den damaligen genauen Stand der Planeten zu ermitteln. Doch das Problem wird der Astrologe ganz sicher lösen. Er wird auf irgendeine astrologische Weise den Geburtszeitpunkt ermitteln und jedes Tier bekommt auf Wunsch von ihm gegen Rechnung eine Geburtsurkunde, nach der dann das exakte Horoskop erstellt werden kann. Frauchen wird die Rechnung gern begleichen.

Ungünstige Planetenstellungen lösen Kriege aus? Geschossen wird dauernd auf der Welt. Kriege brechen ständig auch ohne kosmisches Dazutun aus, da spielt es keine Rolle, welcher Planet gerade wo steht. Es sind die Menschen selbst, die manchmal glauben, den Nachbarn überfallen zu müssen! Sie fragen nicht erst, wie die Sterne stehen. Sehen Sie sich den derzeitigen Zustand der Welt an!

Auch der sich mit Astrologie befassende Adolf Hitler hat sich am 1. September 1939 sicher nicht nach den Sternen gerichtet. Er glaubte vielmehr, die Aufrüstung des deutschen Heeres würde ausreichen, die Welt zu erobern. Hätte er als Hellseher nicht erkennen müssen, dass das Ende im Jahre 1945 fürchterlich sein wird? Niemand, kein Hellseher, hat 1939 das furchtbare Ende des Krieges für Deutschland für 1945 vorhergesagt und dem „Führer" von seinem Vorhaben abgeraten.

Die *Astromantie,* eine weitere Wahrsageart, die sich ebenfalls der Planeten und den Tierkreisbildern bedient, wird die Zukunft ebenfalls nicht erhellen. Auch der etwas andere Name garantiert keine besseren Ergebnisse als Astrologie.

Den Sternenhimmel muss man räumlich, also dreidimensional betrachten. Einige Sterne eines Sternbildes sind uns näher, andere, hell leuchtende, sind tausende Lichtjahre weiter entfernt, strahlen aber wesentlich heller und täuschen damit gleiche Nähe vor Wenn man das berücksichtigt, ergibt sich ein unregelmäßiges räumliches Gebilde, das mit den zweidimensionalen Tierkreiszeichen absolut nichts zu tun hat.

Mit den heutigen Möglichkeiten (Superteleskop in der Atakama-Wüste; Hubble-Teleskop) kann man erkennen, dass es sich bei den meisten bisher als Sterne gedeutete Punkte um Galaxien handelt. Das Universum schätzten Wissenschaftler, wie erwähnt, bis vor kurzem auf ungefähr 200 Milliarden Galaxien mit jeweils ebenfalls geschätzten mehr als 100 bis 200 Milliarden Sternen pro Galaxie, die sich in den unbegrenzten Weiten zu Clustern und diese wiederum zu Filamenten vernetzen. Neuerdings geht man von 2 Billionen Galaxien aus. Die Galaxien sind zudem unterschiedlich groß. Es gibt kleine Galaxien mit 10.000 Lichtjahren im Durchmesser und sogenannte *diffuse Galaxien (CD-Galaxien)* mit einem Durchmesser bis zu sechs Millionen Lichtjahren. Unvorstellbar!

Der Himmel ist keine Käseglocke und das Universum ist kein statisches Gebilde. Die Sterne mit ihren Planeten und die Galaxien selbst sind ständig in rasender Bewegung. So legen wir zum Beispiel mit der Erde auf ihrem Weg um die Sonne täglich 2.592.000 km zurück und der Andromeda-Nebel nähert sich unserer Milchstraße täglich um 12.000.000 km und wird uns trotz der unvorstellbaren Geschwindigkeit allerdings erst in drei Milliarden Jahren erreichen. Somit ändern sich auch die Sternbilder im Laufe größerer Zeiträume.

Anhand der Rotverschiebung haben die Astrophysiker festgestellt, dass sich die Galaxien vom Punkt des Urknalls ständig in alle Richtungen entfernen.

Astronomen schätzen, dass täglich 274 Millionen neue Sterne entstehen. Ebenso verschwindet täglich eine große Zahl ausgebrannter Sterne, die dann schwerere Elemente, insbesondere die für die Entstehung von Leben wichtigen Elemente Kohlenstoff und Sauerstoff für neue Planeten im Weltraum hinterlassen.

Das Universum ist also, wie man heute weiß, kein statisches Gebilde, sondern in einem ständigen Wandel. Es ist unmöglich, dass die Stern- oder Galaxie-Konstellationen Lebensläufe einzelner Menschen beeinflussen, Katastrophen vorhersagen lassen oder für Ihre Glückstage verantwortlich sind. Für Ihr Glück sind Sie allein zuständig. Vielleicht existiert Ihr „Glücksstern" schon eine Weile nicht mehr? Vielleicht sehen Sie nur den Rest Licht, das seit der Supernova noch auf dem Weg zu unserem Planeten ist? Da sollte man sich ganz auf das kurze Leben auf der Erde konzentrieren und hier für sein Glück selber sorgen.

Horoskope sind eine beliebte Lektüre für viele Menschen, wenn sie beim Frisör oder im Wartezimmer eines Arztes sitzen. Für viele ist es auch die erste Morgenlektüre beim Frühstück, wenn ihre Tageszeitung noch Horoskope druckt.

Verblüffend ist, dass ein großer Teil der Leser das Horoskop tatsächlich für bare Münze nimmt. Man zählt sich zu einem der zwölf Sternzeichen und richtet sich nach dem, was man dort gelesen hat und wartet auf die Erfüllung der Prophezeiung. Wenn man allerdings die Zahl der auf der Erde lebenden Menschen durch zwölf teilt, so gilt *„Dein persönliches Horoskop"* für mindestens weitere 500 Millionen Menschen!

Wenn Sie auf den Horoskop-Text achten, werden Sie feststellen, dass Rentner und alte Leute kaum angesprochen werden. Es geht um die Arbeitswelt, das Verhältnis zum Chef und um das Liebesleben mit neuen Verbindungen. Animieren Horoskope zu Seitensprüngen? Sie sind so abgefasst, dass man sich immer irgendwie angesprochen fühlen kann und etwas Positives für sich herausliest.

Nehmen Sie mehrere Zeitungen oder Zeitschriften mit Horoskop und vergleichen Sie die Angaben für den gleichen Tag. Sie werden große Unterschiede finden. Horoskope in Frauen-Zeitschriften sind häufig nur an Frauen gerichtet. Männer sind nicht die Zielgruppe der Frauen-Zeitschriften und interessieren sich weniger für Horoskope. Differenzieren die Planeten in ihren Wirkungen nach Frauen und Männern? Müsste geklärt werden!

Dabei sollte der Leser wissen, dass die Erstellung der Horoskope oft den Volontären und den Neuen in der Redaktion zufällt. Diese suchen mehr oder weniger geschickt einen Text aus Vorlagen zusammen, der alle Leser zufrieden stellt. Wenn er alte, bereits veröffentlichte Texte aus dem Vorjahr aussucht, wird es der Leserin sicher nicht auffallen. Wer weiß denn noch, was sein Horoskop vor zwei Jahren prophezeit hat? Ob der Volontär wirklich einen Blick in Ihre Zukunft wirft?

In einer Studie wurde einer großen Zahl von Probanden *„Ihr ganz persönliches Horoskop"* mit der Bitte um Überprüfung der sehr ausführlichen Aussagen zu ihrem Charakter übergeben. Alle haben von ihrem ganz persönlichen Horoskop gesagt, die Aussagen würden genau zutreffen und ihre Gefühle und ihren Charakter exakt beschreiben. Dabei hatten alle Probanden das völlig gleichlautende Horoskop erhalten! Man muss den Menschen nur schmeicheln!

Horoskope in den Zeitungen sind wenigstens kostenlos, gehören aber ebenfalls in die Kategorie „Unsinn, nicht ernst nehmen". Ein Unglück ereignet sich nicht, weil es in einem Horoskop einer Zeitung steht. Vielleicht prophezeit Ihnen das Horoskop einer anderen Zeitung für den gleichen Tag ein glückliches Ereignis.

Voraussagen

Natürlich kann ich voraussagen, dass es im kommenden Jahr eine Naturkatastrophe geben, oder ein berühmter Staatsmann sterben wird. Im nächsten Jahr wird es in Europa und in Amerika oder in Australien sicher wieder eine große Überschwemmung geben, in Amerika und in Australien werden Waldbrände wüten und irgendwo auf der Welt wird die Erde beben, ein Vulkan ausbrechen, verheerende Tornados über die USA fegen, oder ein Taifun mit ungeahnter Wucht pazifische Inseln heimsuchen. Bei der Klimaerwärmung werden Naturkatastrophen immer wahrscheinlicher. Und bei der Vielzahl der Politiker ist es durchaus wahrscheinlich, dass die Voraussage sich erfüllt. Irgendein wichtiger Staatsmann ist sicher schon krank, oder in einem hohen Alter, und bei der großen Anzahl von Kriegen und Revolten auf unserem Planeten wird es schon jemanden erwischen. Ich kann auch ein Flugzeug abstürzen oder einen Frachter untergehen lassen. Dazu muss man kein Hellseher sein, oder die Sterne befragen, die dazu keine Meinung haben. Trifft meine Voraussage zu, kann ich mich rühmen, es vorhergesehen zu haben. Stirbt wider Erwarten kein bedeutender Prominenter, werde ich meine Vorhersage nicht mehr erwähnen und hoffen, dass auch die anderen sie vergessen. Man darf in seiner Vorhersage nicht zu sehr ins Detail gehen, sie muss durch eine Einschränkung eine Hintertür bereit halten.

In diesem Zusammenhang sind auch die verschiedenen selbsternannten „**Seher**" anzusprechen, die immer wieder den Weltuntergang, die **Apokalypse**, voraussagen.

Ganz oben rangiert immer noch Nostradamus (1503-1566). Seine nebulösen, visionären Aussagen wirken bis in die Neuzeit und wurden immer wieder neu gedeutet und in seine Schriften wird alles Mögliche an Katastrophen bis in die Gegenwart hineininterpretiert.

Aber dieser Mann wusste von unserer Zukunft auch nicht mehr als Sie und ich. Er war jedoch ein cleveres Kerlchen und nutzte nur seinen Verstand, um die Menschen mit mehrdeutigen Prophezeiungen zu verwirren. Er wusste, dass es, wie bereits erwähnt, immer wieder Erdbeben, Tsunamis, Vulkanausbrüche, Kriege usw. geben wird. Das kann man bei den heutigen Informationen, die uns zur Verfügung stehen, auch ohne hellseherische Fähigkeiten präziser vorhersagen.

Und trotzdem gibt es viele Menschen, die den Katastrophenprophezeiungen gern Glauben schenken.

Das Ende unserer Erde ist unausweichlich, das sagen sogar die Wissenschaftler voraus. Sie haben errechnet, dass unsere Sonne in ca. 4,5 Milliarden Jahren ihren gesamten Wasserstoffvorrat in Helium umgewandelt haben und sich dann bis in unsere Umlaufbahn ausdehnen wird. Sie geht aber auch sehr verschwenderisch mit ihrem Vorrat um und wandelt pro Tag 345 Milliarden Tonnen Wasserstoff in Helium um. Bei dieser Reaktion verschmelzen vier Wasserstoffatome zu einem Heliumatom, wobei 1/1000 der Masse in Energie umgewandelt wird. Im Laufe der 4,5 Milliarden Jahre hat die Sonne auf diese Weise 0,5 Promille ihrer Masse in Form von Energie verloren. Hat sie ihren Wasserstoffvorrat verbraucht, wird sie Helium zu Kohlenstoff und

Sauerstoff verschmelzen und sich zu einem Roten Riesen entwickeln. Ihre Plasmahülle wird sich auf 10 Millionen °C erhitzen. Dann wird die Erde verglühen. In weniger als einer Milliarde Jahren werden auf der Erde Temperaturen von mehr als 100°C herrschen. Wissenschaftler meinen, in spätestens 500 Millionen Jahren sollten wir einen bewohnbaren Planeten in einem anderen Sonnensystem gefunden haben. Ein bisschen Zeit lässt uns die Sonne also noch, allerdings nicht der aktuelle Klimawandel.

Bei dieser Gelegenheit noch einige interessante Zahlen zu unserer Sonne, die nur am Rande zu diesem Thema gehören, aber zum Staunen führen und die man den Wissenschaftlern glauben kann: Die im Zentrum der Sonne bei der Verschmelzung von H-Atomen zu He-Atomen als Gammastrahl entstehenden Photonen brauchen von der Sonnenoberfläche bis zu uns ca. 8 Minuten. Um aber nach ihrer Entstehung vom Kern der Sonne durch die Strahlungszone im Innern der Sonne an die Sonnenoberfläche zu gelangen, braucht ein Photon wegen der unvorstellbar hohen Dichte in der Strahlungszone zwischen hunderttausend und bis zu eine Million Jahre!

Auf dem Weg an die Sonnenoberfläche verliert das Photon Energie und wird vom hochenergetischen Gammastrahl zum für uns erträglichen sichtbaren Licht. Das nur nebenbei.

Die viel zitierte *Graue Vorzeit,* in der sich die Ägypter mit dem Bau ihrer Pyramiden beschäftigt haben, scheint für uns unvorstellbar weit zurückzuliegen. Wenn wir bedenken, dass die Pyramiden erst vor ca. 5.000 bis 6.000 Jahren gebaut wurden und die Neandertaler bereits vor 40.000 Jahren verschwunden sind, bleibt uns also noch deutlich mehr Zeit, bis wir Probleme mit unserer Sonne bekommen werden. Wir und unsere Urenkel werden diesen Untergang nicht mehr erleben. Allerdings steht eines fest: Die Zeit vergeht unerbittlich und auch vor uns liegende Millionen Jahre werden irgendwann vergangen sein.

Weltuntergang, ein beliebtes Thema für Leichtgläubige.

Das zwanzigste Jahrhundert stand kurz bevor.

Mein Großvater, Jahrgang 1886, erzählte mir vor vielen Jahren von einer obskuren Sekte, die vor dem Jahrhundertwechsel 1899/1900 warnte und den damit verbundenen Weltuntergang versprach. Nur die Sektenmitglieder würden überleben, behaupteten sie. Alle anderen würden durch ein fürchterliches Gottesgericht in die Hölle verbannt und müssten dort für alle Ewigkeit im Höllenfeuer schmoren. Wer Angst davor hatte, konnte noch schnell der Sekte beitreten und so der Hölle entgehen. Ob man einen Aufnahme-Obolus entrichten musste, hat mein Großvater nicht erwähnt. Ich glaube, kostenlos war die Aufnahme sicher nicht.

Aber selbst am 30. Januar 1900 war die Welt auch mit Verspätung nicht untergegangen. Kein Erdbeben, keine Sintflut, keine Pest. Nichts! Ich stelle mir vor, wie enttäuscht die Untergangssekte gewesen sein musste. Sie saßen wahrscheinlich noch Tage später irgendwo in den Alpen auf einem Berg und warteten auf ein gewaltiges Gottesgericht, vielleicht mit Hochwasser, wie damals die Sintflut oder mit Schwefelregen, wie damals in Sodom und Gomorra, von dem nur sie verschont bleiben würden. Aber nichts passierte. Da machte sich unter den Auserwählten, die in der Kälte auf dem Berg ausharrten, bestimmt großer Frust breit und ihr Anführer war sicher in einer verteufelten Lage und in beträchtlichen Erklärungsnöten.

Nun, vielleicht würde es in hundert Jahren klappen, beim Jahrtausendwechsel. Das wäre dann ein noch markanteres Datum.

Aber wir wissen, in der Silvesternacht 1999 wurde das neue Jahrtausend weltweit begrüßt, ohne das jetzt ein Gottesgericht die Menschheit traf. Wieder nichts!

Ob es markante Daten, wie der Jahreswechsel 1899/1900 oder 1999/2000 waren, oder das besondere Datum der Maya, der 21. Dezember 2012, immer gab es Gurus, die prophezeiten, an diesen Tagen würde die Welt endgültig untergehen. Hinterher sind sie dann in Erklärungsnöten, denn alle Prophezeiungen haben sich stets als Unsinn erwiesen.

Im Abendland haben die Christen irgendwann ihr Jahr Null zwar auf Jesus bezogen, aber doch willkürlich festgelegt, denn das genaue Geburtsdatum des „Gottessohnes" steht nicht fest. Man behauptet nur, es genau zu kennen und hat die drei Könige nach Betlehem geschickt. Die Moslems hatten eine völlig andere Zeitrechnung und beides hat keinerlei Bezug auf irgendwelche übereinstimmenden, markanten astronomischen Daten, die es im Prinzip auch nicht gibt. Es erscheint mir schwierig, ein absolutes Datum festzulegen.

Schon Jesus hatte den Weltuntergang zu seinen Lebzeiten vorausgesagt, er ist aber, obwohl Jesus als Gottes Sohn allwissend sein müsste, nicht eingetreten. Er hätte sicherheitshalber bei seinem Vater nachfragen können.

Auch Luther hat sich als Hellseher versucht und den Weltuntergang für die Jahre 1532, 1538 und1541 vorhergesagt. Wieder kein Treffer.

Dann versuchten sich auch die Zeugen Jehovas mit Untergangsprophezeiungen. Sie hatten am Anfang ihrer Geschichte den Weltuntergang für das Jahr 1878 prophezeit, aber es passierte nichts. Daraufhin wurden für den Untergang im Laufe der Zeit die Jahre 1881, 1914, 1918, 1925 und 1975 vorgesehen. Wenn ich mich recht erinnere, ist auch 1975 nichts passiert. Neuere Prophezeiungen sind mir nicht bekannt, beunruhigen mich aber auch nicht. Die Geschichte lehrt, dass die Welt nicht untergeht, auch wenn Luther, die Zeugen Jehovas, und verschiedene Gurus oder sonstige Spinner das behaupten. Erst wenn die Sonne ihren Wasserstoff verbraucht hat, wird der Untergang der Erde besiegelt sein, wie Wissenschaftler voraussagen.

Trotz der Fehlschläge predigen einige Gurus auch in unserer Zeit den Weltuntergang und die Errettung von Auserwählten durch Außerirdische. Und tatsächlich pilgerten trotz heutigem

Wissensstand Gruppen von Leichtgläubigen im 21. Jahrhundert zu einem Berg in der Nähe des französischen Dörfchens *Bugarach.* Sie hofften, am 21. Dezember 2012 von Außerirdischen abgeholt und vor dem wieder einmal vorausgesagten Weltuntergang gerettet zu werden. Die dazu notwendigen interstellaren Fluggeräte sollten aus dem sich öffnenden Berg, dem *Pic de Bugarach,* in der Nähe des Dörfchens, hervorkommen. Hat eine außerirdische Besatzung dort, so, wie man es auch Barbarossa nachsagt, viele Jahre in dem Berg zugebracht? Warum hat es niemand gesehen, als sie dort Quartier bezogen haben? Wie soll sich eine Felswand wie ein Tor ohne Erdbeben öffnen? Uns technisch weit überlegene Außerirdische verbringen ihre kostbare Zeit viele Jahre im Tiefschlaf und tatenlos in einem Berg auf der Erde? Wie werden sie auf den bevorstehenden Untergang aufmerksam gemacht? Hatten sie einen Wecker gestellt?

Letztendlich warteten die Auserwählten vergeblich, der Berg öffnete sich nicht, um Ufo's freizugeben und auch der Weltuntergang blieb wieder einmal aus.

Ufo's, die viel zitierten Unbekannten Flugobjekte, wurden angeblich oft gesichtet. Und das über Jahre insbesondere über den USA. Gab es einen Grund, dass sich die Außerirdischen nicht für Europa interessiert haben?

Außerirdische waren es garantiert nicht. Unbekannte Flugobjekte ja, aber keine außerirdischen, dann wären es ja Afo's, Außerirdische Flugobjekte. Auch bis heute ist offiziell nicht bekannt geworden, was da über den USA kreist. Wahrscheinlich waren es geheime militärische Entwicklungen und in einigen Fällen natürliche Phänomene, manchmal sicher auch Tricks von technisch versierten Spaßvögeln. In jedem Fall ist die Bezeichnung „Unbekannte Flugobjekte" richtig. Im Juni 2021 werden erste Untersuchungsergebnisse dere US-Regierung veröffentlicht. Angeblich lassen einige Beobachtungen vermuten, dass Außerirdische im Spiel waren, eindeutige Beweise gibt es nicht.

Stellen Sie sich vor, unsere Astronauten wären in der Lage, nach viertausend Jahren Flugzeit endlich einen Exoplaneten zu erreichen, würden sich aber völlig irrational verhalten und erst einmal jahrelang über dem Planeten kreisen. Was soll das und wer soll das glauben?

Nein, wenn es intelligente außerirdische Wesen geben sollte, für die interstellare Flüge möglich wären, würden sie sicherlich nicht jahrelang völlig sinnlos über den USA kreisen und nie landen, nur hin und wieder einen Menschen zu sich hinaufbeamen, das heißt, unten auflösen und oben wieder zusammensetzen, um mit ihm zu experimentieren. Ich weiß nicht, ob das tatsächlich funktioniert. Ein solches seltsames Verhalten wäre für hochintelligente Wesen absolut unsinnig, es sei denn, sie sind unsterblich, dann würde Zeit für sie keine so große Rolle spielen wie für uns.

Intergalaktische Reisen würde man, wenn man denn technologisch dazu in der Lage wäre, angesichts des enormen Aufwands an Kosten und an Zeit nur wegen außergewöhnlichen Umständen unternehmen. Intergalaktisch Reisende sind sicher nicht auf einer Urlaubsreise. Entweder sind sie aus Erkundungs- und Forschungsgründen unterwegs, oder sie sind kriegerisch veranlagt und auf Eroberung programmiert. Wenn ich an uns Erdlinge denke, würde ich Letzteres annehmen. Denken Sie an das Geld, das die Länder für Rüstung ausgeben!

Außerirdische würden wahrscheinlich in jedem Fall unter Vorsichtsmaßnahmen landen, sich umsehen und wenn wir Glück haben, uns nicht sofort vernichten, sondern Kontakt aufnehmen und erklären, was sie auf die Erde führt. Vielleicht hatten sie unsere vor vielen Jahren ins All geschossene Raumsonde mit der goldenen Schallplatte abgefangen, auf der die Koordinaten unserer Erde eingeprägt waren und uns so gefunden. Wenn wir Glück hätten, würden sie uns auch noch Ratschläge für einige Verbesserungen geben und wieder verschwinden, weil die Erde nur ein Zwischenziel ist.

Vielleicht sind sie aber auch auf der Suche nach einem bewohnbaren Planeten, weil ihr eigener Planet unbewohnbar wurde. Auch wir sind in dieser Überlegungsphase, wohin, wenn wir unsere Erde vernichtet haben. Damit dürfte allerdings unsere Erde im jetzigen bereits kritischen Zustand nicht unbedingt ihre erste Wahl sein.

Für uns könnte der Besuch Außerirdischer eventuell problematisch werden. Sie würden sich auf der Erde einrichten und uns eliminieren, oder im günstigsten Fall uns als Sklaven arbeiten lassen. Unmöglich wäre das nicht. In keinem Fall würden sie sich jedenfalls in einem französischen Berg über Jahre verstecken, oder jahrelang unsinnig über uns kreisen.

Da in unserem Sonnensystem kein weiterer bewohnter Planet mit einer geeigneten Atmosphäre existiert, müssen Außerirdische aus einem anderen Sternsystem kommen. Das ist enorm energieaufwendig und zeitraubend. Man wird keine interstellare Reise, die hunderte oder sogar tausende Jahre dauern kann und bei der wahrscheinlich viele Generationen im Raumschiff leben und sterben müssen, planen und durchführen, um anschließend jahrelang sinnlos über den USA zu kreisen, oder jahrhundertelang in einem Berg zu übernachten, um dort auf den Weltuntergang zu warten und kurz vor dem Inferno im letzten Moment mit wenigen Auserwählten zu verschwinden. Wohin? Nein, die gesichteten Ufo's sind vielleicht ungewöhnliche Flugobjekte der Militärforschung, aber keinesfalls außerirdisch. Das ist Unsinn.

Chemie

Eigenartigerweise verteufeln viele Menschen selbst in der wissenschaftlich aufgeklärten westlichen Welt die „Chemie" generell und insbesondere Chemie im medizinischen Bereich, ohne zu begreifen, dass alle Lebensvorgänge chemische und physikalische Abläufe sind. Sie vertrauen eher Heilpraktikern ohne die medizinische Ausbildung eines Arztes oder den uralten fernöstlichen Heilverfahren, als der modernen westlichen Medizin. Bei Schmerzen nehme ich keine modernen Produkte der Chemie, sondern vertraue lieber auf Naturheilmittel vom Heilpraktiker oder aus dem Internet. Allerdings sind die wirksamen Bestandteile der Naturmittel chemische Wirkstoffe, die ihre Wirkung ebenfalls auf chemischem Weg entfalten müssen. Nebenbei bemerkt gibt es im Fernen Osten nicht nur „Naturheilmittel", sondern auch eine chemische Pharmaindustrie, die „westliche Chemie" betreibt.

Bei lebensbedrohlichen Erkrankungen lassen sich moderne Heilmittel nicht vermeiden und man muss zwischen dem Nutzen für den Patienten und den Nebenwirkungen abwägen. Ob Naturheilmittel oder chemisch hergestellte Heilmittel, immer ist Chemie und Physik im Spiel. Im Körper wird die geschluckte Pille physikalisch aufbereitet, damit der Wirkstoff anschließend auf chemischem Weg aktiv werden kann. Entsteht keine chemische Wirkung, wirkt das Medikament nicht! Auch nicht bei sogenannten „Naturheilmitteln".

Sehr komplizierte Heilmittel, die dreidimensional aufgebaut sind, zum Beispiel auf Basis von Proteinen, kann man rein chemisch/technisch nicht herstellen. Da kommt die **Biochemie** ins Spiel. Hier werden bestimmte Bakterien genetisch so verändert, dass sie das gewünschte Protein in einem Schritt herstellen. Es ist erstaunlich, dass Bakterien in der Lage sind, auf Wunsch von Wissenschaftlern komplizierteste chemische Verbindungen herzustellen, für die wir bisher kein technisches Herstellungsverfahren kennen. In anderen Fällen isoliert man die Wirkstoffe aus tierischen Drüsen. Zum Beispiel wurde Insulin aus Bauchspeicheldrüsen von Schweinen gewonnen, bis man Bakterien überzeugen konnte, die Arbeit zu übernehmen. Ist es nicht erstaunlich, dass mikroskopisch kleine Wesen ohne Gehirn und andere Organe für uns notwendige Medikamente produzieren, die wir bisher nicht auf andere Weise herstellen können?

Dabei muss man bedenken, dass ohne Chemie grundsätzlich kein Leben möglich ist. Alle Lebewesen sind Wunderwerke der Chemie und Physik, für die ausnahmslos die hier herrschenden Naturgesetze gelten. Alle Lebensabläufe im gesamten Körper sind physikalische Vorgänge und chemische Prozesse! Auch wenn manche Menschen es nicht wahrhaben wollen.

Ob es das Hören, bei dem Schallwellen zunächst physikalisch im Ohr umgesetzt und im weiteren Verlauf chemisch über Transmitter in den Hirnzellen weitergeleitet werden, ob es das Sehen ist, bei dem zunächst die Optik eine Rolle spielt, oder ob es das Riechen ist, bei der chemische Substanzen bestimmte Rezeptoren aktivieren, ob es die Nahrungsumsetzung zur Energiegewinnung, die Produktion der verschiedensten körpereigenen Hormone, der unterschiedlichsten Proteine, der Fermente, der Salzsäure im Magen ist, alles ist komplizierteste Chemie!

Unsere verschiedenen Körperzellen, von zuständigen Genen für ihre speziellen Aufgaben gesteuert, sind einzigartige Micro-Chemiefabriken, die komplizierteste, lebensnotwendige Substanzen ohne komplizierte Computer-gesteuerte Anlagen in der entsprechenden Zelle bei Bedarf sofort produzieren. Und alles wird von der Desoxyribonukleinsäure (DNS), einem mikroskopisch kleinen, aber etwa zwei Meter langen Riesengebilde gesteuert, bestehend aus drei Milliarden Bausteinen, die etwa 25.000 Gene bilden.

Jede einzelne Zelle besitzt einen DNS-Strang. Die Gene bestimmen, welche Aufgabe die Zelle, ob zum Beispiel als Leber- oder als Hirnzelle übernimmt. Die Aktivierung der einzelnen Gene, das An- oder Abschalten der entsprechenden Abschnitte, übernimmt die Epigenetic. Epigene umhüllen wie eine Verpackung die DNS und bestimmen die Zellfunktion. Sie bestimmen, wann die entsprechenden Gene aktiv werden. Ein absolutes, faszinierendes Wunder der Natur, das das Leben erst ermöglicht.

Placebos und Autosuggestion

Jeder Mensch wird in seinem Leben hin und wieder auf Medikamente angewiesen sein. Dann stellt sich die Frage, was nehme ich, gibt es unangenehme Nebenwirkungen. Bei vergleichenden

Versuchen mit Heilmitteln und Placebos stellt man erstaunlicherweise fest, dass auch wirkstofffreie Mittel helfen können. Wenn ich nicht weiß, dass ich ein Placebo bekommen habe, registriert mein Gehirn und meldet dem Schmerzzentrum, Medizin eingenommen, gleich wird Besserung eintreten, und daraufhin reagiert der Körper positiv. Man hat bei den Versuchsreihen auch festgestellt, dass bunte Placebos besser wirken als weiße! Wurden die Probanden über Nebenwirkungen informiert, haben Probanden, die Placebos erhalten haben, ebenfalls über starke Nebenwirkungen geklagt. Das Gehirn wird überlistet und reagiert positiv oder auch negativ auf die Medikamentengabe. Allerdings funktioniert dies nicht bei jedem Patienten und jeder Krankheit. Man wird, wenn Dopamin fehlt, den Tremor eines Parkinson-Patienten nicht mit einem Placebo ausschalten können. Da helfen nur Dopamin-Agonisten, also Chemie, oder besser der Einsatz von zwei Sonden mit je vier Elektroden im Gehirn, die von einem Stimulator mit ca. 2mA gesteuert werden, also Physik!

Akupunktur

Akupunktur ist laut Brockhaus ein *„altes Heilverfahren der chinesischen und auch japanischen Medizin, das durch das Einstechen von Nadeln in den Körper Heilung und Schmerzausschaltung zu erreichen sucht. Die mehr als 360 empirisch festgelegten Einstichstellen sind auf 14 Meridianen festgelegt, welche den >Strom der Lebensenergie< fortleiten und die mit den inneren Organen und deren Funktionen verbunden sein sollen....*

Man sticht also in von alten chinesischen Heilpraktikern empirisch festgelegte Akupunkturpunkte auf empirisch ermittelten Bahnen, am Bein sogar im Zickzack auf denen nach chinesischer Medizinlehre die Lebensenergie zirkuliert und die mit den inneren Organen und deren Funktionen verbunden sein sollen! Ist das Energiegleichgewicht der Gegensätze Yin und Yang gestört, kann man dies durch Stechen mit Nadeln aus Stahl, Silber oder Gold korrigieren.

Mich verwundert, dass man im alten China Yin und Yang, die positive und die negative Lebensenergie und ihre Ströme im menschlichen Körper detailliert ermittelt haben will, die sich vor heutigen, hochempfindlichen Messgeräten verbergen und nicht nachweisen lassen.

Übrigens: Entweder ist Energie vorhanden, oder nicht. Negative Energie gibt es nicht!!

Natürlich gibt es Nervenbahnen, in denen kontinuierlich Signale weitergeleitet werden und wenn man in einen Nervenknotenpunkt oder den Nerv trifft, gibt dieser ein zusätzliches Signal an das Gehirn. Man muss allerdings genau zielen.

Inzwischen haben Wissenschaftler das Bindegewebe, das unter der Haut Muskeln und Organe umhüllt, genauer untersucht. Dabei haben sie festgestellt, dass der gesamte Körper mit einem mehr oder weniger starken Fasergewebe, den **Faszien** überzogen ist, das untereinander verbunden ist. Faszien wurden bis vor kurzen von Medizinern links liegen gelassen. Pathologen haben die störenden Faszien einfach unbeachtet weggeschnitten. Besonders ausgeprägt und von besonderer Stärke und Größe ist ein Faszienband im Rücken. Für die Forschung sind die Faszien inzwischen von großem Interesse geworden. Sie sind für den Körper wesentlich wichtiger als bisher angenommen. Die Faszien durchziehen den gesamten Körper vom Gehirn bis zu den Füßen und scheinen ein eigenes Organ zu sein. Sie spielen eine wichtige Rolle in der Osteopathie, die sich um das ganzheitliche Zusammenspiel von Nerven, Faszien und Muskeln und dem Knochengerüst kümmert und den Körper als eine Einheit betrachtet.

Die Faszien bestehen unter anderem aus Fibroblasten, die das Kollagen der Matrix der Faszien bilden. Dieses weißliche Gewebe kann bei zu wenig Bewegung verfilzen und versteifen, was zu Schmerzen führt. Andererseits fanden die Forscher, dass dieses Gewebe ganzflächig mit unzähligen Rezeptoren ausgestattet ist, die das Bindegewebe beeinflussen. Man hat also auch abseits der empirisch festgelegten Akupunkturmeridiane die Möglichkeit, mit der Nadel einen Reizempfänger zu treffen. Daher eventuell die gleichen Erfolge bei unorthodox durchgeführter Akupunktur? Aber ob da auch noch die beiden nicht nachzuweisenden Yin und Yang im Spiel sind?

Bei Parallelversuchen mit **Akupunktur** gegen Schmerzen, bei denen im ersten Fall die Nadeln streng nach 3000 Jahre alter chinesischer Lehre positioniert und im zweiten Fall die Nadeln völlig willkürlich gesetzt wurden, zeigte sich praktisch kein Unterschied im Erfolg. Dabei wurde den Probanden der zweiten Gruppe natürlich nicht mitgeteilt, dass sie unorthodox behandelt worden waren. Im ersten Fall gaben 83% der Probanden an, die Behandlung hätte geholfen, im zweiten Fall, bei der Scheinakupunktur, waren es 81%. Das liegt innerhalb der Fehlertoleranz. Auch hier gilt: Ich glaube an die Akupunktur, sie hilft mir. Wirksame Autosuggestion! Oder es sind die Rezeptoren der Faszien!

Bei einem anderen Vergleichsversuch wurden Probanden von einem deutschen, in China ausgebildeten Akupunkteur und die gleichen Probanden ein zweites Mal von einem chinesischen Koch ohne Akupunkturkenntnisse behandelt. Der chinesische Koch hatte ein besseres Erfolgsergebnis erzielt, als der in Akupunktur ausgebildete Deutsche, weil man einem Chinesen einfach mehr Kompetenz in Sachen Akupunktur zutraut.

Sicher, gegen altbewährte, auf Erfahrung basierende Heilmethoden kann man nichts einwenden, wenn sie erfolgreich sind und wissenschaftlichen Überprüfungen standhalten. Aber warum sollen uralte medizinische Verfahren generell besser sein, als die Ergebnisse gründlicher, moderner Forschung mit inzwischen hinzugewonnenen Erkenntnissen??

Nebenbei bemerkt: Ein befreundeter Arzt hat sich vor Jahren extra in China zum Akupunkteur ausbilden lassen. Seine Ehefrau, ebenfalls Ärztin, hat ihm, wenn es ihre Zeit erlaubte, in der Praxis bei der Akupunktur assistiert. Nachdem beide in den wohlverdienten Ruhestand getreten waren, war unser Freund überzeugt, vielen Menschen mit der Akupunktur geholfen zu haben. Vielleicht waren es auch Stiche in das verfilzte Bindegewe-be, die Faszien, die Blockaden gelöst haben.

Seine Frau war skeptischer und sagte mir wörtlich: „Ob es nur die Nadeln sind, weiß ich nicht. Wahrscheinlich ist es auch die längere Ruhezeit in der Kabine, die längere Zeit und die Zuwendung, die der Arzt für den Patienten aufbringt. Und dann spielt die Autosuggestion eine große Rolle. Der Patient registriert, hier kümmert man sich um mich, es wird etwas außerhalb der Schulmedizin getan, bei der man oft nur eine Nummer ist. Daher ist die positive Wirkung häufig nach der ersten Behandlung am größten. Nach mehreren Sitzungen hat der Patient sich daran gewöhnt und die Wirkung der Akupunktur lässt nach.“

Das hat mich nachdenklich gemacht. Wer hat Recht?

 Dann hätten wir noch die *Fußreflexzonenmassage*.

Natürlich, eine Fußmassage findet jeder angenehm, es entspannt. Aber wie ist es mit punktgenauen Fußreflexzonenmassagen, die einzelne Organe stimulieren sollen?

Ich glaube, auch hier hilft nur der Glaube und nicht die punktgenaue Massage.

Am Anfang des 19. Jahrhunderts teilte der amerikanische Arzt *Dr. Williams* den menschlichen Körper ebenfalls willkürlich in zweimal fünf senkrechte Reflexzonen ein, die jeweils in den Füßen enden. Wahrscheinlich hatten ihn die Akupunkturlinien der alten Chinesen zu seiner Einteilung animiert. Seine Reizleitungen sind allerdings nicht identisch mit den Akupunkturlinien der Chinesen.

Die Masseurin *Ingham* baute darauf ihre eigenwillige Einteilung der Füße in über 90 Reflexzonen auf, sehr oft wesentlich weniger als ein Quadratzentimeter, die sie offenbar willkürlich den einzelnen Organen zuordnete. Diese mehr als 90 Punkte hat sie mit den Linien von Dr. Williams verbunden. Massiert man diese Stellen an den Füßen, wirke sich dies positiv auf das entsprechende Organ aus, behauptete sie. Dann laufen demnach über einen von Dr. Williams geschaffenen Strang aus 10 Ingham-Reflexzonen Reize zu den zugehörigen Organen. Bei der Massage eines der sehr kleinen neunzig Punkte werden sicher auch die umliegenden Punkte massiert. Wie werden die Reize sortiert und an die entsprechenden Organe geleitet? Die Fußreflexzonenmassage der entsprechenden Punkte soll sogar auch bei Verdauungsbeschwerden und Migräne helfen. Wissenschaftlich lässt sich das nicht nachvollziehen.

Stellen Sie sich vor, am kleinen Zeh muss eine noch kleinere Stelle massiert werden! Eine Mikromassage! Und ein Organ reagiert auf den sanften Druck? Dabei dürfte es in manchen Fällen schwierig sein, mit dem dicken Daumen die winzig kleinen Reflexzonen zu massieren. Toll! Da werden in einem Arbeitsgang gleich mehrere Organe behandelt!

Sicherlich entspannt eine Fußmassage generell. Ich kann mir allerdings nicht vorstellen, dass zum Beispiel ein Problem im Auge durch die Massage eines von der Masseurin Ingham empirisch ermittelten Punktes unter dem Fuß geheilt wird.

Ich frage mich, wie die Masseurin Ingham die einzelnen Punkte ermitteln und zuordnen Konnte? Das war sicher eine äußerst langwierige Sache. Bei jedem Punkt des Fußes muss man nach der Massage abwarten, welches Organ auf die Massage dieses Punktes reagiert. Das wird sicher nicht durch eine deutliche Reaktion in der nächsten Sekunde oder Stunde passieren. Eine einmalige Massage bei einem Patienten reicht nicht aus, um den Punkt am Fuß einem Organ zuzuordnen. Auch wird sich nicht sofort nach wenigen Reflexzonenmassagen das entsprechende Organ positiv und deutlich melden. Ein einzelner Patient reicht nicht für die sichere Festlegung von Massagepunkten, hier müssen eine größere Zahl von Probanden mit gleichem Leiden über eine längere Zeit an gleichen Punkten massiert und beobachtet werden. Daraus ergibt sich die Frage: Wie prüft man die Reaktionen der über neunzig Körperstellen auf die Punktmassage, um eine gesicherte Aussage machen zu können?

Fragt sich auch, wie man einen speziellen Punkt massiert, wenn dieser unter einer dicken Hornhautschicht oder einem Hühnerauge verborgen ist. Andererseits müsste eigentlich der ständige Druck eines Hühnerauges auf einen bestimmten Reflexzonenpunkt des Fußes ebenfalls wie eine Massage wirken. Oder?

In bestimmten Fällen, so ein Hinweis auf einem Plakat über Fußreflexzonenmassage, ist die Fußreflexzonenmassage allerdings nicht angezeigt, zum Beispiel bei Krebsoperationen und anderen operativen Eingriffen, ebenso bei Ekzemen, Lymph- und Venenbeschwerden, Risikoschwangerschaft, usw.

In einer Studie hat man Patienten mit **Kniebeschwerden** normal operiert, andere nur zum Schein operiert. Dabei wurde bei Letzteren das Knie betäubt und hinter einem Vorhang nur zwei kleine Schnitte am Knie sofort wieder vernäht. Über einen Monitor konnten sie dabei eine echte Operation verfolgen. Auch die Getäuschten gaben zunächst eine Besserung ihrer Beschwerden an. Das Gehirn wurde getäuscht und hat reagiert. Bei leichteren Knieproblemen am Meniskus kann das durchaus sein, es ist nur die Frage, ob die Täuschung auch bei stark fortgeschrittener Arthritis funktioniert. Sicher nicht! Allerdings kann es auch nach zunächst gelungenen Kniegelenkoperationen immer wieder zu langwierigen Komplikationen kommen, die in manchen Fällen erst in der Rehabilitation auftreten und den Patienten in den Rollstuhl zwingen (z.B. Arthrofibrose).

Und dann gibt es noch die Geschichte mit dem „Naturheilmittel" **Urin**, der gegen Halsschmerzen und andere Krankheiten helfen soll.

Da geben sich die Nieren große Mühe, alle Giftstoffe aus dem Blut herauszufiltern, und dann kippt der Mensch sich die konzentrierte, giftige Brühe wieder oben rein. Sicher, die Halsbakterien werden einen Schock bekommen, aber was sollen die Nieren, die mit dem wieder oben eingefüllten Konzentrat doppelte Arbeit haben, davon halten, das bereits verarbeitete Material noch einmal verarbeiten zu müssen?

Zweifellos gibt es **Hausmittel**, die sich im Laufe der Jahrhunderte als wirksam erwiesen haben. Bewährt haben sich zum Beispiel **Quarkwickel** bei Entzündungen der Gelenke. Manche schwören auf Kohlblätter. Dagegen ist nichts einzuwenden. Quark und Kohl kann sich jeder leisten, was übrig bleibt, kann man essen.

Als es noch kein Penicillin gab, hatten experimentierfreudige Vorfahren für die Behandlung von Hautauschlägen und anderen Hautproblemen eine wirksame Mischung aus Honig, Schimmelkäse und den rosinenartigen Hinterlassenschaften der Ziegen herausgefunden. Die Kombination mit dem Käseschimmel und dem Honig hat eine antibiotische Wirkung. Ob man die Ziegenkomponente braucht, weiß ich nicht, sie sind heute auch schwieriger zu beschaffen als Honig und Gorgonzola.

Viele Pflanzen enthalten medizinisch wirksame chemische Substanzen. Allerdings kann ein Pflanzenauszug auch eine ganze Reihe gesundheitsschädlicher anderer Pflanzenbestandteile enthalten. Viele Pflanzen produzieren sogar starke Gifte, wie Maiglöckchen, Blauer Eisenhut, Herbstzeitlose, Tollkirsche, Eibe und so weiter. In vielen Fällen ist ein einzelner isolierter Wirkstoff oder ein chemisch hergestellter, identischer Wirkstoff ohne schädliche Begleitstoffe sicherer.

Das Fazit aus den erwähnten Experimenten die **Autosuggestion** betreffend, zeigt, dass die Selbstheilungskräfte der Natur, und damit auch die des Menschen, offensichtlich viel größer sind, als man sich allgemein vorstellt, sie müssen nur geweckt werden. Und da liegt anscheinend das Problem. Wir wissen zu wenig darüber, wie der Weckmechanismus der Gene funktioniert, um die Selbstheilung zu aktivieren. Generell ist unser Organismus bis hin zur einzelnen Zelle auf Selbstheilung programmiert und versucht ohne mentales Dazutun automatisch zum Beispiel Verletzungen zu reparieren und Eindringlinge zu eliminieren.

Auf diesem Gebiet wird die Wissenschaft sicherlich noch viel erreichen können. So kann heute schon als Beispiel Migräne durch Autosuggestion ohne Tabletten erfolgreich behandelt werden.

Irgendjemand hat einmal gesagt: *„Es spielt keine Rolle, ob das, was ich glaube wahr ist, Hauptsache es hilft."* Das kann man akzeptieren, wenn man dabei nicht bewusst und absichtlich mit seinem Glauben betrogen und finanziell über den Tisch gezogen wird.

Übrigens, ich vertraue mich lieber gut ausgebildeten, modernen Ärzten an, als Heilpraktikern mit kurzer Ausbildung und mit obskuren Geräten und ominösen, nicht nachweisbaren Wellen oder einem Molkereifachmann der Germanischen Medizin.

__Die Unwissenheit ist eine Situation, die den Menschen ebenso hermetisch abschließt wie ein Gefängnis.__

Simone de Beauvoir

Glaube versetzt Berge   Man sagt, dass der Glaube Berge versetzen kann. Es wäre schön und sehr praktisch. Aber das, wörtlich genommen, ist bisher noch niemandem gelungen. Keine Materie wurde bisher allein durch den Willen oder durch den Glauben eines Menschen bewegt.

Wenn ich mit meinem Auto auf einen Baum zurase, werde ich den Baum nicht durch meinen Glauben versetzen können, ich sollte in letzter Sekunde doch bremsen und das Lenkrad herum reißen. Auch ein herunterfallender Ziegelstein ist kaum durch die Kraft meiner Gedanken aufzuhalten. Ich kann mit meinen Gedanken die Gravitation nicht außer Kraft setzen. Nur in Fantasiefilmen spielen Naturgesetze keine Rolle und alles ist mit Filmtricks darstellbar. Das hat mit der Realität leider nichts zu tun.

Mental kann man in der Realität einiges erreichen, insbesondere bei psychischen und psychosomatischen Problemen und die Selbstheilungskräfte des Körpers können uns manchmal in Erstaunen versetzen. Aber alles muss in unserem Sonnensystem den geltenden Naturgesetzen entsprechen. Ohne Ausnahme.

Es gibt bei vielen Menschen den Drang, aus dem Gefängnis der Unwissenheit auszubrechen. Sie suchen nach der Wahrheit und erforschen unsere Welt dafür unter wissenschaftlichen Aspekten. Sie glauben nicht einfach, sondern möchten wissen, was wie und warum es funktioniert. Sie suchen nach Beweisen für Theorien und Hypothesen.

Nun wissen Wissenschaftler noch längst nicht alles, aber sie geben dies auch zu. Bei ihren Aussagen sind sie vorsichtig und versuchen diese durch wissenschaftliche, wiederholbare Untersuchungen zu untermauern.

Gibt es widersprüchliche Ergebnisse, wird das bekannt gegeben und offen diskutiert. Kommt man zu einem absolut negativen Ergebnis, wird die Hypothese oder Theorie verworfen. Wissenschaftlich fundierte Erkenntnisse sollte man allerdings auch, selbst wenn es manchmal schwer fällt, akzeptieren.

Dabei gibt es ein großes Problem: Trotz der unzähligen wissenschaftlichen Erkenntnisse, die viele dubiose Vorstellungen und religiöse Legenden ad absurdum führen, gelingt es den Wissenschaftlern selten, ihre fundierten Beweise der „breiten Masse" näher zu bringen. Die Veröffentlichung wissenschaftlicher Erkenntnisse in speziellen wissenschaftlichen Zeitschriften reicht nicht, um ein breites Publikum zu informieren. Hier gibt es ein großes Informationsdefizit. Selbst die Erkenntnis, dass die Erde seit mehreren Milliarden von Jahren existiert und es seit Millionen von Jahren Leben auf unserem Planeten gibt, hält die Menschen nicht davon ab, die Märchen über eine groteske, einwöchige Schöpfung durch einen als alten Mann dargestellten Gott vor 6.000 Jahren den wissenschaftlichen Beweisen vorzuziehen.

Übrigens... Interessant für Leichtgläubige:

Die **James Randi Foundation** bietet in Zusammenarbeit mit dem **Internationalen Skeptiker-Verband** seit 1964 demjenigen, der eine beliebige paranormale Fähigkeit unter wissenschaftlichen Bedingungen zweifelsfrei nachweisen kann, **1 Million US-Dollar**.

Das Geld musste bis zum heutigen Tag noch nicht ausgezahlt werden!

<u>**Empfehlung:**</u> Vertrauen Sie den analytischen Fähigkeiten Ihres hochentwickelten Gehirns. Wenn Sie es fordern, wird es Ihnen auf problematische Fragen logische Antworten geben oder Lösungsvorschläge machen. Sie müssen allerdings den Glauben ausblenden und durch Wissen ersetzen.

Chemie und Physik als Voraussetzung für Biologie

Am Anfang unseres Planeten waren die Chemie und die Physik. Physikalische Voraussetzungen, zum Beispiel hochenergetische Entladungen führten offenbar dazu, dass sich im Laufe der langen Zeit irgendwann organische Kohlenstoffverbindungen, zum Beispiel Ribonukleinsäuren bildeten. Damit waren die Voraussetzungen für die Entstehung des Lebens gegeben.

Das Unerklärliche ist nicht irgend ein von Menschen erfundener Gott, sondern die im Grunde bisher nicht in den letzten Einzelheiten zu erklärende Natur, die uns hervorgebracht hat und uns über Jahre durch das Zusammenspiel von Milliarden verschiedenster Zellen in einem Verbund am Leben erhält.

Wer unbedingt etwas anbeten will, kann sich das rätselhafte Mysterium der Natur vornehmen, die rätselhaften physikalischen und chemischen Prozesse, die Kohlenstoffatome veranlasst, Ketten zu bilden, die letztendlich das Leben ermöglichen. Der Schritt von unbelebten Kohlenstoffketten vor Millionen von Jahren zu einem belebten Organismus mit Zellen und Chromosomen mit Genen, die chemische Wunderwerke sind und alle zum Lebensablauf notwendigen Produkte herstellen und das Programm für das gleichmäßige Wachsen durch Neubildung entsprechender Zellen an den richtigen Stellen, mikrokleine Spermien, die genau wissen, wo sie hin müssen, ein Gehirn aus vielen Milliarden Zellen, in denen unsere Erlebnisse in Tönen, Bildern und Gerüchen gespeichert sind, das ist das Unerklärliche! Das ist Biochemie und hat nichts mit Religion zu tun!

Religion, eine unendliche Geschichte ohne einen Hauch von Wissenschaft

Ein großer Teil der Menschheit verbringt sein Leben im religiösen Glauben, im Glauben an unbewiesene Geschichten. Andere suchen ihr Glück im Reichtum mit Geld und Diamanten. Einige sehen den Sinn ihres Lebens darin, sich in Gegenwart anderer für ihren religiösen Glauben in die Luft zu sprengen, um anschließend 72 Jungfrauen beglücken zu können. Wie groß wird ihre Überraschung sein, wenn mit der Explosion alles vorbei ist, kein Paradies, keine Jungfrauen. Einfach nichts. Pech.

Dabei ist es letztendlich nur wichtig, während unseres kurzen Aufenthaltes auf dieser Erde unseren Mitmenschen mit Toleranz zu begegnen und jeden Tag zu genießen. Ein zweites Leben gibt es nicht.

Für diejenigen, die an Gott glauben, ist keine Erklärung notwendig. Für diejenigen, die nicht an Gott glauben, ist keine Erklärung möglich.

Franz Werfel

Wer in Glaubenssachen den Verstand befragt, bekommt unchristliche Antworten.

Wilhelm Busch

Sie erinnern sich:

„Das müssen Sie mir glauben", sagte der Angeklagte, aber der Richter hielt ihm die Beweise entgegen.

„Das musst du mir glauben", sagte der Ehemann, aber seine Frau bestand auf einem wissenschaftlichen Gentest.

Einfache Beweise oder aufwendige, wissenschaftliche Verfahren geben Auskunft über den Wahrheitsgehalt dieser Behauptungen.

Die Religionen sind da wesentlich besser gestellt.

„Liebe Gemeinde, ich verkünde euch Gottes Wort."

Und so hören die Gläubigen gebannt wundersame Märchen, viele weit mehr als zweitausend Jahre alt, von unseren naturwissenschaftlich unbedarften Vorfahren erdacht, einem Gott zugeordnet.

Viele der Geschichten waren geboren aus der Angst vor unerklärlichen Naturphänomenen. Viele Geschichten sind aber auch von frommen Kirchenmännern erdachte, grausige Berichte über ewige Qualen in der Hölle, die insbesondere Ungläubige und Zweifler treffen werden, um sie bei der Stange zu halten. Auch die Geschichten über die Erschaffung der Erde und die Märchen über Maria und Jesus, alles in allem, von Menschen geschriebene Geschichten.

„Das müsst ihr mir, eurem Priester, glauben, es ist Gottes Wort!" wird sinngemäß in Kirchen, Moscheen und Synagogen verkündet. Sie müssten eigentlich hinzufügen: „Beweise für meine Behauptungen habe ich leider nicht. Es gibt keine Tests oder wissenschaftliche Verfahren, die die Aussagen bestätigen, aber es reicht, wenn ihr einfach glaubt, was ich euch berichte, denn es ist Gottes Wort." Dabei gibt es kein einzige von Gott selbst geschriebenes oder unterschriebenes Dokument.

So ist das auf dem unendlich großen Gebiet der Religionen. Hier gibt es keine wissenschaftlichen Untermauerungen der vielen Hypothesen, die auf den Kanzeln gepredigt oder verkündet werden. Im Gegenteil, man möchte keine wissenschaftlichen Untersuchungen ihrer vielen Behauptungen und Dogmen. Einfach nur glauben, was gesagt wird, nicht zweifeln ist die Devise. Das gilt sowohl für alle drei Religionen, die auf den gleichen Urvätern aufbauen, als auch generell für alle übrigen Religionen.

Dieter Nuhr meint in seinem Buch „Gibt es intelligentes Leben?", daß der Glaube das Gegenteil von Wissen, Logik, Vernunft und ergebnisoffenem Denken ist. Das Schöne am Glauben sei, dass man ihn nicht begründen muss... Man kann sogar glauben, dass ein allwissender Gott den Menschen geschaffen hat. Später ist man völlig überrascht von dessen Schlechtigkeit, ersinnt Strafen für ihn und stellt ihn am Ende vor Gericht. Das ist hirnverbrannter, in sich widersprüchlicher Schmarren. Dennoch ist dieser Gedanke Grundlage großer Religionen.

Dem ist kaum noch etwas hinzuzufügen. Allerdings gibt es noch immer viele Fragen.

Der religiöse Mensch sagt: „Ich glaube an Gott."

Was ist das für ein Wesen, an dessen Existenz er glaubt? Es soll ein Geistwesen sein, das unendliche Weiten überbrücken kann. Ein Geistwesen, das sich allerdings auch materialisieren kann. Wie das Beamen in der Serie Raumschiff Enterprise?

Im Offenbarungszelt der Juden ist er oft gewesen und Moses hat auf einem Berg Gott gegenübergesessen und mit ihm die zehn Gebote ausgehandelt. Ein Gott, mit dem man handeln kann?

Ein lieber Gott soll es sein, sagt man, der andererseits laut Bibel allerdings auch eine brutale, mitleidlose Seite hat.

Es war für die christliche Kirche natürlich eine schöne Zeit, als die Erde noch eine Scheibe war und das Himmelsgewölbe eine Art blaue Käseglocke mit Löchern, durch die nachts das Licht aus dem himmlischen Gefilde der Seligen strahlte; als die Menschen nicht schreiben und lesen konnten und deshalb den wundersamen Geschichten der Priester lauschen mussten; als sie Angst vor der Hölle hatten. Es war die Zeit, wo man nichts von weiteren Galaxien und der unendlichen Weite des Weltalls wusste.

In unserer Dorfkirche in Kunrau/Altmark stand auf dem Rundbogen über dem Altarbereich der grammatikalisch eigenwillige Spruch: *Selig sind die, die da geistig arm sind, denn das Himmelreich ist ihr.* Etwas holprige Grammatik, aber ganz im Sinne der Religion, je einfacher der Geist gestrickt ist, um so eher kommt man ins Paradies, da spielt Grammatik keine Rolle.

Die Religionen lieben offensichtlich Menschen mit einem IQ deutlich unter 30, am liebsten Analphabeten. Mit ihnen hat ein Priester leichtes Spiel. Dasselbe gilt für Diktatoren und psychopathische Regenten. Intelligente Menschen und Aufmüpfige, die den Priestern in die Quere kamen, wurden von der Inquisition als Ketzer und Hexen zu Zigtausenden einfach verbrannt. Und die Angst vor der Verbrennung hat die Kirche lange Zeit geschützt. Aber auch Intelligenz schützt nicht immer vor Leichtgläubigkeit. Es gibt genügend gescheite Menschen, die ihr Leben lang aus Tradition, geprägt durch Erziehung, in die Kirche gehen und die dubiosen Geschichten der Priester an ihren Ohren vorbeirauschen lassen, ohne darüber nachzudenken. So ist es recht, nicht zweifeln und immer brav den Klingelbeutel füllen. Aber bitte nicht mit Knöpfen!

Es ist keine Frage, dass die Religionen für einfache Gemüter eine hilfreiche Sache sind. Den Gläubigen wird das Denken abgenommen und nach dem Tod ein Paradies versprochen. Ewiges Leben, eine wunderbare Perspektive, das nimmt die Angst vor dem Tod. Viele finden die nicht überprüfbaren Versprechungen ausreichend und sind zufrieden, sie zweifeln nicht und folgen gern den Weisungen der Oberen. Was will man mehr. Wohl dem, der glauben kann, ohne nachzudenken. Diese Menschen sind durch ihren Glauben zufrieden obwohl das, was sie glauben von der Wahrheit unendlich weit entfernt ist.

Nein, ich will trotz aller Skepsis den Wert des karitativen Engagements der vielen Mitarbeiter der Kirche nicht schmälern. Ich bewundere die teilweise aufopfernden Bemühungen von Nonnen bis ins hohe Alter. Aber brauchen sie die vielen Märchen? Kann man Gutes nicht auch ohne religiösen Aspekt tun?

Wenn ein altes, einsames Mütterchen ins Gebet versunken in der Kirche sitzt und anschließend zufriedener als vorher die Kirche verlässt, ist nichts dagegen einzuwenden. Auch wenn das, was sie glaubt, nicht wahr ist. In diesem Moment würde ich nicht versuchen, ihr zu erklären, dass es keinen Mann mit Bart gibt, der die Welt erschaffen hat.

Gläubige, die nicht kritisch denken, haben es generell einfacher. Sie sind mit Geschichten getröstet, die nicht auf ihren Wahrheitsgehalt geprüft werden, den Gläubigen aber zufrieden stellen. Sie können sich auf ein Weiterleben im Jenseits freuen. Sie werden nicht enttäuscht, da sie mit Eintritt ihres Todes nichts mehr erfahren werden und nichts mehr überprüfen können.

Schlimm wird es nur, wenn fanatische Vertreter eines religiösen Glaubens oder politische Demagogen andere Menschen zwingen, ihrem Glauben gegen die eigene Überzeugung beizutreten. Dann soll man auch noch für unbewiesene Dinge Beiträge entrichten oder in den Krieg ziehen, oder sich hin und wieder auch in die Luft sprengen.

In diesem Zusammenhang: Wer kam eigentlich auf die Idee, muslimischen Selbstmördern im Jenseits zweiundsiebzig Jungfrauen zu versprechen? Jungfrauen als Lustobjekt für Mörder? Und gleich zweiundsiebzig? Was wird aus den vielen Jungfrauen nach ihrem Gebrauch durch den zerfetzten Selbstmörder?

Nachdem die Kirche über viele Jahrhunderte alles fest im Griff hatte, kamen dummerweise trotz der Repressalien immer wieder neugierige Menschen, die wissenschaftlich interessiert waren und alles hinterfragten, kluge Menschen, die sich in ihrem Denken nicht mehr von der Kirche einschüchtern ließen. Äußerst ärgerlich.

Zunächst loderten noch die Scheiterhaufen und man versuchte, den IQ durch Verbrennen der Intelligenten niedrig zu halten.

Aber dann setzte sich die Aufklärung unaufhaltsam in einigen Völkern durch. Der Wissensdrang war nicht mehr aufzuhalten. Man musste jetzt mit den Ketzern leben und die zerstörten dieses schöne, lieb gewonnene, einfache Bild von der Erdscheibe trotz Folter. So hat sich im Laufe der Zeit die Kirche mit der Kugelform der Erde abfinden müssen. Und auch andere, lieb gewonnene Vorstellungen, zum Beispiel der Klerus müsse unbedingt in Luxus leben, geraten ins Wanken.

Es ist aber tatsächlich viel, was einem intelligenten Menschen an seltsamen Dingen, die er kritiklos glauben soll, von den Priestern, Rabbinern und Muezzinen zugemutet wird.

Damit wären wir bei dem großen Gebiet des religiösen Glaubens, einem Gebiet, bei dem alles auf vom Klerus ersonnenen Glaubensvorschriften und unbewiesenen, nicht nachprüfbaren Behauptungen basiert.

Beispiel: Oben, im Himmel, ist jemand, der alles geschaffen hat. Einer, der über dich wacht und dich beschützt.

Gibt es diesen Jemand dort oben wirklich?

Wenn es diesen „gütigen Gott", wie er immer genannt wird, gäbe, würde die Welt völlig anders aussehen.

Ich zitiere hier den Überlebenden eines Konzentrationslagers, der gesagt hat, er habe unermessliches Leid und unvorstellbare Brutalität über Jahre erlebt. Er ist sich sicher, dort oben ist niemand, der sich für uns hier unten interessiert.

Ebenso hat der Extrembergsteiger Reinhold Messner bei seinen Touren keinen Hinweis auf einen Gott gefunden. Er sagt: „Alle Götter, die wir kennen, sind vom Menschen erfunden worden. Und alle Religionen sind menschengemacht." Es handelt sich dabei um „menschengemachte Machtinstrumente". Allerdings kann er sich „eine Art höherer Macht durchaus vorstellen."

Ich denke, er meint die noch nicht zu erklärende Macht und Phantasie der Natur, die alles entstehen und gedeihen lässt.

Wie wäre es, in diesem Zusammenhang die geheimnisvollen Kräfte der Natur, die die vielfältigsten und kompliziertesten Wesen, ob Mensch, Tier oder Pflanze, auf der Erde und im Wasser im Laufe der Jahrmillionen geschaffen haben, die alle notwendigen Bauvorschriften für lebendige Wesen in Form von mikroskopisch kleinen Chromosomen in jeder Zelle entstehen lassen, als höhere, unerklärliche Mächte anzuerkennen?

Hört man den Priestern oder den Pfarrern in der Kirche zu, oder liest das Alte Testament, das laut päpstlicher Feststellung ebenfalls, wie das Neue Testament, das authentische Wort Gottes ist, kommt man ins Grübeln und auch das Bild von einem *lieben, allmächtigen* Gott muss völlig überarbeitet werden.

Gott schuf den ersten Menschen, laut Bibel hieß er Adam, nach Berechnungen von jüdischen Religionsspezialisten im Jahre 3.760 v.C. Das Ereignis feiern die Juden mit „Rosh Hashana" (Haupt des Jahres), dem jüdischen Neujahrsfest. Zu dieser Zeit arbeiteten die Ägypter bereits an den Plänen für ihre Pyramiden.

Zuvor saß der alte, bärtige Mann irgendwo auf dem frisch geschaffenen Erdball, wahrscheinlich in Afrika und hat mal eben Bakterien und Viren, danach die Flora und die Tierwelt erschaffen. Darunter Flugobjekte von der kleinsten Fliege, über Mücken, Bienen, Wespen, Hummeln, Schmetterlinge und Fledermäuse inclusive Corona-Viren, zu den Vögeln, vom Kolibri bis zum Adler, auch Vögel, die nicht fliegen können, im Wasser tummeln sich Fische in allen Größen, vom Stichling über Hering und Flunder bis zum Wal. Aber auch seltsame Wassertiere ohne Körper, die Kopffüßler, wie Oktopusse und Kraken, die um die Mundöffnung am Kopf mit acht Muskelsträngen versehen, die Muskelstränge mit Saugnäpfen besetzt, die sich zur Tarnung dem Untergrund anpassen können, findet man dort unten zwischen schwimmenden Muscheln. Da muss man erst einmal drauf kommen! Selbst mit außergewöhnlich großer Fantasie hätte man diese Vielfalt nicht zustande gebracht. Und dann die unzähligen

Landtiere, ebenfalls von winzig bis riesig, von der Laus über das Stinktier bis zum Dinosaurier. Ihre Aufzählung würde hier zu weit führen. Sie sehen, es war viel zu tun.

Halt, eine Korrektur! Ersetzen Sie Dinosaurier durch Elefant. Die Dinosaurier waren zur Zeit der Schöpfung schon lange ausgestorben.

Und aus einem Knochen (??) des ersten Mannes bastelte Gott kurz nach der Erschaffung Adams den komplizierten Körper einer wunderschönen Frau, damit Adam sich in sie verlieben musste!

Basiert der generelle Unterschied zwischen Mann und Frau darauf, dass Adam aus totem Dreck, Eva aber aus einem menschlichen Knochen geschaffen wurde? Sind Männer deswegen häufig griesgrämig? Und alle Menschen sind Nachkommen dieses eigenartigen, aus dem Paradies vertriebenen Paares. Somit auch die alten Ägypter, deren Architekten zu Adams Lebzeiten bereits begannen, riesige Bauten zu errichten.

Adam lebte laut Bibel 930 Jahre. Dann müsste er die Herrscher der 1. Ägyptischen Dynastie noch kennengelernt haben, die um 2.900 v.C. geherrscht haben!

Eine Bevölkerungsexplosion

Exodus 1, 5 und **12, 37:** Die Zahlenangaben zur Bevölkerung besagen, dass im Laufe von fünf bis sechs Generationen laut biblischer Ahnentafel aus siebzig israelitischen Stammvätern ein Zwei-Millionen-Volk hervorgegangen sein soll. Bei einem von Jahwe gesegneten Volk ist nichts unmöglich. Wir Deutschen hätten mit 1,36 Kindern pro Frau damit echte Schwierigkeiten. Wir sollten jetzt auch nicht versuchen, den Israeliten nachzueifern.

Der Ursprung der Menschheit liegt laut Bibel bei Adam und Eva. Wo ist eigentlich festgehalten, dass der erste Mann Adam und die erste Frau auf dem Erdball Eva hieß? Schreiben hatten die beiden noch nicht gelernt und einen dritten, schreibkundigen Menschen gab es nicht.

Die beiden hatten zwei Söhne, Kain und Abel. Kain erschlug Abel, also waren es nur noch Drei. Gab es noch weitere Kinder? Vernünftige Angaben über die ersten Jahrzehnte gibt es, soviel ich weiß, nicht. Hatte Adam doch noch mehrere Töchter, die nicht erwähnt wurden? Jedenfalls gibt es in der Bibel keinen Hinweis. Damit gab es für die ersten zwei Jahrzehnte bis zur Geschlechtsreife eventueller Töchter außer Eva zunächst keine weitere Frau! Deshalb wird sie ja als Stammmutter aller Menschen gehandelt.

Anschließend muss Eva unwahrscheinlich viele Kinder geboren haben, um die Bevölkerungsexplosion zu ermöglichen. Allerdings waren alle gezeugten Kinder ja Geschwister, die dann untereinander wiederum Kinder gezeugt haben müssten. Sex unter Geschwistern kann zu Inzuchtproblemen führen, und Inzest ist auch heute noch verboten! Was sagen die Theologiewissenschaftler hierzu?

Es dauert bekanntlich Jahre, bis Kinder geschlechtsreif sind und etwas zur Bevölkerungsexplosion beitragen können. Woher kamen die vielen Menschen in so kurzer Zeit? Damals muss es ja überall zu wahren Sexorgien gekommen sein.

Hierzu eine kuriose Entdeckung der Wissenschaft: Wissenschaftler sind neugierig und haben bei der Untersuchung der menschlichen Gene einen äußerst bizarren und verwirrenden Fund gemacht: Dottergene im menschlichen Chromosom!

Dottergene, etwas Eigenartiges, das absolut nicht zur Schöpfungsgeschichte der Bibel passt. Was hat es mit den *Dottergenen* auf sich, die von Wissenschaftlern in der frühen Entwicklungsphase eines menschlichen Embryos nachgewiesen wurden? Sie sind vorhanden, allerdings nicht mehr aktiv, aber unsere Ururvorfahren haben offensichtlich noch Eier gelegt, die Anlage war jedenfalls vorhanden. Hat auch Eva als erste Frau möglicherweise fleißig Eier gelegt? Jeden Tag ein Ei ist effektiver als alle neun Monate ein Kind. Das würde auch die Bevölkerungsexplosion erklären. Allerdings, moderne Brutkästen gab es damals noch nicht. Wer hat dann gebrütet?

Gott und der Urknall

Gott, auch Jahwe und Allah genannt, wer soll das sein und aus welcher Ecke des Universums kam er? War Gott auch für den Urknall, wenn es einen Urknall gab, verantwortlich? Wo war Gott vor dem Urknall? In einem anderen Universum?

Mit dieser Frage hat sich **Stephen Hawking** ausführlich befasst. Durch seine Krankheit, die den außergewöhnlichen Wissenschaftler über Jahrzehnte an den Rollstuhl fesselte und zur Bewegungslosigkeit verdammt hat, hatte er zwangsläufig unendlich viel Zeit zum Nachdenken, viel mehr Zeit, als jeder andere Mensch. Hawking sagt, vor dem Urknall gab es weder Raum noch Zeit, es gab absolut nichts, auch keinen Gott!

Man kann also nicht in die Zeit vor dem Urknall zurückgehen, denn die gab es nicht. Es gab damit auch keine Zeit vor dem Urknall, in der ein Gott hätte existieren können. Da die Zeit selbst mit dem Urknall entstand, ist der Urknall ein Ereignis, das nicht verursacht oder erschaffen worden sein kann. Von nichts und niemandem. Keine Zeit? Kein Raum? Da versagt das Vorstellungsvermögen.

Stephen Hawking meint zu der Frage, ob Gott das Universum erschaffen hat, dass die Frage an sich keinen Sinn ergibt. Vor dem Urknall existierte die Zeit nicht, also gab es keine Zeit, in der Gott das Universum hätte erschaffen können. Er vergleicht es mit der Frage nach dem Rand der Erde. Die Erde ist eine Kugel, sie hat keinen Rand, danach zu suchen wäre sinnlos. Aber wir alle sind frei und können glauben, was wir wollen und es ist die einfachste Erklärung, dass es keinen Gott gibt. Niemand hat das Universum erschaffen und niemand lenkt unser Schicksal. Das führt ihn zu einer bedeutenden Schlussfolgerung: Es gibt wahrscheinlich keinen Himmel und auch kein Leben nach dem Tod.

Wir haben dieses eine Leben, um den großen Entwurf des Universums zu würdigen. Und dafür bin ich äußerst dankbar.

Schöpfung und Fossilien

Die Religionen bestehen jedoch auf einem Schöpfer, der Himmel und Erde geschaffen hat. Er müsste jedoch, bevor er zum Schöpfen auf die Erde kam, bereits das Universum einschließlich unserer Erde geschaffen haben.

Die Schöpfungstheorie der Bibel ist nur bedingt haltbar, solange die Erde das Zentrum des Universums ist und der Himmel eine Glocke, hinter der sich nur das Elysium befindet. Von dieser schönen Vorstellung haben sich die Religionen inzwischen verabschieden müssen. An den anderen bizarren Geschichten hält man allerdings noch fest.

Was führte einen „Schöpfer" in diesem Wirrwarr von Milliarden Galaxien, die er vorher geschaffen hatte, in unsere Milchstraße und wie fand er zwischen den Milliarden Sternen der Milchstraße unsere Sonne? Warum kam er dann vor sechstausend Jahren auf die von ihm geschaffene winzige Erde? Hat er vorher auch woanders im riesigen Weltall bereits geschöpft? Jedenfalls können die Zeitangaben in der Bibel für die Erde nicht stimmen. Wie bereits erwähnt, schätzten Wissenschaftler das Universum bis Anfang 2017 auf bis zu 200 Milliarden Galaxien mit jeweils ebenfalls mehr als 100 Milliarden Sternen pro Galaxie, die sich zu Clustern zusammenfinden und diese wiederum zu Filamenten vernetzen. In Computermodellen sehen die Filamente wie ein feines Gewebe aus. Nach neuen Erkenntnissen schätzt man, wie vorangehend erwähnt, das Universum zehnmal so groß und die einzelne Galaxie kann aus mehr als 200 Milliarden Sternen bestehen.

Laut einer wissenschaftlichen Theorie begann die Entstehung der Erde vor etwa vier Milliarden Jahren, als sie, noch ein glühender Ball, mit einem anderen, kleineren, glühenden Planeten zusammengestoßen ist und als Folge der Mond entstand. Damals drehte sich die Erde im Schein der Sonne deutlich schneller als heute, und Tag und Nacht gab es somit damals schon.

Im Laufe der Millionen Jahre hat sich auf unserem Planeten offenbar durch günstige Voraussetzungen, zum Beispiel das Vorhandensein von Wasser, zufällig Leben entwickelt. Mutationen sind unter anderem durch kosmische Strahlung, die einzelne Zellen traf, durch natürliche radioaktive Strahlung aus dem Gestein, durch Umwelteinflüsse und andere Einwirkungen auf den lebenden Organismus entstanden. Es hat sich niemand hingesetzt und angefangen, innerhalb einer Woche hunderttausende verschiedene Pflanzen, Tiere und letztendlich Adam und Eva zu basteln. Dafür sind die einzelnen Exemplare viel zu kompliziert im Aufbau und in der Funktion. Nein, die heutige Vielfalt ist für uns ein Ergebnis der Evolution.

Wenn Gott vor knapp 6.000 Jahren zunächst Himmel und Erde und dann an sechs Tagen zuerst die Pflanzen, die Tiere und zum Schluss den Menschen erschaffen hat, woher stammen die vielen, Millionen Jahre alten Fossilien? Fragen über Fragen.

Die Wissenschaft hat viele Beweise, dass die Menschheit sehr viel älter ist, als knapp 6.000 Jahre. Sicher datierte Knochenfunde in Afrika und Indonesien, ebenso Felsmalereien in verschiedenen Regionen der Welt, sind um viele Zehnerpotenzen älter.

So hat man zum Beispiel kürzlich in Spanien ein 137 Millionen Jahre altes, versteinertes Vogelküken gefunden.

Und wieso findet man versteinerte Meeresbewohner in Ablagerungen hoch in den Alpen?

In der Malapa-Höhle nahe Johannesburg fand man zwei Millionen Jahre alte Knochenfragmente eines etwa mit neun Jahren gestorbenen Jungen!

Vor kurzem fand man in der Wüstenregion Afar im Osten Äthiopiens Überreste eines Frühmenschen, der nach Angaben von Wissenschaftlern vor 3,3 bis 3,5 Millionen Jahren gelebt hat. In derselben Region lebte zur gleichen Zeit die früher entdeckte „Lucy", die dort anscheinend nicht allein war. Es ist äußerst unwahrscheinlich, dass sich nur ein einzelnes menschenähnliches Wesen entwickelt hat. Es war sicher eine größere Gruppe unserer Vorläufer, die sich auf Grund äußerer Gegebenheiten entschlossen hat, den aufrechten Gang zu probieren.

Archäologen haben herausgefunden, dass der Australopithecus vor 3 Millionen Jahren für 500.000 Jahre geherrscht hat. Vor 2,5 Millionen Jahren wurde es kälter und ein neuer Hominide trat als Konkurrenz zum Australopithecus in Erscheinung.

Ein in Malawi, Ostafrika gefundener Unterkiefer des „OR 501" zeigt, dass der neue Hominide kein reiner Pflanzenfresser war. Auch der Homo erectus, der vor 1,8 Millionen Jahren auftrat, war nachweisbar Jäger und Fleischfresser.

In der Rising-Star-Höhle in Südafrika wurden Knochenreste einer Gruppe des Homo maledi gefunden. Sie dokumentieren im Zeitraum von 2,5 bis 1,5 Millionen Jahren v.C. den Übergang vom Affenmenschen Australopithecus zum Menschen.

Auch in Europa gab es Frühmenschen. In der spanischen Provinz Burgos hat man einen 1,2 Millionen Jahre alten Backenzahn gefunden.

Und was war mit den Neandertalern, die bereits vor 40.000 Jahren ausgestorben sein sollen?

Im April 2019 berichten Wissenschaftler der University of Kansas über 66 Millionen Jahre alte Fossilien in North Dakota, die am Ende der Kreidezeit innerhalb weniger Minuten entstanden sind. Es handelt sich um gut erhaltene Überreste von Pflanzen und Tieren. Entstanden waren die Fossilien durch den Einschlag des Chicxulub-Asteroiden, der Feuerstürme, Steinhagel, Flutwellen riesigen Ausmaßes, Klimaveränderungen und jahrelange Finsternis auslöste. Die gigantische Flutwelle hat in kürzester Zeit

Millionen Pflanzen und Tiere begraben und die sofortige Sedimentierung führte dazu, dass die Lebewesen dreidimensional erhalten blieben.

Wer hat Recht bei der Zeitbestimmung? Die Bibel oder die Wissenschaft?

Es werde Licht

Dann gibt es noch die Geschichte „Es werde Licht!". Das könnte man sich unter einer Glocke noch vorstellen, aber durch die Kugelform und durch die Drehung der Erde ist das doch wohl als falsch bewiesen. Da war niemand, der vor 6.000 Jahren einen Schalter umgelegt hat und unter der Glocke ging das Licht an. Unsere Sonne scheint schon seit vielen Milliarden Jahren und wird, wie bereits erwähnt, in etwa fünf Milliarden Jahren ihren Wasserstoff verbraucht haben. Allerdings, in weniger als einer Milliarde Jahre wird es für die Erde problematisch, vermuten einige Wissenschaftler. Dann geht für uns das Licht symbolisch aus.

Religionszugehörigkeit

Mit der jeweiligen Religion seiner Region wird man bereits als Kleinkind konfrontiert. Sie schleicht sich unmerklich in unser Gehirn ein und setzt sich fest. Man gewöhnt sich im Laufe seiner Entwicklung daran, dass man der Religion seiner Region nicht entkommen kann. Sie gehört bald zu Alltag, beziehungsweise zum Sonn- und Feiertag und irgendwann wird man sie gegen andere Ansichten verteidigen.

Hat früher ein Landesfürst mal eben seine Religion von katholisch zu protestantisch oder umgekehrt wegen eines politischen Vorteils gewechselt, musste zwangsläufig auch die gesamte Bevölkerung, alle Untertanen, von einem Tag zum anderen zur neuen Religion überwechseln. Je nach neuer Religion, hatten sie für die nun anders gläubigen Nachbarn fortan die falsche Religion und kamen aus Sicht der anderen Seite nicht ins Paradies, mussten sogar bekämpft werden.

Aber auch ganz pragmatische Überlegungen können zum Wechsel der Religionszugehörigkeit führen. So wechselte der sächsische Kurfürst *August der Starke* 1714 vom Protestantismus zum Katholizismus, um König von Polen werden zu können, da nur ein Katholik König von Polen werden konnte.

Alle drei großen Religionen unserer näheren Umgebung halten trotz gleicher Stammväter die jeweils anderen Religionen generell für falsch und bekämpfen sie oft bis aufs Blut. Und selbst untereinander herrscht viel Zwietracht.

Die Vereinnahmung des Einzelnen durch die Religion beginnt bereits mit der Taufe des Neugeborenen, bei der der Täufling noch nicht begreifen kann, worum es geht und worauf die Erwachsenen ihn ohne sein Einverständnis für sein ganzes Leben festlegen.

Genitalverstümmelung

Bei den Juden und Moslems kommt noch die Verstümmelung der Genitalien aus religiösen Gründen hinzu. Wer hat sich früher nur die Perversität ausgedacht, die Vorhaut kleiner Jungen abzuschneiden? Man begründet das auch mit Hygiene. Wie wäre es einfach mit häufigerem Waschen? War es ein sadistischer, pädophiler Priester gewesen, der sich das ausgedacht hat?

In diesem Zusammenhang eine skurrile Geschichte: Auch Jesus war Jude und wurde beschnitten. Und als im Jahre 1610 die Ringe des Saturn entdeckt wurden, kam dem Kurator der Vatikanischen Bibliothek Leone Allacci die Erleuchtung. In seinem Aufsatz *De Praeputio Domini Nostri Jesu Christi Diatriba* schreibt er, die Ringe des Saturn sind die auferstandene Vorhaut Christi, die unabhängig vom restlichen Körper auferstanden ist. (siehe *Das Universum ist eine Scheissgegend*, S. 167).

In Bologna, Italien, wurde im April 2019 ein wenige Wochen alter Junge von der nigerianischen Mutter und der Großmutter mit einer Rasierklinge beschnitten und war verblutet. Es war bereits der dritte Todesfall innerhalb eines Vierteljahres.

Die an sich sinnlose Beschneidung der Jungen ist eine Sache, aber was soll das Beschneiden der Mädchen?

Ja, natürlich, meinten die Priester, auch an der Klitoris kleiner Mädchen muss einiges korrigiert werden. Die Frauen sollten keine Lust empfinden, es reicht, wenn sie zur Befriedigung des Mannes funktionieren. Mal sehen, was man da abschneiden kann. Also wird mit Rasierklingen herumschnippelt und die Mädchen werden verstümmelt!

Die möglichen Folgen interessieren nicht, die Korrektur ist halt Gottes Wille. Was bedeuten da die Folgen, das sind ja nur lebenslange Schmerzen, Infektionen und Unfruchtbarkeit. Und alle Erwachsenen machen mit und feiern die Beschneidungen noch mit einem Fest! Der Mensch an sich ist schon ein seltsames Wesen.

Wenn alle Menschen nach Vorstellung der Gläubigen Gottes Geschöpfe sind, muss dann bei einigen noch unbedingt an den Genitalien herumgeschnitten werden? Wenn Gott Adam mit Vorhaut gemacht und Evas Klitoris gestaltet haben sollte, muss weder ein Priester noch eine alte Frau die Schöpfung korrigieren.

Als Erkennungszeichen, als Zeichen der Zugehörigkeit zu einer Gemeinschaft, könnte man auch ein Ohrläppchen abschneiden. Dann wäre die Zugehörigkeit sofort zu erkennen und man müsste nicht erst umständlich dem anderen in die Hose schauen.

Endlich, im November 2015 wurde in Gambia die weibliche Genitalverstümmelung als unislamisch mit sofortiger Wirkung verboten! Gambias Präsident Yahya Jammeh sagte, diese weit verbreitete Praxis habe im Islam keinen Platz.

Indoktrination

Schon als Kleinstkind, das sich nicht äußern kann, wird der Mensch bevormundet. Und auch später sorgen die Erwachsenen kontinuierlich dafür, dass man im *rechten Glauben* erzogen wird. Das Kind wird im Religionsunterricht indoktriniert und geht pflichtgemäß sonntags in die Kirche, Moschee oder Synagoge. Dort wird man mit den phantastischsten Geschichten berieselt, ohne über das Gehörte nachzudenken. Ein folgsamer religiöser Mensch nimmt das, was die Priester der Christen, Juden und Moslems ihren Gemeinden verkünden, kritiklos als Gottes Wort.

Norbert Rohde beschreibt den Glaubenden wie folgt: **Ein Glaubender liebt das Nicht-Wissen, denn wüsste er etwas, so bräuchte er nicht zu glauben."**

Es wird alles zu einer Gewohnheitssache und das bleibt in den meisten Fällen ein Leben lang so. Man gehört jetzt zu einem bestimmten Kulturkreis, der von der jeweiligen Religion dominiert und bevormundet wird. Man lernt schnell, sich zu arrangieren, denn als kritischer Mensch, der seinen Verstand benutzt und dadurch zum Zweifler wird, ist man sofort ein Außenseiter in der übermächtigen etablierten Gesellschaft und hat nur Nachteile zu erwarten, wenn man sich outet. Also wird man sich in einer religiös geprägten Umgebung nicht durch kritische Diskussionen in der Öffentlichkeit offenbaren, wenn man Nachteile erwarten muss. So gibt es viele Scheinfromme und Heuchler.

Mein Buchhändler sagte mir vor einigen Jahren: Sonntags knien die Männer scheinfromm neben ihren Frauen in der Kirche und beten, und montags holen sie bei mir die bestellten Pornohefte ab.

Immer hat in den drei Religionen stets der Andersgläubige den falschen Glauben und muss, wenn er nicht bekehrt werden kann, bekämpft und eventuell auch eliminiert werden. Dabei greifen alle drei Religionen auf die gleichen Stammväter zurück und müssten sich bestens verstehen. Es geht also nur um das unterschiedliche Drum und Dran der Religionen.

Meme

Die Jahrtausende dauernde Indoktrination religiöser Glaubensgeschichten, die vielfach auch auf der Erzeugung von Angst beruhen, ist nicht spurlos an der Entwicklung und Programmierung unserer Gehirne vorbeigegangen. Es hat die Dauerberieselung mit diesen religiösen Legenden und Anweisungen der Priester in einer Ecke des Unbewussten gespeichert und als **Memcode** an die nachfolgenden Generationen weiter gegeben.

Wie die **Gene** die genauen Bauanleitungen für den Körper weitergeben und dafür sorgen, dass der Grundbau von Menschen, Tieren und Pflanzen in etwa gleich bleibt, geben die **Meme** Elemente der Kultur durch Imitation von Generation zu Generation weiter. Über Meme werden aber auch praktische Erfahrungen der vorherigen Generationen unbemerkt an die nachfolgenden Generationen weitergegeben.

Ein erstaunliches, sehr einleuchtendes Beispiel für die Existenz von **Memen** ist die Weitergabe der Flugroute der Störche. Aus einem unerklärlichen Grund nimmt jeder Storch jedes Jahr eine viele tausend Kilometer lange Reise auf sich. Bei ihrem Flug von Europa nach Südafrika nutzen die Störche die Meerengen, um nicht zu große Strecken über Wasser zurücklegen zu müssen. Ein Teil der Störche fliegt über Gibraltar, der andere Teil über den Bosporus. Das Wunder an der Geschichte ist, dass die Jungstörche etwa zwei Wochen vor den Altstörchen abfliegen, ohne einen einzigen Altstorch, der ihnen die Route zeigt. Die Jungstörche fliegen trotzdem generell die Route, die ihre Vorfahren geflogen sind! Das bedeutet, dass den Jungstörchen die Route bereits im Kopf implantiert war! Die Route war offenbar schon im Storchenei enthalten. Den Rückflug legen die Störche über die gleiche Rute bis in das Nest ihrer Geburt zurück.

Richard Dawkins, Evolutionsbiologe, definiert ein **Mem** als eine Informationseinheit, die im Gehirn verankert ist. Meme sind selbst erworbene Erfahrungen oder aber Erfahrungen unserer Vorfahren, die weitervererbt werden.

Das Gehirn eines Neugeborenen ist nicht leer. Obwohl es sich vor der Geburt um nichts kümmern musste, weiß es direkt nach der Geburt, was es tun muss, um am Leben zu bleiben, es atmet und sucht sofort nach Nahrung. Das lernfähige Gehirn eines Neugeborenen ist bereits hochentwickelt und verarbeitet in komplexen Programmen alle Sinneseindrücke. Es enthält außerdem bereits Programme der Vorfahren.

In Bezug auf Glauben generell, bezogen auch auf den nicht-religiösen Bereich, sagt der Evolutionsbiologe Richard Dawkins, ein exzellenter wissenschaftlicher Analytiker: *„Das Mem für blinden Glauben sichert sich seinen Fortbestand selbst durch das einfache, unbewusste, wirksame Mittel, dass es jegliches rationales Nachforschen missbilligt. Mit blindem Glauben, mit einem blinden Vertrauen ohne Beweise, lässt sich alles rechtfertigen."*

Das blinde Vertrauen ohne Beweise wurde den Menschen über Jahrhunderte bis Jahrtausende eingetrichtert. Das große Problem ist, dass der Glaubende seinen Glauben mit Wissen verwechselt!

Nun sitzt dieser ererbte Code in einer Ecke unseres Gehirns und wir werden ihn nicht mehr so einfach los. Durch ihn sind wir zum Glauben selbst unsinniger Geschichten verdammt, wenn wir zu bequem sind, unsere Fähigkeit zum kritischen Denken zu nutzen.

Sekten und Fanatiker

Viele Menschen, die ihren Verstand wenig benutzen, sind von willensstarken Mitmenschen leicht beeinflussbar. So entstehen auch immer wieder neue religiöse und nicht-religiöse Strömungen und Sekten, die ihre Anhänger finden und ihrem Guru ein angenehmes Leben finanzieren, oder ihm erlauben, seine

Machtgelüste auszuleben. Oftmals kann man kaum verstehen, was Menschen in Sekten auf sich nehmen, beziehungsweise erdulden.

Solange Glaubende nicht versuchen, anderen ihren Glauben aufzuzwingen oder über die politische Schiene Einfluss zu nehmen, um dann die Wissenschaft auszuhebeln, kann man als Nichtbetroffener noch darüber lächeln, wenn Sekten-Anhänger unsinnige Dinge tun. Man darf aber nicht den Einfluss auf einen wissenschaftlich ungebildeten Teil des Volkes außer Acht lassen und muss rechtzeitig aufklären und gegensteuern.

Ein Beispiel für neuere religiöse Sekten ist die in den siebziger Jahren des vorigen Jahrhunderts gegründete Sekte *„Zwölf Stämme"*, die absolute Unterordnung verlangt und bereits den Willen der Säuglinge auf brutale Weise bricht. Die Kinder sollten ihnen entzogen werden.

Problematisch wird es allerdings, wenn ein Gläubiger sich in totalen Fanatismus hineinsteigert. Durch Hassprediger in den Gemeinden oder durch Hassaufrufe im Internet sind schon etliche anfällige Strenggläubige zu Attentätern und Mördern geworden. Dann verliert der Fanatisierte, um seinem imaginären Gott gefällig zu sein, alle Hemmungen und steuert ein vollbesetztes Flugzeug in einen Hochhausturm, oder lässt bei einem Volksfest selbstgebastelte Bomben in einer Menschenmenge explodieren, ohne daran zu denken, was er für Leid über unschuldige Menschen bringt. Empfindet der Attentäter während der Ausführung der Tat ein Glücksgefühl? Er nimmt dabei offenbar in Kauf, dass es auch Menschen aus seinem Glaubenskreis trifft. Kein imaginärer Gott verlangt das Töten anderer Menschen. Er, der Nichtexistierende, hat nie einen Wunsch in dieser Richtung geäußert. Nein, er hat nie den Wunsch geäußert, „Religionsgegner" zu töten, da der „Religionsgegner" Mitglied einer anderen Religion ist für die Gott ebenfalls zuständig ist. Gott will nicht in diese Zwickmühle geraten.

Besonders tragisch für die Bevölkerung ist die Entwicklung im irakisch-syrischen Raum durch die Ausbreitung der IS-Terroristen. Sie wollen einen „Kalifatstaat" ohne Grenzen errichten und versuchen, sich mit grausamem Terror in der Region auszubreiten. Sie berufen sich auf Allah, sind aber die Gefolgsleute des Teufels.

Diese muslimischen Verbrecher haben keine Probleme damit, auch Moslems umzubringen. Sunniten und Schiiten bekämpfen sich bis aufs Blut. Während der Feier zum Ende des muslimischen Fastenmonats Ramadan 2015 sprengte sich auf dem belebten Markt der irakischen Stadt Chan Bani Saad ein Selbstmordattentäter in einem Auto in die Luft. Die Folge waren 120 muslimische Tote. Und dafür warten auf den Attentäter 72 Jungfrauen??

Nachdem es durch die alliierten Luftangriffe für den IS im Irak und Syrien nicht mehr so gut läuft, tragen diese Krieger des Teufels ihren Terror in die Welt. Von ihrem belgischen Stützpunkt Molenbeek aus haben sie ein spektakuläres Attentat geplant und am Freitag, dem 13. November 2015 in Paris wahllos mindestens 130 Menschen umgebracht. 2019 wurde das vom IS besetzte Gebiet weitgehend wieder befreit.

Im Januar 2016 überfielen Terroristen die Bacha-Khan-Universität in Pakistan und ermordeten 21 Studenten und Professoren. 20 weitere Studenten wurden verletzt. Die vier Angreifer wurden erschossen. Vorher waren schon Schulen überfallen worden, in denen man Kinder erschossen hat, weil sie lernen wollten. Auch hier zeigt sich die Angst der Terroristen vor Menschen mit einem Intelligenzquotienten von mehr als 30, ein Wert, der deutlich über ihrem eigenen Wert liegt.

Auch in weiten Teilen Afrikas gibt es heute fanatische Islamisten-Gruppen, die versuchen, mit Gewalt und Terror einen „Gottesstaat" zu errichten, in dem jede fortschrittliche Regung unterdrückt werden soll. Im **21. Jahrhundert** will man dort Männer und Frauen strikt trennen, Mädchen dürfen nicht mehr zur Schule. Gotteslästerung, das Infragestellen der Existenz eines nicht nachweisbaren Gottes, der sich nie meldet hat und nie gesehen wurde und unvorstellbare Brutalitäten toleriert, wird mit dem Tode bestraft, usw.

Eine wachsende fanatische Gruppe will in der jetzigen Zeit jeden Fortschritt verbieten und auch den ablehnenden größeren Teil der Bevölkerung mit Brutalität in die Steinzeit zurückversetzen, wie in Mali. Bei einem Terrorüberfall auf das Radisson-Hotel in Bamako, der Hauptstadt von Mali, sind am 19.11.2015 mindestens 21 Menschen ums Leben gekommen.

Hier sollte man, die Weltgemeinschaft, jetzt konsequent nach dem Spruch „Wehret den Anfängen" handeln und den bedrängten Menschen im Kampf gegen den Terror helfen. Sagt den Attentätern, dass es den Gott, auf den sie sich berufen, nicht gibt!

Ernstnehmen sollte man allerdings auch Sekten, die ihre Ziele ohne spektakuläre Attentate und Bombenanschläge verfolgen. Es gibt Vereinigungen, die unter dem Deckmantel einer religiösen Gemeinschaft im Stillen versuchen, überall Einfluss zu gewinnen, wie zum Beispiel die Kreationisten und die Scientologen.

Scientologen

Das eindrucksvolle Hauptquartier der Scientologen ist in Los Angeles zu finden. In der abgeschiedenen Gold Base, 120 Kilometer südöstlich von LA, befinden sich eindrucksvolle Villen und Wohnanlagen für wichtige Mitglieder.

Eine Villa ist unbewohnt, aber sie ist bereits für die Rückkehr des verstorbenen Gründers der Sekte, El Ron Hubbard, nach seiner erwarteten Reinkarnation vorbereitet. Seine Autos sind bereits vollgetankt. Er braucht nur i seine Villa wiederzukehren und kann sofort losfahren. Und das im 21. Jahrhundert in den USA!

Die Anlage verfügt über einen getarnten Bunker und Kamera-
überwachung. Übrigens, neue Mitglieder werden zunächst einer
Gehirnwäsche unterzogen und ungehorsame Mitglieder werden
bestraft und eingesperrt. Die Sekte versucht, ihre Leute in die
Politik und die Wirtschaft einzuschleusen, um so ihr Streben
nach Macht verfolgen zu können. Werbung machen sie über verschiedenste Fortbildungskurs-Angebote, zum Beispiel Rhetorik-
Kurse für Unternehmen, ohne dass die Scientologen zunächst
besonders in Erscheinung treten. Auf diese Weise versuchen
sie, sich Zugang zu Firmen zu verschaffen.

Intelligent Design oder **Kreationismus** ist ein Thema, das bereits im *Bild der Wissenschaft* (03/2006) und in *P.M.* (06/2006)
ausführlich behandelt wurde.

In ihren Reihen gibt es radikale Eiferer, die wider jede Vernunft
viele wissenschaftlich untermauerte Erkenntnisse, die sich nach
langem Widerstand der etablierten Religion langsam durchgesetzt hatten und die auch von der Kirche akzeptiert werden, infrage stellen.

In Anlehnung an die bizarre jüdisch-christliche Religionstheorie
über die Entstehung des Lebens in sieben Tagen hat sich in den
USA, im Land der unbegrenzten Möglichkeiten, jemand ein weiteres ähnliches, überspanntes Märchen mit einem allmächtigen,
übernatürlichen Designer ausgedacht und damit eine neue Sekte kreiert, die schnell eine große Anhängerschar von zumindest
in dieser Richtung absolut unkritischen, einfältigen Gemütern re-
krutierte. Sie bestreiten, dass sich das Leben über Jahrmillionen
entwickelt hat und meinen, dahinter kann nur ein übernatürlicher
Designer stecken! Dabei wäre ein übernatürlicher Schöpfer noch
mysteriöser, weil sich auch hier die Frage stellt, wo kommt er
her, wer hat ihn geschaffen. Die Vertreter des Kreationismus lehnen die Darwin'sche Lehre vehement ab und wollen sie aus dem
Unterricht und den Schulbüchern verbannen, was ihnen in einigen Regionen bereits gelungen ist! Sie wollen, dass man die Bibel noch ernster nimmt, als die katholische Kirche. Also zurück

ins frühe Mittelalter! Tod allen Andersdenkenden! Wo findet man eine Bauanleitung für Scheiterhaufen? Darf man heute zum Anzünden Diesel verwenden?

Auch in der Türkei will der derzeitige Diktator Erdogan die Evolutionstheorie aus den Schulbüchern nehmen, es würde die Schüler nur verwirren.

Denken Sie immer daran: Was nicht den Naturgesetzen entspricht, ist Unsinn. Nicht glauben!

Angst schafft Götter

Wie ging es den ersten prähistorischen menschlichen Wesen, die in einer Welt mit für sie nicht erklärbaren Naturphänomenen, wie zum Beispiel Gewitter, Erdbeben oder Vulkanausbrüchen lebten? Sie haben für jede unerklärliche Erscheinung Götter und Geister erfunden, an die sie tatsächlich glaubten, da sie die Ursachen der Phänomene nicht erklären konnten. Die Götter wurden also aus der verständlichen Angst vor unerklärlichen Naturphänomenen geboren. Clevere Zeitgenossen haben dann einen Verein gegründet, den sie immer weiter ausbauten.

Unter dem gleichen Bildungsstand der ersten Menschen würden wir sicher genau so reagieren und aus Angst vor den Naturgewalten ebenfalls übernatürliche Götter erfinden. Wer hat sich nicht als Kind bei Gewitter unter der Bettdecke verkrochen? Doch in der heutigen Zeit verhilft uns die Wissenschaft zu neuen Erkenntnissen, wir brauchen keine Götter.

Göttervielfalt und Monotheismus

Viele Geschichten ranken sich um die Götter der Antike. Damals war noch was los bei den Asen, den griechischen und den ägyptischen Göttern. Immer wieder wurden im Laufe der Zeit in allen Völkern neue Götter erfunden, die entweder die Götterfamilie erweiterten, oder aber die alten Götter ersetzten. Und jedes Mal war die neue Götterkonstellation die einzig richtige, wahre und anbetungswürdige. Alle vorherigen Glaubensvorschriften wurden zu Makulatur. Ein einzelner Herrscher führte einen neuen Gott ein und bestimmte, was das Volk ab sofort zu glauben hatte, z.B. Echnaton.

Ein beeindruckendes Beispiel für Vielgestaltigkeit ist die frühe ägyptische Mythologie mit ihrer vielfältigen Götterwelt in verschiedensten Gestalten, wie zum Beispiel Krokodil oder Vogel. Der Glaube an diese Götterwelt war tief verwurzelt und füllte einen großen Teil ihres Lebens aus. Für die damals lebenden Ägypter waren diese Götter ebenso existent, wie für die heutigen Gläubigen Gott oder Allah. Und plötzlich waren sie weg.

Der ägyptische Pharao Amenophis IV, der Sohn von Nofretete und Amenophis III, hat den Monotheismus eingeführt und angeordnet, alle alten Götter auszurangieren und nur noch einen Gott in Form der Sonne anzubeten. Er legte den Namen Amenophis ab, der an Amun erinnerte, und nannte sich fortan Echnaton, *„der dem Aton wohlgefällig ist"*.

Echnaton hat die 1500 Jahre alte polytheistische Religion der Ägypter mit *Ammun* als obersten Gott radikal ausgemerzt und in der neugegründeten heiligen Stadt Amarna den Sonnengott *Aton* als einzigen Gott eingeführt.

Damit war er der Gründer der ersten bekannten monotheistischen Religion. Er war von seinem Sonnengott so begeistert, dass er ihm einen „Sonnengesang" widmete. Der Text des Songs scheint auch die Israeliten so begeistert zu haben, dass sie ihn im 104. Psalm übernommen haben!

Dieser „Ketzerpharao" baute eine neue Hauptstadt Amarna, verbannte den Gott Amun und die anderen Götter und auch ihre Priester, und erhob den Sonnengott Aton zum einzigen Gott.

Doch Echnaton hatte die alten Priester unterschätzt, die gaben nicht so schnell auf. Sie wollten ihr bequemes Leben zurück haben, ermordeten Echnaton und setzten die alten Götter um Amun wieder ein.

So schnell kann man Götter austauschen und von einem Tag zum anderen kann sich der Götterglaube ändern. Und immer wird behauptet, der gegenwärtige Gott sei der einzig richtige, der wahre Gott. Die Untertanen mussten von einem Tag zum anderen umdenken und dem neuen Gott huldigen.

Ähnlich ging man mit Jahwe und seiner Frau Ashera um. Ashera wurde einfach eliminiert. Gott wurde nicht gefragt. Eine Göttin an Jahwes Seite passte irgendwann den männlichen Priestern nicht mehr. Frauen waren den Priestern nicht gleichrangig.

So werden Götter geschaffen, oder ausgemerzt und die aktuelle Religion ist immer die richtige.

Lange Zeit beherrschten im Norden Donar und seine Asen die Germanen und wurden als wirklich existierend verehrt und ihre Macht gefürchtet. Aber auch sie wurden irgendwann endgültig ersetzt.

Teilweise waren die eingebildeten Götter extrem grausam und in vielen Regionen wurden im Laufe der Jahrtausende viele Menschen den nicht existierenden Göttern sinnlos geopfert. Denken Sie an die Inkas. Ein liebender Gott findet Gefallen an Menschenopfern?

Heute sind wir dank der Wissenschaft in unseren Erkenntnissen sehr viel weiter. Wir kennen die Ursachen von Tsunamis, Erdbeben, Vulkanausbrüchen und Gewittern, und wir wissen, dass übernatürliche Götter und Geister damit nichts zu tun haben und kein Gott in acht Tagen die Welt erschaffen hat. Trotzdem wird es heute noch wider besseres Wissen überall behauptet. Es zeugt davon, dass ein Großteil der Menschen nicht dazulernen will.

Bei einem starken Erdbeben sollte man nicht erst Streichhölzer und eine Kerze suchen, um sie vor dem Hausaltar anzuzünden und Gott um Verschonung bitten, sondern sofort ins Freie laufen. Gott wird sich nicht um das Erdbeben kümmern und einzelne

Häuser mit brennenden Kerzen auf Altären verschonen. Das ist Erfahrung!

Was wird man wohl in tausend Jahren, falls die Erde dann noch bewohnt sein sollte, über den heutigen Glauben sagen, der in den Kirchen von den Priestern und Pfarrern verbreitet wird, wenn die heutigen wissenschaftlichen Kenntnisse endlich die breite Masse erreicht haben sollten? Wird man sich dann an den Kopf fassen und sich fragen, wie konnte man solche skurrilen Geschichten so lange glauben? Salopp ausgedrückt wird man sich fragen: Waren die Menschen geistig nicht auf der Höhe? Sie hätten es doch bei dem Stand der Wissenschaft besser wissen müssen. Oder werden dann die jetzigen Gottheiten wieder einmal durch andere ersetzt und das Volk von einer dominanten Priesterkaste weiter gegängelt? Oder werden die Götter endlich ganz verschwunden sein, wie es vielen Göttern, zum Beispiel in Ägypten, im Laufe der Menschheitsgeschichte ergangen ist? Die Meme der Religionen werden sich trotz aller wissenschaftlich fundierten Beweise wieder vehement gegen das Abschieben in den Geschichtsunterricht wehren, wo sie eigentlich hingehören.

Evolution

Die Wissenschaft bemüht sich auf vielen Gebieten, uns aus dem Dunkel der Unwissenheit an das Licht der Erkenntnis zu führen, zum Beispiel, wie sich das Leben tatsächlich entwickelt hat, wie die Lebensabläufe funktionieren und wie sie gesteuert werden.

Einer der Forscher, der grundsätzliche Funktionsweisen in der Evolution erkannt hat, war bekanntlich *Charles Darwin*. Er hat bewiesen, dass es eine mehr oder weniger kontinuierliche, logische Entwicklung über immense Zeiträume gab und dass es Weiterentwicklungen auch in Zukunft geben wird. Die der Umwelt am besten angepassten Individuen haben die besten Zukunftschancen. Das heißt für unsere Zukunft, dass die Lebewesen, die mit zunehmender Hitze am Besten zurecht kommen, auch die besten Aussichten für das Überleben haben werden, wenn wir die Klimaerwärmung nicht in den Griff bekommen. Und danach sieht es zur Zeit leider nicht aus.

Die knapp sechstausend Jahre, die die Bibel und die Kreationisten als Zeitraum für die Existenz des Menschen den Gläubigen weismachen, reichen da für die Entwicklung bei weitem nicht. So ist zum Beispiel der Neandertaler nach Erkenntnissen der Archäologen bereits vor 40.000 Jahren ausgestorben, ca. 35.000 Jahre vor der Erschaffung Adams! Und was ist mit den über 330 verschiedenen bekannten Dinosaurierarten, die bereits vor 66 Millionen Jahren, am Ende der Kreidezeit, durch den Einschlag eines Asteroiden ausgestorben sind? Haben sich alle Archäologen, Biologen und Physiker bei der Altersbestimmung der Funde geirrt? Sicher nicht. Die heutigen Datierungsmethoden, zum Beispiel die Radiokarbon-Methode, sind sehr zuverlässig. Auch die alten Ägypter haben keine Dinosaurier mehr gesehen, jedenfalls haben sie keine in eine Steele gemeißelt. Dafür haben die Forscher tatsächliche fossile Objekte vorliegen, die man sehen, anfassen und untersuchen kann. Wer will, kann selbst in einigen Steinbrüchen, zum Beispiel in Solnhofen, nach Versteinerungen suchen und mit etwas Glück einen uralten versteinerten Ammoniten finden.

Die Religionsverkünder haben dagegen absolut nichts Adäquates vorzuweisen, keinerlei greifbare Beweise für ihre Geschichten, nicht einmal die göttliche Tafel mit den zehn Geboten, die Moses angeblich vom Berg mitgebracht hat. Man soll ihnen einfach nur ihre Behauptungen glauben und nichts hinterfragen.

Priester oder Pfarrer ist doch ein wunderbarer Beruf. Man kann die groteskesten Geschichten erzählen, ohne irgend etwas beweisen zu müssen und die Gläubigen sitzen da und hören mit offenem Mund zu. Bei eventuellen Fragen kann man sagen: Das ist Gottes Wille, das verstehst du nicht. Und dafür bekommen die Märchenonkel noch Geld in den Klingelbeutel!

Im Gegensatz zu Religionswissenschaftlern, die ihre Thesen ohne belegbare Experimente oder anderweitige konkrete Beweise in den Raum stellen, verlassen sich Naturwissenschaftler nur ungern auf nur eine einzelne Nachweis-Methode oder ein einziges Experiment. Sie legen Wert auf eine Überprüfbarkeit und eine Bestätigung ihrer Ergebnisse. Eine wissenschaftliche Hypothese, Theorie oder Annahme wird öffentlich gemacht und unter Wissenschaftlern diskutiert. Wenn sich in der Wissenschaft eine Annahme als falsch erweist, wird sie auch öffentlich korrigiert.

Das ist in allen Religionen und Sekten nicht der Fall. Ihre unbewiesenen Dogmen werden ohne jeden Beweis als wahr und unumstößlich erklärt und der einfältige Gläubige nimmt das für bare Münze, er hat es zu glauben und er glaubt es. Zweifel werden als Blasphemie verfolgt. Nur wenn es absolut nicht mehr zu vermeiden ist, wird eine falsche Doktrin aufgegeben, wie zum Beispiel die Erde als Scheibe, oder die Erde als Mittelpunkt des Kosmos. Aber die Religionsführer sind einfallsreich und deuten nicht mehr haltbare Geschichten, die früher als wahr vermittelt wurden in Gleichnisse um. Mich erstaunt immer wieder, wie die Religionsführer und die Heerscharen der Gläubigen die vielen wissenschaftlich bewiesenen Erkenntnisse ignorieren.

Zweifeln Sie nie? Schließen Sie sich eher der Meinung der Mehrheit an?

„Auch wenn alle einer Meinung sind, können alle Unrecht haben!"

Bertrand Russell

Mittelalter auch in der heutigen Zeit ?

Alle Religionen und Sekten haben im Prinzip drei völlig gleiche Hauptsätze:

Der 1. Hauptsatz lautet stets: Du musst den Priestern und Obersten kritiklos glauben.

Der 2. Hauptsatz lautet: Keine Zweifel, keine Fragen, keine Suche nach Wahrheit.

Der 3. Hauptsatz lautet: Jede Kritik ist Gotteslästerung. Die Hölle droht!

In allen Religionen ist die Angst vor enormen Strafen nach dem Tod ein bewährtes Mittel, um ihre Schäfchen (der Volksmund sagt nicht umsonst „dummes Schaf") bei der Stange zu halten. Deshalb haben christliche Priester das Fegefeuer erfunden, deshalb wurden vor wenigen hundert Jahren bis ins 19. Jahrhundert der Kirche suspekte, Wahrheit suchende Menschen als Hexer oder als Hexen verbrannt und die Leugnung eines Gottes ist als Blasphemie noch bis in unsere heutige Zeit vielfach unter Strafe gestellt.

Dabei ist die jüngste der drei Religionen, der Islam, heute rigoroser in seinen Interessenverfolgungen als die anderen zwei älteren Religionen. Ein Mann, der weder lesen noch schreiben kann, erklärt sich im 7. Jahrhundert selbst zum Propheten Gottes. So gründet Mohammed die neue Religion, den Islam. Es dauerte nicht lange, und auch im Islam entwickelten sich unterschiedliche Richtungen.

In islamischen Regionen sind Tendenzen zur Schaffung von sogenannten Gottesstaaten zu beobachten. In diesen Regionen droht der Rückfall ins finsterste Vormittelalter. Leben wie in grauer Urzeit. Dort hatten sich das Steinigen und das Köpfen als beliebte Strafen durchgesetzt. Unter dem jetzigen Führer Erdogan gehört auch die Türkei, ein Industriestaat, zu diesen Ländern, die rückwärts gewandt sind und die Todesstrafe wieder einführen wollen. So will er aus der als Museum eingerichteten Moschee Hagia Sophia in Istanbul wieder eine Moschee machen.

Und auch heute gibt es noch viele mittelalterliche Riten, die in unserer Zeit aufgrund wissenschaftlicher Erkenntnisse nicht mehr vorkommen sollten. So kennt die moderne Medizin inzwischen die Ursachen vieler, durch Fehlschaltungen des Gehirns hervorgerufene Krankheitsbilder. Zum Beispiel braucht man bei einem epileptischen Anfall keinen Teufelsaustreiber. Hirnspezialisten kennen die Ursache. Es ist wirklich kein Teufel oder Dämon, der von dem Ärmsten Besitz ergriffen hat und von einem Priester durch eine Körperöffnung ausgetrieben werden kann.

Ein kleines glimpflich ausgegangenes Beispiel, was das religiöse Mem „Gott" bei einzelnen Menschen im Gehirn alles anrichtet: Beim Filmfestival in Cannes hat am 17. Mai 2013 ein geistig verwirrter Mann zum Glück nur mit einer Schreckschusspistole in die versammelte Menge geschossen. Außerdem hatte er eine Granatenatrappe und ein Messer bei sich. Der Polizei sagte er nach seiner Festnahme: „Gott hat mir das befohlen!" Ich weiß nicht, wer ihm ds befohlen hat, aber ein Gott war es ganz bestimmt nicht.

Nein, es hat auch kein Gott einen jungen Mann dazu aufgerufen, im November 2018 auf dem Weihnachtsmarkt in Straßburg im Namen Allahs Menschen zu erschießen. Und zur „Ehre" eines Gottes Menschen umbringen?

Leider können labile Menschen durch ständige Indoktrination oder Gehirnwäsche von willensstarken Verführern zu unvorstellbaren Taten getrieben werden.

Es haben sich schon öfter in der Vergangenheit Menschen nach Bluttaten auf direkte Befehle Gottes berufen. Ein gütiger, liebevoller Gott soll Bluttaten und Morde befehlen und sich an Menschenopfern erfreuen? Eins von beiden kann nicht stimmen, entweder ist er gütig, dann wird er keine Bluttaten befehlen, oder er befiehlt Morde, dann ist er nicht der liebevolle Gott, für den er sich ausgibt. Somit stellt sich die Frage, ob alle, die sich auf Gott berufen, geistig verwirrt sind und an einem Defekt im Gehirn leiden. Diese Frage stellt sich natürlich auch bei Selbstmordattentätern, die sich auf Allah berufen. Offensichtlich entsteht Gott nach einem Defekt im Gehirn. Wahrscheinlich in der Region, wo nach elektrischer Reizung religiöse Meme geweckt werden, die sich dort etabliert hatten.

Und denken Sie daran, Gott hat kein Kapitel der Bibel oder des Korans selbst geschrieben. Die Bücher sind ein Samelsurium verschiedenster Verfasser, deren geistigen Zustand wir heute nicht beurteilen können. Und keiner der Verfasser der eigenwilligen Geschichten hat je einen Gott getroffen oder mit einem Gott gesprochen, wenn auch mancher das behauptet.

Denken

In diesem Zusammenhang sei auf eine berechtigte Frage von **Vince Ebert** in seinem Buch **Denken Sie selbst, sonst tun es andere für Sie** hingewiesen, der sich fragt, ob die Religionsstifter alle Epileptiker waren, oder unter Schizophrenie litten. Vielleicht hatten sie auch Halluzinogene konsumiert. Von Mohammed wird berichtet, er hätte Stimmen gehört und bei seinen mystischen Visionen stark geschwitzt. Und auch die Verfasser der jüdischen und christlichen Geschichten hatten rätselhafte Visionen und hörten unwirkliche Stimmen, sprachen mit den Tieren, wie zum Beispiel der heilige Franziskus, der mit den Vögeln sprach. Das alles können Anzeichen von Fehlschaltungen im Gehirn sein. Möglicherweise waren das Zeichen einer komplexen fokalen Dystonie, wie es auch bei Saulus der Fall war, der nach einem epileptischen Anfall zum Paulus wurde.

Ich muss allerdings gestehen, dass ich auch zu den Vögeln spreche, die zu mir kommen und im Winter die von mir auf die Terrasse gestreuten Haferflocken aufpicken. Einen epileptischen Anfall habe ich jedoch noch nicht gehabt.

Ein ganz andere Überlegung: Was würde geschehen, wenn ich vehement behaupte, die Mutter Maria wäre mir in unserem Gartenhäuschen erschienen? Niemand könnte beweisen, dass sie nicht dort gewesen ist! Wenn ich dann noch das Gartenhäuschen der Mutter Maria weihe, könnte das vielleicht ein neuer

Wallfahrtsort mit Eintritt und Spendenbox oder ich ein neuer Sektenführer werden?

Manchmal wollen junge Mädchen bei einem Spaziergang im Wald plötzlich die Jungfrau Maria gesehen haben. Da stellt sich ebenfalls die Frage, welche Beeren oder Pilze sie wohl gegessen haben. Selbst wenn drei Kinder ab Mai bis Oktober 1917 sechs Marienerscheinungen hatten, sollte man vielleicht den Alkoholbestand im Hause kontrollieren, oder nach dem vierten Kind suchen, das die Maria gespielt hat, um die anderen zu verulken. Übersinnliche Erscheinungen sind in allen Fällen eine Täuschung des Gehirns. Auch im Wald gelten die Naturgesetze.

Wie dem auch sei, jedenfalls war die Geschichte der drei Kinder ein Glücksfall für die portugiesische Stadt **Fatima.** Die Kinder erfuhren von der Jungfrau Maria, dass für den 13. Oktober 1917 ein Sonnenwunder vorgesehen wäre.

Den Versammelten wurde am prophezeiten Tag erklärt, heute würde die Sonne herumhüpfen und tanzen. 30.000 Menschen hatten sich versammelt und lange in die etwas verschleierte Sonne gestarrt. Plötzlich schien die Sonne tatsächlich zu hüpfen, jedenfalls behaupteten dies die Gläubigen. Die Erscheinungen wurden 1930 von der katholischen Kirche endlich für glaubwürdig befunden und man konnte schon mal die *Basilika der Lieben Frau* bauen, da ganz sicher die Pilger in Strömen kommen würden und mit ihnen das Geld.

Wahrscheinlich ist es unter den auf dem Feld Versammelten zu einer Massenpsychose gekommen. Alle wollen gesehen haben, wie sich die Sonne hin und her bewegt hat.

Das Sonnenwunder lässt sich allerdings von Neurologen und Augenärzten als autokinetische Bewegung der Augen erklären. Fixiert man längere Zeit einen Punkt, bewegen sich die Augen unmerklich, der Punkt bewegt sich deutlich. Zusätzlich kann der Pulsschlag die Augenbewegung beeinflussen. Fixieren Sie, wenn Sie entspannt auf der Couch liegen einmal einen Punkt, zum Beispiel das Fensterkreuz oder eine Schraube in der Gardinenschiene, oder auch eine Glühbirne. Nach kurzer Zeit werden

Sie sehen, wie sich der fixierte Punkt hin und her bewegt. Das liegt ganz sicher an Ihren Augen.

Nur die Menschen auf dem Feld bei Fatima behaupteten, eine tanzende Sonne gesehen zu haben. Menschen, die nicht auf dem Feld bei Fatima waren, konnten dieses Wunder nicht bestätigen, für sie stand die Sonne wie immer einfach still. Ein Feuerball mit 1,4 Millionen Kilometer Durchmesser kann nicht plötzlich nur für die auf einem Feld versammelten Gläubigen hin- und herschwingen, das ist zu viel verlangt und physikalisch nicht möglich.

Bernadette Soubirous hatte 1858 in **Lourdes** im Alter von vierzehn Jahren achtzehnmal die Jungfrau Maria getroffen. Die Kirche brauchte lange fünfundsiebzig Jahre, aber Bernadette wurde 1933 endlich von der katholischen Kirche heilig gesprochen. Trotz der engen Bekanntschaft zur Jungfrau Maria erkrankte diese Auserwählte an Knochentuberkulose und starb im frühen Alter von nur 35 Jahren. Selbst die außergewöhnliche Beziehung zur Jungfrau Maria hat sie nicht vor einer unheilbaren Krankheit geschützt.

Einige weitere Beispiele im Folgenden sollten zum Nachdenken anregen und zum Hinterfragen der religiösen Behauptungen führen.

Zunächst jedoch eine wichtige Frage: Was ist das überhaupt für ein Gott, den wir anbeten und dem wir opfern sollen?

Liest man das Alte Testament der Bibel einmal genauer, es entstand zwischen 1200 bis 150 v.C. und soll Gottes Wort sein und nicht infrage gestellt werden, dann erkennt man ein sehr eigenartiges Wesen, das dort beschrieben wird und dem wir huldigen und opfern und für seinen Verwaltungsapparat Steuern zahlen sollen.

Der Mensch sieht aus wie Gott!

Umkehrschluss: Also sieht Gott aus wie ein Mensch, er ist also einer von uns. Allerdings nur, wenn Gott sich materialisiert hat!

Genesis 1: *Lasset uns Menschen machen nach unserem Abbild, uns ähnlich.* "

Mit wem hat Gott das eigentlich besprochen? War er allein, dann war er offenbar eine gespaltene Persönlichkeit. War er nicht allein? Wer waren dann die anderen? Menschen gab es ja noch nicht! Wer hatte das Protokoll geschrieben?

Der Mensch ist also Gottes Ebenbild. Es ist doch ein erhebendes Gefühl, dass wir wenigstens gottgleich sind, wenn auch unser Tun nicht immer göttlich ist. Gott sieht demnach wie ein Mann aus? Jung oder alt, weiß oder dunkelbraun? Natürlich weiß und mit Bart. Oder? Natürlich mit Bart! Viele Bilder großer Maler haben beeindruckende Bilder geschaffen, alle mit Bart. Andererseits wird er uns als übermenschliches, übernatürliches, und vor allem unsichtbares Geistwesen beschrieben, das sich jedoch auf einem Berg materialisiert und dort mit Moses die zehn Gebote in Stein gemeißelt hat. Moses hat offensichtlich die Information erhalten, auf den Berg zu gehen, um dort Gott zu treffen. Er sitzt dort oben und plötzlich entsteht aus dem Nichts ein alter Mann, ein menschlicher Körper mit all seinen vielfältigen Funktionen und natürlich mit Bart. Wie entstehen in Sekunden Milliarden vernetzter Zellen zu einem menschlichen Körper? Sehr verwirrend. Diese Metamorphose ist den Menschen nicht gegeben.

Stellt sich hier die Frage: Was ist mit den Frauen? Daran hat niemand gedacht. Frauen sehen nicht wie ein alter Mann aus. Ist Eva nach dem Ebenbild Asheras geschaffen worden? Ashera, Gottes Gemahlin, hatte man ja inzwischen abgeschafft. Frauen haben selten Bärte, aber eine deutlich schönere Figur, garnicht wie ein alter Mann. Es wäre besser gewesen, man hätte unserem Gott nicht seine göttliche Frau *Ashera* genommen. Dann wäre Jesus der Sohn einer schönen Göttin und nicht der Sohn einer armen Tischlersfrau! Damit wären auch die Feministinnen zufriedengestellt und Josef hätte ein ruhigeres Leben gehabt.

Ashera, die Verstoßene

Ursprünglich war der judäisch-israelitische Gott „Jhwh", und damit auch der „Gottvater" der Christen und ebenso „Allah" der Moslems, nicht der einzige Himmlische, er hatte eine weibliche Ergänzung: seine Gemahlin **Ashera**. Ob die Beiden sich gut verstanden haben ist nicht dokumentiert.

Irgendwann passte den Priestern eine Frau als Göttin nicht mehr. Sie störte. In einem langen Prozess hat sich dann 600 v.C. endgültig die reine Form des patriarchalischen jüdischen Monotheismus herausgebildet.

Ashera wurde eliminiert und nicht mehr erwähnt! So einfach geht das (BdW 12/2006). Gott wurde nicht gefragt. Hatten die Beiden sich auseinander gelebt? War Gott eventuell sogar froh, die Frau an seiner Seite los zu werden? Vielleicht weiß man in der Zentrale in Rom mehr darüber?

Eigenartigerweise haben seit der Zeit bekanntlich insbesonders katholische Priester und Würdenträger bis heute Probleme mit Frauen.

Frauen

Die Ansichten der Bibelschreiber über Frauen waren sehr unterschiedlich. Der Verfasser des folgenden Verses hatte anscheinend schlechte Erfahrungen gemacht:

Prediger 7, Vers 26: *„Bitterer als der Tod ist die Frau, da sie ein Fangnetz ist und ihr Herz eine Falle; Fesseln sind ihre Arme. Wer Gott gefällt, entkommt ihr, aber der Sünder wird gefangen durch sie."*

Da stellt sich die alternative Frage: Will ich unbedingt Gott, der sich mir nie zeigt, gefallen? Oder lasse ich mich lieber von einer mich liebenden, schönen Frau einfangen? Wovon habe ich mehr? Von einem Gott, der sich nicht zeigt, oder von einer Frau, die neben mir im Bett liegt? Ich bin für Letzteres.

Auch Salomon hatte sich für Letzteres entschieden. Er liebte die Frauen und hatte bei ihnen enormen Erfolg.

Könige 7, Vers 26: *„Salomon hatte 700 fürstliche Frauen und 300 Nebenfrauen, die sein Herz verführten.“*

Er hatte fast so viele Frauen wie Udo Jürgens. Mir wären das zu viele. Da verliert man ja die Übersicht. Dabei ist es historisch leider fraglich, ob es diesen König Salomon jemals gegeben hat. In diesem Fall würde statt Salomon Udo Jürgens in das Guinness-Buch der Rekorde eingetragen.

Vielleicht hat die Entwicklungsgeschichte des Menschen einen völlig anderen Hintergrund und Erich von Däniken liegt mit seiner Hypothese gar nicht so verkehrt. Möglicherweise kamen technisch hochentwickelte Reisende aus einer anderen Ecke unserer Galaxie zufällig an der Erde vorbei und haben hier aus irgend einem uns unbekannten Grund kurz Station gemacht und der Entwicklung der Erdlinge einen Kick gegeben. Diese These ist immer noch plausibler und eher vorstellbar, wenn auch äußerst unwahrscheinlich, als wenn man die Schöpfungsgeschichte der Bibel wörtlich nimmt. Mit Dänikens Hypothese werden die offenen Fragen allerdings nur in eine fremde Region verlagert.

Anmerkung: Sollte es intelligente Lebewesen auf einem Exoplaneten geben, die aufgrund einer völlig anderen Evolution auch völlig anders aussehen, werden sie ebenfalls behaupten, ein Allmächtiger hätte sie geschaffen und dieser würde so aussehen wie sie. Wäre Gott dann ein grünes Männchen, oder wie auch immer? Welcher Gott ist dann der Richtige? Unser oder ihrer?

Übrigens: Auf die Frage, was er machen würde, wenn er auf Außerirdische treffen würde, sagte Papst Franziskus, er würde sie taufen!

Gott ist überall !??

Die Priester und die Religionsgelehrten behaupten, Gott ist übermenschlich, übernatürlich und unsichtbar, trotzdem ist er überall, er sieht und hört alles. Bedeutet „übermenschlich" auch „unmenschlich"? Jedenfalls sieht er jeden! Auch Dich! Immer! Peinlich! Ein Gott, der keine ruhige Minute hat? Ein Gott, der ständig Milliarden Menschen kontrolliert? Da wird es für nachdenkliche Menschen schwierig. Natürlich, das liegt außerhalb unserer Vorstellungskraft, würde der Priester sagen.

Wenn das so ist, müsste das Geistwesen, um alle acht Milliarden Menschen und alle Vorgänge auf der Erde gleichzeitig kontrollieren zu können, die Erde wie eine unsichtbare, lückenlose Blase umschließen. Gott als alles umschließende Blase? Hier wären alle Naturgesetze außer Kraft gesetzt. Was ist mit den Astronauten, die zum Mars wollen, werden die dort hinten auch überwacht?

Als unsichtbares, materieloses Geistwesen besitzt Gott keine gegenständlichen Sinnesorgane und kein Gehirn im herkömmlichen Sinn. Wie registriert ein solches Wesen alle einzelnen Vorgänge auf der Erde? Ist das technisch möglich? Mit elektromagnetischen Wellen? Die Priester würden sagen: Zerbrecht euch darüber nicht den Kopf, das übersteigt euren Horizont, das müsst ihr nicht wissen.

Um alles, was gleichzeitig auf der Welt geschieht zu erfassen, bräuchte Gott lückenlos über den Erdball verteilte, materielose Sensoren und einen unendlich großen Datenspeicher, damit er später, am Tag der Auferstehung, jeden Einzelnen beurteilen und in die richtige Abteilung einweisen kann. Ergibt sich die Frage, wo der Datenspeicher steht. Arbeitet Gott mit de amerikanischen Geheimdienst NSA zusammen? Der NSA-Speicher würde allerdings bei weitem nicht ausreichen. Gott müsste ja auch die Daten der im Laufe von über fünftausend Jahren Verstorbenen für die spätere Beurteilung zur Verfügung haben.

Dann sind da noch die Geschichten mit Moses, mit dem Gott persönlich gesprochen hat und die persönlichen Treffen im Offenbarungszelt. Dort hat sich laut Bibel dieser unsichtbare Geist in die Form eines Menschen materialisiert. Allerdings soll der unsichtbare Gott in einer Rauchwolke angereist sein. Warum die Rauchwolke? Ein anreisender unsichtbarer Geist muss sich doch nicht in einer Rauchwolke verstecken. Gott hat sich doch sicher erst nach seiner Ankunft im Offenbarungszelt materialisiert und nicht bereits unterwegs.

Stellt sich eine andere Frage: Wenn der Gesprächspartner von Moses der auf Menschengröße materialisierte Gott gewesen sein sollte, konnte er in dieser Zeit, in der er mit Moses über die Gebote verhandelte, trotzdem alle anderen Regionen kontrollieren? Soll diesen Unsinn tatsächlich jemand glauben?

Ist Gott für das gesamte Universum zuständig, wird das Ganze noch unendlich komplizierter. Er müsste wie die *Dunkle Materie* oder die *Dunkle Energie* im gesamten Universum verteilt sein, denn etliche Wissenschaftler gehen davon aus, dass *Dunkle Materie* und *Dunkle Energie* im gesamten Universum verteilt sein müsse, um bestimmte physikalische Phänomene erklären zu können. Die Astrophysiker schätzen, dass es sechsmal mehr dunkle, als sichtbare Materie gibt. Die *Dunkle Materie* könnte zur Entschleunigung des Auseinanderstrebens des Universums führen. Gegenspieler ist die *Dunkle Energie*, die die Galaxien auseinander treibt.

Man könnte mit viel gutem Willen eine im gesamten All wirkende unbekannte, noch nicht erklärbare Kraft der Natur als „übernatürlich" bezeichnen, aber anbeten und dafür Beiträge bezahlen, ist nicht notwendig.

Außerdem ist eine weltumspannende Organisation, die alle Menschen zum Beten in Moscheen, Synagogen und Kirchen auffordert, überflüssig. Es genügt, wenn jeder seinen Nachbarn in Ruhe leben lässt.

Das Staubkorn Erde spielt im Universum keine Rolle. Wir sind für die Natur zu unwichtig, ihre mysteriöse Kraft wird auch ohne unseren Obolus existieren.

Die Erde ist nur für uns das Zentrum unseres kurzen Lebens. Eine noch nicht erklärbare Naturkraft wird ganz sicher nicht das Verhalten jedes Einzelnen auf der Erde registrieren und könnte mit unseren Spenden auch nichts anfangen. Und noch komplizierter würde es, wenn man anderen Wissenschaftlern folgen würde, die annehmen, es könnte unendlich viele Universen geben.

Wie soll ein Gott wohnen, wenn er die Erde besucht?

Bei den Israeliten erschien Gott verhüllt in einer Wolke und verschwand im Offenbarungszelt, das bei Todesstrafe niemand außer den Priestern betreten durfte. Die Gemeinde der Gläubigen bekam Gott also nie zu sehen. Warum sollte das gemeine Volk seinen Schöpfer, der doch ein lieber Gott ist und seine Kinder liebt, nicht sehen? War alles nur Schall und viel Rauch und kein Gott im Zelt? Hatten die Priester Angst, dass ihr Betrug entdeckt werden konnte? (Siehe Exodus 25–27, Numeri 17, Deuteronomium 10.1, Samuel 4.)

Exodus 25–28 befasst sich mit der Wohnstätte Gottes, so zu sagen dem Feriendomizil, wenn er die Erde besuchte. Er sprach darüber mit Moses.

Meine Wohnstätte sollst du aus zehn Zeltdecken herstellen: aus gezwirnten Byssus, violetter Purpurwolle, aus rotem Purpur, karmesinfarbenem Stoff mit Kerubim. So wie es ein Stoffwirker macht, so sollst du sie fertigen. Die Länge jeder einzelnen De-

*cke soll 28 Ellen betragen und vier Ellen in der Breite. Alle Zelt-
tücher sollen ein und dasselbe Maß haben. Fünf der Zeltbahnen
sollen zusammengefügt werden. Mache Schleifchen aus violetter Purpurwolle an den Außenkanten der einzelnen Zeltbahnen,
die das Ende des Zusammengesetzten bilden...! 50 Schleifchen
bringe an der einen Zeltbahn an, ebenso 50 Schleifchen am
Ende der Zeltdecke. Die Schleifchen sollen einander gegenüber
stehen...! Forme 50 Haken aus Gold und verbinde die Zeltdecke
mit den Haken, eine mit der anderen. So soll es eine einzige
Wohnstätte werden (für Gott den Herrn).*

Blieb Gott längere Zeit bei den Israeliten in materialisierter Gestalt und brauchte eine Wohnstätte? Dann bestand die Gefahr,
dass er beim Spazierengehen doch einmal von den gemeinen
Gläubigen gesehen wurde. Warum hat Gott, der Alleskönner,
nicht mit dem Finger geschnippt und sich eine Wohnstätte, vielleicht einen goldverzierten Tempel, selbst geschaffen? Nein, er
wollte ein Zelt mit vielen Schleifchen und goldenen Haken, das
Moses machen lassen sollte. Hier hat der Schreiber dieser Geschichte offenbar seiner Fantasie freien Lauf gelassen und ein
Zelt nach eigener Vorstellung beschrieben.

Wo ist Gottes Wohnsitz im Himmel ? Was sind Geistwesen?

Gott wohnt im Himmel und sitzt dort auf einem goldenen Thron,
heißt es. (Merke: Gold ist auch für ein allmächtiges Geistwesen
wichtig! Sagen jedenfalls die Priester!) Zu seiner Rechten und zu
seiner Linken sitzen die wichtigsten Mitarbeiter. Alle nach dem
Tod für würdig Befundenen hocken bereits jetzt zu seinen Füßen. Wo ist diese Stelle im unendlichen Universum? Viele Maler
haben ihrer Fantasie auch in dieser Geschichte freien Lauf gelassen und ihre Vorstellungen in wunderschöne Bilder umgesetzt.

In dem Zusammenhang mit den zu seinen Füßen sitzenden
Glückseligen stellt sich die Frage, ob es früher schon einmal ei-

nen Auferstehungstag für die dort bereits Hockenden gab! Alle anderen müssen ja bis zum Jüngsten Gericht warten. Oder gibt es in regelmäßigen Abständen Auferstehungstage? Gibt es Auserwählte, die direkt nach oben abberufen werden?

Wie eingangs erwähnt, ist das schöne Bild von der Erdscheibe und der darüber gewölbten Glocke, wo die Sterne die Löcher waren, durch die das Licht des himmlischen Paradieses schien, nicht mehr aufrecht zu halten. Dabei war diese Vorstellung so schön. Man wusste, wo man später zu finden war und sich mit den Freunden treffen konnte.

Kann unser Geist weiterexistieren?

Viele Menschen trennen in ihrer Betrachtung Körper und Geist in zwei eigenständige Einheiten. Gläubige Menschen vermuten, dass der Geist eines Menschen bei seinem Tod in den Himmel entschwindet. Ist Körper und Geist zu trennen? Unser Gehirn beginnt von der Geburt an, alle Eindrücke zu speichern. Wir können nach vielen Jahren Bilder, Gerüche und Gefühle aus der Vergangenheit abrufen. Wir erinnern uns detailliert an Einzelheiten aus unseren Kindertagen und können vergangene Zeiten wie einen Film ablaufen lassen. Diese Fähigkeit erlischt mit dem Tod. Wenn wir die gesamten gespeicherten Informationen des Gehirns in einen Computer übertragen könnten, würden wir dann als geistiges Geschöpf körperlos im Datenspeicher weiterexistieren? Könnten wir eventuell auch miteinander kommunizieren? Allerdings müsste das Computerwesen auf Champagner und auf Sex verzichten. Das ist sicherlich hart, da die Erinnerung an diese und andere Annehmlichkeiten seines früheren Lebens im Speicher vorhanden ist. Oder kann man einzelne Erinnerungen im Computer löschen? Stirbt beim Absturz des Computers das Computerwesen endgültig?

Wo ist das Paradies?

Fragen über Fragen. Das Theater fing für die Religionen damit an, dass einige Menschen, statt in der Bibel oder im Koran zu lesen, ihr Gehirn benutzten und scharfe Beobachter des Himmels und der Gestirne waren. Sie entdeckten neue Planeten und Widersprüche zu den Geschichten der Religionslehrer. Zum anderen wurden die Fernrohre und Teleskope immer besser. Mit den Teleskopen in der Atacama-Wüste kann man heute Milliarden Lichtjahre weit sehen. Inzwischen hat man viele neue Galaxien entdeckt, aber die Gruppe der Glückseligen an Gottes goldenem Thron wurde noch nicht gefunden. Das Paradies scheint sich nicht in unserer Gegend zu befinden.

Allerdings kann man, wenn es sich um unsichtbare Geistwesen handeln sollte, diese wohl auch nur schwer orten. Keine Materie, die Suchstrahlen reflektiert. Aber zumindest der massive goldene Thron müsste möglicherweise zu finden sein.

Dabei muss die Gegend doch zu finden sein, denn Johannes war dort und hat sie im letzten Buch des Neuen Testaments, seiner Offenbarung, detailgetreu beschrieben. Auf einem großen Thron saß ein „eigenartiges Wesen aus Jaspis und Karneol". Wieso eigenartig und aus Jaspis und Karneol? Wer soll das denn gewesen sein? Das war nicht unser Gott, Gott sieht doch aus wie wir! Und um den Thron standen weitere vierundzwanzig Throne mit alten Männern in weißen Gewändern. Kardinäle? Diese Masse an Thronen muss doch zu finden sein! Die Astrophysiker können doch bereits kleine Asteroiden orten!

Frage: Warum soll ein unsichtbares Geistwesen auf einem goldenen Thron sitzen? Man sieht doch nicht, ob der Chef dort sitzt. Kann ein schwereloses Geistwesen überhaupt sitzen? Wie stellt man eigentlich fest, ob alle Geistwesen anwesend sind? Können körperlose Geistwesen sehen? Wie? Müssen sie vor dem morgendlichen Halleluja-Singen am Eingang der Festsaales mittels eines Stempelautomaten oder eines Computers ihre Anwesenheit nachweisen? Wenn alle unsichtbar sind, kann man sich dann heimlich aus dem Staub machen, wenn es einem zu langweilig wird, oder ein Nachbar fürchterlich falsch singt? Oder muss man sitzen bleiben und alles über sich ergehen lassen?

Astro-Wissenschaftler horchen seit Jahren den Himmel nach Signalen aus dem All ab, die von Außerirdischen stammen könnten. Bisher war es leider vergeblich. Sie haben auch noch kein Frohlocken oder Harfenklänge aufgezeichnet. Aber man soll die Hoffnung nicht aufgeben, vielleicht hören die empfindlicheren Horchgeräte der Astrophysiker irgendwann einmal die Halleluja-Gesänge der Seligen.

Ach ja, da gibt es allerdings ein Problem. Geistwesen haben keinen Körper und damit auch keine Stimmbänder und können begreiflicherweise auch nicht singen. Da in großen Höhen, also auch im Elysium, keine Luft für die Tonübertragung vorhanden ist, würde man den Gesang auch nicht hören können. Also nix Halleluja im Himmel, und den Wohnsitz unseres Gottes werden wir wohl auch nicht orten.

Bei diesen Problemen stellt sich noch eine Frage: Haben Geistwesen ein unsichtbares, begrenztes Volumen? Sie können ja nicht unendlich groß sein. Hat das Volumen des unsichtbaren Geistwesens die Größe und die Form eines Menschen, das wäre nicht unbedingt notwendig, oder ist es eine Kugel, eventuell ein Würfel? Wie ist das bei grünen Männchen eines Exoplaneten? Wie reist ein Geistwesen? Ein materieloses Wesen wird zum Reisen sicher kein materielles Gefährt benötigen. Ein Raumschiff voller unsichtbarer Geistwesen? Wie auch immer. Jedenfalls erschien der Heilige Geist ohne gesichtete Raumsonde vor etwa 2.200 Jahren urplötzlich bei Maria im Schlafzimmer.

In diesem Zusammenhang ergeben sich weitere zu klärende Fragen. Wie ist Jesus von einem Geistwesen gezeugt worden? Es wird doch behauptet, es soll der Heilige Geist gewesen sein. Wie hat er das gemacht? Konnte er sich auch materialisieren, um den Geschlechtsakt zu vollziehen? Als Geist wird ihm das sicher nicht gelingen. Was hat die Auserwählte in diesem Moment empfunden? War ihr der göttliche Funke bewusst? Auf jeden Fall wäre Jesus genaugenommen, wenn es sich so zugetragen hätte, der Sohn des Heiligen Geistes und nicht der Sohn Gottes! Oder hatte der Heilige Geist am Tag der Empfängnis ein Fläschchen mit göttlichem Sperma dabei? Künstliche Befruchtung? Geht nicht, ein Geistwesen kann wegen fehlender Gliedmaßen kein Päckchen auf die Reise mitnehmen! Ich weiß, es sind ketzerische Gedanken, aber sie lassen mich einfach nicht los. Es ist aber auch alles in allem eine sehr verzwickte, bizarre Sache. Ich glaube, Joseph war doch der Vater von Jesus.

Geistwesen im Himmel

Spätestens am Tag der Auferstehung werden alle Menschen, die je gelebt haben, gewertet und sortiert. Bis auf die wenigen Bösen, die in der Hölle schmoren werden, sind es Milliarden Seelen die in den Himmel aufsteigen werden. Und dann? Was erwartet die Ankömmlinge dort oben?

Zunächst eine Frage vorweg: Wie sehen wir als Geistwesen aus? Haben wir nur die unsichtbare Form unseres früheren Körpers? Wäre eigentlich sinnlos, da wir als Geist weder Arme noch Beine und auch keinen Kopf brauchen. Innereien sind ebenfalls überflüssig. Ist unsere Form, wie bereits oben angeschnitten, eventuell eine Kugel oder ein Würfel? Würfel wäre praktischer, die lassen sich enger packen als Kugeln. Würfel mit welcher Kantenlänge? Und Platz wird sicher knapp im Elysium bei den vielen Milliarden Menschen, die früher bereits gelebt haben, zur Zeit leben und noch leben werden. Es sei denn, wir zerstören unsere Erde, wenn wir so weitermachen, wie bisher.

Geistwesen sind materielos und können damit auch keine begrenzende Materiehülle ihres Volumens haben. Was passiert, wenn sich zwei Geistwesen begegnen? Können sie sich durchdringen?

Wenn alle oben angekommen sind, was dann? Der Gläubige sagt vor seinem Tod zu seinen Angehörigen und Freunden, wir sehen uns im Himmel wieder. Wie klappt das bei den Milliarden unsichtbaren Geistern? Man sieht doch nichts, wie erkennen sich unsichtbare Geister? Gibt es ein Meldebüro, wo man eine Suchmeldung aufgeben kann?

Womit sollen sich die Geistwesen, die ja ewig im Himmel residieren, beschäftigen? Halleluja singen? Wie bereits diskutiert, funktioniert das wegen fehlender Organe und fehlender Atmosphäre nicht. Für Sudoku und Kreuzworträtsel braucht man Bleistift, Kopf und eine Hand. Geht auch nicht. Zu Füßen von Gottes Thron sitzen? Diese Plätze sind schon lange besetzt! Was macht man dann in den nächsten Millionen Jahren? Ich fürchte, es wird furchtbar langweilig werden. Es wird wohl nichts anderes übrigbleiben, als geduldig im Himmel eine Runde nach der anderen zu drehen und hin und wieder mit ausländischen Geistern zu diskutieren, oder man irrt einfach ziellos herum. Selbst 72 Jungfrauen, die für islamistische Terroristen im Jenseits zur Verfügung gestellt werden, sind für die Ewigkeit nicht viel. Halt, Jungfrauen im Himmel? Jungfrauen als Geister? Wie erkennt man die Geister-Jungfrauen?

Ist Gott katholisch?

Ein eindeutiges Nein, auch wenn die katholische Kirche Gott für sich reklamiert. Zur Zeit Adams und Evas konnte es keine zwei oder mehr Religionen geben. Gott ist weder katholisch oder muslimisch, wenn es auch von den höchsten klerikalen Stellen der Religionen gern so gesehen wird. Nach der Bibel hat Gott die Welt erschaffen und damals nicht eindeutig eine Religion genannt. Er ist somit viel älter als die christliche, die muslimische Kirche und alle anderen Religionen. Auch die Bibel sagt, er war schon da, als alles öd und leer war. Und dann hörte man lange Zeit nur von den Sumerern und den Ägyptern. Und die hatten ganz andere Götter, denen sie huldigten. Vielleicht waren das die richtigen Götter? Jedenfalls waren die alten Ägypter wesentlich näher an der Erschaffung des Menschen, als die späteren Israeliten. Das göttliche Konsulat in Rom entstand sehr viel später.

Jede Religion behauptet, nur ihr propagierter Gott sei der einzig wahre Gott. Alle Andersgläubigen sind Ungläubige, und sollten nach Überzeugung einzelner Religionen möglichst ausgerottet, oder zumindest missioniert werden. Demnach ist der größte Teil der Menschheit ungläubig, denn nur eine Religion hat ja den einzig wahren Gott. Allerdings reklamiert das jede Religion für sich. Wer hat Recht?

Anmerkung: Als wir 1974 heiraten wollten, wurde meiner katholischen Frau in der Diözese Münster ernsthaft mitgeteilt, dass mein Gott, ich bin evangelisch, eine anderer als der ihre wäre! Hat der katholische Gott einen Halbbruder?

Wie ernährt man 40 Jahre lang mehr als eine Million Menschen plus Tiere in einer Wüste, deren Oasen bereits von Nomaden bevölkert waren ?

Exodus 12, 37 – 38: *Die Kinder Israels brachen von Ramses auf…, ungefähr 600.000 Mann zu Fuß, Frauen und Kinder nicht mitgerechnet. Auch viel Mischvolk zog mit ihnen, dazu Kleinvieh und Großvieh, eine riesige Herde.*

Was muss das für ein riesiger Tross gewesen sein, der da vierzig Jahre durch die Gegend irrte. Zur Entschuldigung könnte man anführen, dass Moses wohl keinen Kompass hatte und die Navigationsgeräte erst später entwickelt wurden. Trotzdem ist es merkwürdig, eine so lange Zeit durch die Wüste zu irren. Zwei Monate immer geradeaus, dann wäre man am Mittelmeer angekommen.

Wenn 600.000 Mann in einer Kolonne zu 10 Mann nebeneinander und die folgenden Zehnerreihen in einem Meter Abstand hintereinander gehen, damit sie sich nicht gegenseitig in die Hacken treten, wäre der Tross 60 Kilometer lang. Dann kommen noch die Frauen, die Kinder, das Mischvolk und das Klein- und Großvieh dazu. Stellen Sie sich diesen riesigen Tross beim Was-

serfassen an einer Oase vor, da bleibt kein Tropfen über. Für
Mann, Frau, Kinder und Vieh wird die Kolonne sicher sechshun-
dert bis tausend Kubikmeter Wasser pro Tag gebraucht haben.
Und das vierzig Jahre!

Seltsamerweise haben die Ägypter, die alle noch so kleinen Begebenheiten in Stein gemeißelt haben, über dieses Riesenvolk,
das sie angeblich gefangen gehalten hatten und das dann 40
Jahre als riesige Kolonne durch ihr Gebiet zog, nichts notiert. Die
Kinder Israels müssen wohl immer unsichtbar im Kreis mar-
schiert sein, denn niemand würde, sofern er nicht verdurstet,
vierzig Jahre benötigen, um die Wüste zu durchqueren. Sie sind
anscheinend von einer Oase zur anderen gewandert, ohne von
den dort Ansässigen bemerkt worden zu sein. Es ist auch in diesem Zusammenhang nichts von Auseinandersetzungen um
Wasser und Nahrungsmittel berichtet worden.

Die Historiker und Archäologen haben in Ramses keinerlei Hinweise auf dieses Millionenvolk gefunden. Auch hätte dieser Rie-
sentrupp bei seiner vierzigjährigen Wanderung durch die Wüste
enorme Mengen an Wasser und Nahrungsmittel benötigt und
sich mit anderen Stämmen darum schlagen müssen. Niemand,
außer den auserwählten Wanderern, hat davon berichtet. Vielleicht hat ihr Gott sie mit Manna versorgt?

Gab es eine zweite Schöpfung von minderwertigen Menschen ?

Leviticus 25, 44 – 46: *Die Nichtjuden wurden geschaffen, damit
sie den Juden als Sklaven dienen.*

Talmud IV / 3 /54b: *Die Güter der Goyim* (Nichtjuden) *sind der
herrenlosen Wüste gleich, und jeder, der sich ihrer bemächtigt,
hat sie erworben.*

Leviticus 20; 26: Jahwe sagt zu Moses: *Ich habe euch aus allen Völkern auserwählt, damit ihr mir gehört.*

Warum sollen wir, die wir nicht auserwählt sind, einen Gott verehren, der uns zu Sklaven des auserwählten Volkes ausersehen hat und denen man ohne Gewissensbisse alle Güter wegnehmen kann? In den dreißiger und vierziger Jahren des 20. Jahrhunderts haben die nationalsozialistischen Nichtjuden den Spieß umgedreht.

Verbotene Zone

Moses verschwindet allein auf einen Berg und kommt mit Steintafeln zurück, auf denen die zehn Gebote eingemeißelt sind, die er mit Gott ausgehandelt hat. Schade, dass man vergessen hat, als Beweis die beiden bei der Arbeit zu fotografieren. Ein Selfie wäre toll. Aber eine ernsthafte Frage: Warum soll man danach diese äußerst wichtige, heilige Stätte nicht betreten? Was für Gründe kann es dafür geben?

Exodus 19, 12: Gott Jahwe lässt seinem auserwählten Volk über Moses ausrichten: *Hütet euch davor, auf den Berg zu steigen, ja nur sein Fußende zu berühren. Jeder, der den Berg berührt, muss sterben.*

Warum eigentlich? Dieser heilige Ort wäre doch prädestiniert als Gebetsort, ein Ort, an dem alle ihrem Gott huldigen und danken können.

Heute ist das imaginäre Schild „Betreten verboten" entfernt worden. Man kann ohne Probleme auf dem Berg spazieren gehen, ohne dass man sofort tot umfällt. Vorsicht ist allerdings geboten, wenn ein IS-Terrorist mit einer Kalaschnikow auf Sie zukommt.

Eine der wichtigsten Fragen überhaupt: Wo sind beispielsweise diese unersetzlichen, göttlichen Steintafeln geblieben? Die Priester hätten sie doch wie ihren Augapfel hüten müssen. Wie konnten die von Gott selbst erhaltenen Tafeln, das Wertvollste einer Religion, ja der Menschheit, verschwinden? Da Gott alles weiß, alles kann und alles vorhersieht, damit unter anderem auch die späteren technologischen Entwicklungen kennt, hätte er dann nicht vorhersehen müssen, dass Moses die Tafeln verlieren wird? Gott hätte ihm besser für die Neuzeit noch eine CD mit Widmung für später mitgeben können!

Sintflut und Arche Noah

Denken Sie einmal unvoreingenommen über das nach, was über die große Sintflut in der Bibel steht und der Pfarrer auf der Kanzel davon erzählt. Dann suchen Sie einmal selbst nach Lösungen, wie Sie das Noah gestellte Problem lösen würden.

<u>Problemstellung:</u> Im Wetterbericht wird für die nächste Zeit ein Superregen von vierzig Tagen und vierzig Nächten angekündigt, der die ganze Erde unter Wasser setzen wird. Noah wird kurzfristig informiert und soll von allen Tieren je ein Paar zur Erhaltung der Arten auf eine Arche bringen, die er allerdings erst einmal bauen muss.

Wie groß muss das Schiff sein? Konstrukteure haben ausgerechnet, ab welcher Länge ein Holzschiff instabil wird und auseinanderbricht. Noah hätte besser eine Armada von kleineren Schiffen bauen sollen. Zunächst aber hätte er erst einmal Bäume in großen Mengen fällen, Planken herstellen und diese für den Rumpf und das Deck des riesigen Schiffes einpassen und anschließend abdichten müssen. Und die Sintflut droht und lässt sich nicht verschieben.

Zeitlich sehr eng und praktisch noch viel aufwendiger aber ist das Einsammeln von Tierpaaren. Dummerweise gab es damals noch keine zoologischen Gärten, in denen man sich bedienen konnte.

Stellen Sie sich vor, Sie müssten zum Beispiel je ein Pinguinpärchen aus der Antarktis, Eisbären aus der Arktis, Koalabären aus Australien, Bisons aus Amerika holen und dann noch Löwen, Geparden, afrikanische Elefanten, Gnus, Antilopen, Gazellen, Springböcke aus Afrika, das bengalische Tigerpärchen und die indischen Elefanten auf die Arche bringen.

Nicht zu vergessen, von den Gnus, Springböcken und Antilopen brauchte man zusätzlich zu den Pärchen noch eine größere Herde als Futter für die Raubkatzen! Wieviel frisst ein Löwe in 40 Tagen? Wieviel Raubkatzen kommen auf der Arche zusammen? Und wer hetzte durch die Wüste, um den Wüstenfuchs zu fangen? Aus Indien mussten noch die Tiger geholt werden. Und so ging es immer weiter durch die Kontinente. Aber auch Vogelspinnen und Läuse, das Stinktier und die Schlangen mussten eingesammelt werden. In der Vogelwelt nicht vergessen, dass es flugunfähige Vögel gibt, die nicht auf hohe Bäume flüchten können!

Je ein Pärchen, hieß es! Also musste jemand immer nachsehen, ob es ein Männchen oder ein Weibchen war. Bei manchen Tieren ist das sicher nicht einfach festzustellen. Hat man zwei Eisbären gefangen, muss man nachsehen, was man da im Käfig hat. Würden Sie bei einem Eisbären oder einem Braunbären nach den primären Geschlechtsmerkmalen suchen? Ich hätte nicht den Mut. Es könnte sein, dass der Bär das Fummeln an den Genitalien falsch verstehen könnte. Und wenn man zwei vom gleichen Geschlecht erwischt hatte, musste dann das Los entscheiden, welches Tier auf die Arche und damit weiterleben darf? Das andere konnte dann ersaufen?

Tiere mussten selbst aus Erdteilen, die damals noch nicht entdeckt waren, geholt werden. Wie lange war man vom unentdeckten Amerika oder Australien bis zur Arche am Berg Ararat unterwegs? Bedenken Sie, das alles ohne Schnelldampfer und ohne Flugzeuge!

Das mit dem Futter für die Raubkatzen war geregelt, aber hatte Noah eigentlich auch an das Futter für die anderen, unendlich vielen vegetarischen Tiere gedacht? Gras und Heu usw., Mähmaschinen gab es noch nicht, alles musste von Hand gemäht werden. Jemand musste auch noch Bambus für die Pandabären und Nüsse für die Eichhörnchen besorgen.

Und wie war das eigentlich mit dem Menschenpaar? Nur je ein Pärchen? War Noah, der Kapitän, damit auch der Mann des Menschen-Pärchens? Nein, ein so großes Schiff brauchte einen separaten Kapitän, außerdem war Noah zu alt. Wer hat das Menschenpaar ausgesucht? Nach welchen Kriterien wurde es ausgesucht? Natürlich musste die Frau im gebärfähigen Alter sein! Kennt man ihren Namen? War sie damit die Stammmutter der nachfolgenden Generationen? Oder machte man da eventuell Unterschiede? Je ein Paar Chinesen, Mongolen, Schwarze, Indianer, Weiße??? Und was war mit den Suchtrupps? Mussten sie die Arche, nachdem sie die Tiere abgeliefert hatten, verlassen und erbärmlich ersaufen??

Man sieht, viele ungeklärte Fragen. Probleme über Probleme und keine Zeit.

Es müssen riesige Suchtrupps mit unzähligen Käfigen in allen Gegenden unterwegs gewesen sein, denn die wilden Tiere sind sicherlich nicht bereit gewesen, wie die Ratten hinter dem flötenspielenden Rattenfänger in Hameln herzulaufen.

Und die Sintflut war nicht aufzuhalten! Mon Dieu!

Dann war sie da und es regnete und regnete ohne Unterlass. Es dauerte lange. Vierzig Tage war die Welt überflutet, bis die Taube endlich mit einem Zweig im Schnabel zurückkam. Also runter vom Schiff und an die Arbeit. Und die auf zwei Menschen reduzierte Bevölkerung musste sich wieder wie nach Adam und Eva schnell entwickeln.

Frage: Waren die Ägypter von der Überflutung ausgenommen? Sie haben seit Adams Zeit gebaut und gebaut, riesige Monumente, ohne längere Unterbrechung und scheinen nicht auf ein einziges Paar reduziert worden zu sein.

Irgendwie scheint mir auch diese Geschichte nicht sehr schlüssig.

Übrigens: Bei der sintflutartigen Flutkatastrophe, die riesige Gebiete in drei afrikanischen Ländern im März 2019 zerstört hat, wurde niemand vom göttlichen Wetterdienst rechtzeitig gewarnt. Nur der weltliche Wetterdienst wusste, dass der Zyklon Idai kommen wird.

Für eine spektakuläre Flutkatastrophe im Orient gibt es verschiedene Erklärungen.

In einer Folge der ZdF-Serie „Mythenjäger" über neue Erkenntnisse zur Sintflut erklären die Wissenschaftler Ryan und Pittman, dass es vor fünf Millionen Jahren bei Gibraltar eine Barriere zwischen dem Atlantik und dem Mittelmeer gab. Das heutige Gebiet des Mittelmeeres war eine riesige Wüste. Durch Erdbeben und Kontinentalverschiebung entstand der Durchbruch bei Gibraltar, das Mittelmeer entstand. Vor fünf Millionen Jahren wird allerdings noch kein Mensch eine Sintflut erlebt haben.

Historisch gesehen, so meinen auch Wissenschaftler in einer Variante, war über tausende Jahre durch den Druck der afrikanischen Kontinentalplatte in Richtung Europa die Meerenge von Gibraltar verschlossen. Das Wasser im abgetrennten Mittelmeer verdunstete im Laufe von tauenden Jahren. Nach weiteren zigtausend Jahren entstand durch Tektonik und Erdbeben wieder eine Öffnung zum Ozean. Über hunderte Jahre ergoss sich das Wasser in die mehrere hundert Meter tiefe Ebene.

Die Sintflut-Legende kann nach Meinung der Forscher in der Gegend des Schwarzen Meeres entstanden sein. Vor etwa sechstausend Jahren war das Schwarze Meer eine trockene Region, da es zu dieser Zeit keine Verbindung zum Bosporus gab. Durch ein Erdbeben entstand ein Durchbruch vom Mittelmeer zum Schwarzen Meer mit einer katastrophalen Überschwemmung in der Region. Auch das ist denkbar. Für die dort lebenden Menschen eine Sintflut, über die noch nach vielen Generationen erzählt wurde. Aber in wenigen Tagen eine Arche bauen und alle Tiere einsammeln? Glauben Sie, dass das möglich ist?

Eine weitere andere Sintflut-Erklärung bieten Tontafeln der Sumerer.

Die Sintflut-Story der Bibel ist nicht der erste Bericht über eine große Überschwemmung. Die Bibelfassung der Sintflut wurde vor 2500 Jahren, etwa um 500 v.C., geschrieben. Sie bezieht sich offensichtlich auf ein Ereignis, das zu der Zeit bereits zweieinhalbtausend Jahre zurück lag. Da wird es schwer, genauere Angaben zu machen. Eine Recherche über Google war damals noch nicht möglich. Stellen Sie sich vor, sie wollten detailliert über ein Ereignis aus dem Jahre 2500 v.C. ohne heutige Informationsmöglichkeiten und Hilfsmittel und ohne detaillierte Unterlagen schreiben! Sie könnten Ihre Fantasie und Ihre schriftstellerische Begabung voll ausleben und niemand kann Ihre Geschichte nachprüfen. Stellt sich die Frage: Wie schnell kann sich die Menschheit regenerieren, wenn sie wieder, wie bei Adam und Eva auf ein einziges Paar zurückzuführen ist? Waren eventuell die Dottergene noch aktiv und die Frauen konnten Eier legen?

Im wesentlich älteren *Gilgamesch-Epos* und in noch älteren babylonischen Texten auf Tontafeln wird ebenfalls von einer großen Überschwemmung in Mesopotamien vor ca. 5.000 Jahren berichtet. Jahwe war zu der Zeit dort übrigens nicht zuständig, dort herrschten andere Götter.

In den babylonischen Texten heißt es „ein Sturm zog auf" und es regnete 7 Tage. Alles stand unter Wasser. In der Bibel wurden daraus 40 Tage und ob die Region oder die ganze Welt überschwemmt wurde, ist Auslegungssache, da man im Hebräischen nur einen Begriff für *Land* und für *Welt* hat.

Und noch eine Möglichkeit: Klimatologen sind der Meinung, dass in Mesopotamien zur Zeit der Schneeschmelze, wenn durch eine ungewöhnliche, aber ohne weiteres mögliche Wetterlage ein Tropensturm zusätzlich große Wassermengen in die Region transportiert, große Teile der Euphrat-Ebene überschwemmt werden können. So etwas kann durchaus vor fünftausend Jahren passiert sein. Und dabei kann auch ohne weiteres ein mesopotamisches Handelsschiff, beladen mit Getreide, Vieh und Bier, in den Persischen Golf abgetrieben worden sein. Wenn so ein Jahrhundertereignis eintritt und das Schiff des Königs der Sumerer abgetrieben wird, ist das sicher einen Bericht darüber wert. Je später über ein sensationelles Ereignis geschrieben wird, um so mehr Möglichkeiten hat der Verfasser, seine persönlichen Auslegungen anzubringen und seiner Fantasie freien Lauf zu lassen.

Diese überlieferte Legende aus Mesopotamien schien für die Bibel-Schreiber so interessant für ihr Buch, dass sie wieder einmal eine alte Geschichte eines anderen Volkes in ihrem Sinn zu einer spektakulären Story ausgeschmückt haben.

Auch in unserer Zeit hören wir immer wieder von Überschwemmungen größeren Ausmaßes. Es ist also nichts Ungewöhnliches. Denken Sie an die gewaltigen Überschwemmungen im September 2017 in Houston im Süden der USA, oder im September 2018 in Norditalien.

Der März 2019 wird auch den Afrikanern in Malawi, Mosambik und in Simbabwe in schrecklicher Erinnerung bleiben. Hier hat der Wirbelsturm „Idai" die sonst regenarmen Länder buchstäblich unter Wasser gesetzt. Millionen Menschen haben durch riesige Wassermassen alles verloren. Vor allem, die gesamte Ernte in diesen Regionen ist vernichtet. Es ist die größte Katastrophe, die diese Länder bisher erlebt haben. Den Menschen wird es sicher wie eine Sintflut vorgekommen sein. Doch nicht genug, wenige Wochen später, Ende April 2019, kam mit dem Wirbelsturm „Kenneth" eine zweite Sintflut und machte weitere zweihunderttausend Menschen obdachlos.

Kurz darauf, Anfang Mai 2019, traf der verheerende Zyklon „Fani" auf die Küste von Indien und brachte dort Zerstörung in ungekanntem Ausmaß. Für all diese Menschen war es eine verheerende Sintflut, an der sie mehr als vierzig Tage zu leiden haben werden!

Schöpfung, wie ging das damals ?

Wie soll man sich als kritischer Mensch die Schöpfung durch den Gott der Juden, Christen und Moslems oder durch den Designer der Kreationisten vorstellen?

Es gibt Fragen über Fragen, aber keine einzige befriedigende Antwort.

Als die Bibelgeschichten geschrieben wurden, war es für die Autoren einfach. Die Geschichte, über die sie geschrieben haben, lag bereits mehr als zweitausend Jahre zurück und es gab keinerlei Aufzeichnungen. Sie konnten ihrer Fantasie frein Lauf lassen. Sie wussten nichts von den unendlich vielen Galaxien mit ihren Milliarden Sternen, sie verstanden nichts von Naturgesetzen, nichts von Physik und ebensowenig von Chemie. Für sie war die Erde der zentrale Mittelpunkt ihres Lebens und andere Sternsysteme waren ihnen unbekannt. Die leuchtenden Punkte am Nachthimmel waren Löcher im Himmelsgewölbe, dahinter lag das Elysium.

Die Vorstellung der Ägypter von der Welt war eine etwas andere. Allerdings hat auch ihr Gott den Menschen erschaffen. Wichtig war für die Ägypter die Sonne als Gott und dann gab es noch den Mond, der ihnen Informationen für den Jahresablauf gab. Für alles nicht Erklärbare auf der Erde und außerhalb gab es nur imaginäre Götter und ihre Hilfskräfte.

Irgendwo in den Tiefen des Universums sitzt ein materieloses Geistwesen, das eigentlich, wenn es sich materialisiert, wie ein alter, bärtiger Mann aussieht. Viele Bilder namhafter Maler bezeugen das. Dieser alte Mann war ein Alleskönner, für den Naturgesetze nicht gelten und der sich offenbar langweilt.

Heute würde man viele Fragen stellen: Was ist ein Geist? Kann sich ein Geistwesen langweilen? Hat ein Geistwesen eine unsichtbare Steuerzentrale, wie wir unser Gehirn? Wo kam dieser unvorstellbare Geist her? Gab es auch einen geistigen Urknall und plötzlich war er da? Hat er einen festen Stammsitz? Kam er aus einem anderen Universum? Wie ist er gereist? Gibt es „Wurmlöcher"? Kann ein masseloses Geistwesen überall sein? Nein, es würde sich dann ja unendlich verdünnen!

Wissenschaftler sagen, es gibt in unserem Universum mindestens 200 Milliarden Galaxien, neuerdings, wie bereits erwähnt, spricht man von 2.000 Milliarden. Jede Galaxie soll wiederum aus mindestens 200 Milliarden Sternen bestehen. Im äußeren Bereich einer Galaxie, der Milchstraße, rotiert um eine der 200 Milliarden Sonnen die Erde. Und dieses Staubkorn hat sich Gott, beziehungsweise der Designer für seine teilweise missglückten Experimente ausgesucht?

Halt, ich hatte vergessen, Gott hat den Himmel und die Erde doch erst geschaffen! Er schuf Himmel und Erde, heißt es in der Bibel. Schuf er in diesem Moment also auch das Weltall, die vielen Galaxien, das gesamte Universum? Wo war er vorher?

Nachdem das uns heute bekannte Universum nachweislich schon 13 Milliarden Jahre besteht, wird es dem intelligenten Designer, der irgendwo in den Tiefen des Alls sitzt, vor etwa 7.000 Jahren plötzlich langweilig. Er fühlt sich einsam und wird von einem unwiderstehlichen Schöpferdrang ergriffen. Mit Lichtgeschwindigkeit, nein, sicherlich viel schneller, saust er, wie auch immer, als masseloses Geistwesen oder in einem Geisterraumschiff, durch das Filament des Universums. Damit er schneller reisen konnte, hatte er vorher noch die Zeitdilatation entwickelt. Das kennen wir von Einstein, der diesen Trick des Schöpfers entdeckt hatte. Auf seiner schnellen Reise flog also eine Galaxie nach der anderen an ihm vorbei, bis er endlich sein Ziel, die Milchstraße erreichte.

Wenn er mit einem göttlichen Raumschiff gereist sein sollte, gibt es ein Problem, auf das ebenfalls Albert Einstein hingewiesen hat: Nach Einstein kann eine Masse, also auch das göttliche Raumschiff, nicht auf Lichtgeschwindigkeit beschleunigt werden, man braucht dazu eine unendlich große Energie. Somit wird die Überwindung großer interstellarer Distanzen sehr langwierig.

Aber irgendwie muss die bis dahin unbekannte Gottheit das Problem technisch anderweitig gelöst haben.

Der Schöpfer suchte also unter den über 100 oder 200 Milliarden Sonnen der Milchstraße unser unscheinbares Sonnensystem aus, weit genug entfernt vom Schwarzen Loch im Zentrum der Milchstraße.

Hier werde ich schöpfen, beschloss er und landete auf unserer Erde, obwohl sie öd, leer und dunkel war. Da er im Dunkeln nicht schöpfen konnte, sagte er: „Es werde Licht!" Und es ward Licht. Gott sei Dank, dass er endlich kam, sonst würden wir heute noch im Dunkeln sitzen.

Halt! Siehe oben! In der Bibel steht geschrieben, dass er die Erde ebenfalls vor 7.000 Jahren geschaffen hatte. Da wird es schwierig mit dem Verständnis, wenn wir an das heute bestätigte Universum glauben. Gott reist durch das übervolle All, parkt in der Nähe und schafft in unserem Sonnensystem erst einmal einen Planeten! Und er sah, dass der Planet, den er laut Bibel gerade geschaffen hatte, öd und leer war. Er sorgte erst einmal für Licht, analysierte danach die Atmosphäre und war zufrieden. Auf unserer Erde haben Cyanobakterien laut wissenschaftlichen Erkenntnissen vor vier Milliarden Jahren im Laufe von einer Milliarde Jahren den gesamten Sauerstoff unserer Atmosphäre freigesetzt.

Ich bitte um Verzeihung, wohl schon wieder ein Denkfehler meinerseits. Die Erde war ja gerade erst vor wenigen tausend Jahren geschaffen worden. Ich komme durch die wissenschaftlichen Erkenntnisse und die widersprüchlichen Angaben der Bibel ganz durcheinander. Da müssen sich wohl die Wissenschaftler, die die Geschichte mit den Cyanobakterien in die Welt gesetzt haben, um Milliarden Jahre getäuscht haben.

Da ist sie wieder, die zeitliche Diskrepanz. Also hat Gott auch die Atmosphäre erst schaffen müssen, die unendlichen Mengen Stickstoff, Sauerstoff, Kohlendioxid, Spurengase im richtigen Mischungsverhältnis. Offenbar mit einem Fingerschnipp vor Beginn seiner Schöpfung, vor Beginn seiner Schöpfungssession.

Eigentlich müssten jetzt theologische Spezialisten langsam beginnen, die chaotische Schöpfungsgeschichte der Bibel umzuschreiben. So wie sie sich von der Vorstellung der Erde als Scheibe verabschiedet haben, müssten sie jetzt die Zeit der Schöpfung um dreizehn Milliarden Jahre nach hinten zurücksetzen.

Egal, jedenfalls hatte der schöpfungswillige Gott Lebewesen erschaffen, die von Sauerstoff leben und als Krönung der Schöpfung auch den Menschen, sein Ebenbild. Er hatte sich inzwischen materialisiert, denn von einem Geistwesen kann man ja kein Ebenbild herstellen! Ein Geistwesen mit Masse? Eine eigenartige Metamorphose. Braucht Gott, wenn er sich in materialisiert, auch Sauerstoff? Funktioniert der materialisierte Körper wie ein menschlicher Körper mit verdrahtetem Gehirn? Muss er dann Nahrung zu sich nehmen? Wo kommt seine Materie her? War es nur eine Materiehülle, in der sich das unsichtbare Geistwesen verborgen hatte? Wahrscheinlich muss man sich das Verwandeln als eine Art Beamen, wie in den Filmen vom Raumschiff Orion zu sehen, nur komplizierter. Denn beim Raumschiff Orion wurde Masse nur unten zerlegt, nach oben transferiert und oben wieder zusammengesetzt. Wahrscheinlich kam Gott in einem riesigen Raumschiff voll Materie, wie es bei Hesekiel beschrieben ist. Sie merken, mir fehlt irgendwie noch der Durchblick.

Gott brauchte für sein Schöpfen ja eine Unmenge an Materialien, die auf der Erde noch nicht vorhanden waren. Gibt es auch Geistmaterie, die bei Bedarf materialisiert werden kann? Hätte er sich nicht den Aufwand sparen können und uns gleich als Geistwesen schaffen können? Das wäre auch günstiger für die Auferstehung. Man müsste nicht einen Materiekörper nach dessen Hinscheiden zunächst einmal vergraben oder verbrennen. Werden die vermoderten Leichen am Tag der Auferstehung wieder komplett hergestellt, damit man die Menschen erkennen kann? Außerdem wären uns als Geistwesen die ganzen körperlichen Gebrechen erspart geblieben. Wir bräuchten auch keine materiellen Vernichtungswaffen, um uns gegenseitig umzubringen. Da taucht plötzlich die Frage auf: Sind Geistwesen gegen Strahlung gefeit? Was passiert, wenn in ihrer Nähe eine Atombombe explodiert? Wie ist es mit hochenergetischer Strahlung?

Interessant wäre für mich in diesem Zusammenhang die Klärung der hypothetischen Frage, ob man mit einer Kalaschnikow ein Loch in ein Geistwesen schießen und es verletzen kann. Kalaschnikow deshalb, weil man ein Geistwesen ja nicht sehen kann und deshalb eine ganze Salve in der Gegend streuen muss. Würde ein Geistwesen dann Schmerzen empfinden? Ich weiß, die Frage ist blöd und absurd. Aber ist nicht die ganze Schöpfungsgeschichte absurd und drängen sich unsinnige Fragen nicht einfach zwangsläufig auf? Jedenfalls suchte sich Gott einen geeigneten Platz für sein Vorhaben und ließ sich an einem warmen Platz, offenbar im heutigen Afrika nieder. Und dann ging es sofort richtig los.

Wie macht man Menschen?

Sicherlich keine schwierige Aufgabe, nehme ich an. Jemand soll das an einem Tag geschafft haben, heißt es in der Bibel. Man merkt erst hinterher, wie schwer das ist.

Genesis 2: *Gott, der Herr, bildete den Menschen aus dem Staub der Ackerscholle und blies ihm den Odem des Lebens in seine Nase.*

Ach, so einfach geht das? So genau weiß man das? Wer hatte das beobachtet? Der erste Mensch wurde ja erst am Schluss der Schöpfung geschaffen. Stellt sich die logische Frage: Wer hat das protokolliert? Adam war es sicher nicht, er kannte am Tag seiner Erschaffung sicher noch keine Keilschrift und schreiben konnte er ganz sicher nicht. Im Vatikan existiert jedenfalls keine Protokolldurchschrift.

Man nehme Staub vom Acker und forme einen Menschen? Ich hatte mir das schwieriger vorgestellt. Was nahm er als Bindemittel? Wie verwandelt man Quarz in organische Baustoffe für Lebewesen? Die Gene mit den Erbanlagen hatte der Schöpfer wohl bereits fertig mitgebracht und durch die Nase in die einzelnen Zellen geblasen???

Wenn die Bibelgeschichten ab 1.500 v.C. aufgeschrieben wurden, waren seit Adams Erschaffung bereits mehr als 2.000 Jahre ohne jede schriftliche Notiz vergangen! Stellen Sie sich vor, Sie wollen einen Bericht über ein Ereignis schreiben, das angeblich vor 2.000 Jahren stattfand, es gibt darüber aber keinerlei Aufzeichnungen, nur vage Überlieferungen, von Priestern erzählt, die sich die Geschichten für ihre Bedürfnisse passend gemacht hatten. Versetzen Sie sich in den Wissensstand der Menschen vor mehr als 2.000 Jahren. Ihnen stehen keine modernen Untersuchungsmethoden zur Verfügung. Denken Sie hier einmal an das uralte Kinderspiel *Stille Post*. Dann können Sie, wenn Sie einen bestimmten Zweck verfolgen, Ihrer Phantasie völlig freien Lauf lassen. Niemand kann beweisen, dass Ihre Behauptungen nicht der Wahrheit entsprechen.

Es gibt allerdings Autoren, die scheinbar weit in die Vergangenheit blicken können. So hat Papst Benedikt XVI. zum Beispiel inzwischen ein drittes Buch über den vor mehr als zweitausend Jahren gekreuzigten Jesus geschrieben! Woher nat er seine Detailkenntnisse?

Man muss sich einmal im Einzelnen vorstellen, was das für eine immense Arbeit war, die Schöpfung, die da auf Erledigung wartete!

Zunächst brauchte der alte Mann allerdings, nachdem er Himmel und Erde erschaffen hatte, für sein Vorhaben eine „Ackerscholle", denn laut Bibelbericht formte er aus der „Ackerscholle" den ersten Menschen.

Es ist festzuhalten, dass es vor dem ersten Menschen noch keine Bauern gab, die einen Acker bestellt hatten, also gab es auch noch keine Ackerscholle. Seien wir großzügig, er formte also aus fruchtbarem Sand, den er vorher geschaffen hatte, die Pflanzen, Tiere und den Menschen. Mit der Hand, er wird ja keine Formen mitgebracht haben. Das wären wiederum Unmengen Formen gewesen und die hätte man inzwischen ganz sicher gefunden. Wenn man allein schon an die 330 verschiedenen massigen Dinosaurier, die Mammuts und anderen Großtiere denkt. Und dann die Arbeit an den filigranen Schmetterlingen, den vielen Vögeln, vom Kolibri bis zum Geier!

Wenn man nicht an die Evolution glaubt, muss man glauben, dass er alles bis ins letzte Detail selber machen musste. Nicht nur die äußere Form, sondern auch die gesamten komplizierten Innereien. Blicken Sie einmal durch ein Mikroskop und sehen Sie sich eine Bakterie oder eine menschliche Zelle an. Stellen Sie sich vor, sie wollten so eine winzige, funktionierende Sache schöpfen!

Und wenn es keine Evolution gibt, wieso entstehen heute Mutationen, wieso passen sich Lebewesen den besonderen Umweltbedingungen an und verändern ihr Aussehen und ihr Verhalten? Zum Beispiel Tiere, die nur auf entlegenen Inseln oder Kontinenten existieren.

Jedenfalls brauchte Gott für seine Arbeit eine riesige Auswahl an Farben und chemischen Substanzen. Es muss ein riesiger Vorrat an verschiedensten Chemikalien gewesen sein; Mineralien, wie zum Beispiel Calcium für die Knochen, Spurenelemente, Vitamine, viele verschiedene Proteine, wie Obsin fürs Sehen, Actin und Neosin für Schnelligkeit, Keratin für Krallen und für das Horn des Nashorns, das übrigens kein Potenzmittel ist, wie Asiaten glauben; dann roten Blutfarbstoff und 0,9%ige Natriumchloridlösung für das Blut, nicht zu vergessen Dopamin, Adrenalin, Glucosamin, Acetylcholin, Östrogen, Testosteron und vieles mehr. Zum Beispiel auch Botulintoxin, Schlangengifte, Gifte für Tollkirsche, Fliegenpilz, Knollenblätterpilz, Hornissen, usw.

Er entwarf in einem nicht vorstellbaren Schaffensrausch hunderttausende Pflanzen, allerdings nicht die Pomelo und viele Rosensorten, wie die Rose „Konrad Adenauer", das sind Züchtungen, bzw. Mutationen, von Menschen der Jetztzeit geschaffen.

Und dann ging es richtig los. Zunächst die Fauna! Die unendliche Zahl von Tieren, von mikroskopisch klein bis dinosauriergroß. Allein die Arbeit mit den vielen Insekten, welche Feinarbeit! Farbige Schmetterlinge in allen Variationen, die noch dazu verschiedene Metamorphosen vom Ei über die Raupe zum Schmetterling durchlaufen. Er musste jedes für sich, Ei, Raupe und Schmetterling separat gestalten.

Für mich ist diese Metamorphose eines der großen Wunder der Natur, in dem aus einem kriechenden Wesen ein völlig anders aussehendes, wunderschönes Wesen mit bunten Flügeln wird. Die Raupe trug die Gene für ein völlig anderes Wesen bereits in sich. Für uns Menschen gibt es eine derartige Metamorphose wohl nicht, oder haben die Inder recht, nach deren Vorstellung ein Mensch in Form eines Tieres wiedergeboren wird.

Und weiter musste das Schaffen des Schöpfers gehen. Jetzt kamen farbprächtige Libellen mit zarten, durchsichtigen Flügeln, aber auch Fruchtfliegen, Eintagsfliegen, die nur wenige Stunden leben, Wespen und Hornissen und dann die Bienen, denen er auferlegte, Honig zu sammeln, damit Bär und Mensch etwas zum Naschen haben. Danach kamen die Vögel, die dann die Fliegen fressen wollten. Nachdem Löwe, Tiger, Leopard und Gepard erschaffen waren, schuf er Zebra, Gnu und Antilope, damit die Raubtiere nicht verhungern mussten.

Wie war das mit den Koalas und den Kängurus, die es nur in Australien gibt, oder dem nur auf Neuguinea lebenden zweifarbigen Vogel Pitohui, dessen Federn und Haut durch das Homobatrachotoxin hochgiftig sind? Schon das Berühren der Federn führt zu Taubheitsgefühlen. Nur in Papua-Neuguinea lebt der über 15 Kilogramm schwere Langschnabeligel. Hat er diese Tiere nach ihrer Erschaffung persönlich nach Australien und Neuguinea gebracht? Da es in diesen Tagen nur ein Pärchen gab, Adam und Eva, konnte es keine Trupps wie zur Zeit der Sintflut geben, die die Tiere verteilt haben. Er hat das offensichtlich selber erledigen müssen.

Als dann Braunbär, Ameisenbär, Eisbär und Panda erschaffen waren, formte er die großen Tiere, Kamele mit einem und mit zwei Höckern, Elefanten, Mammut und Dinosaurier. Allerdings, Wissenschaftler meinen, zumindest Mammut und Dinosaurier waren wesentlich älter als siebentausend Jahre und wären weit vor der Zeit der Schöpfung bereits ausgestorben.

War Gott oder der Designer eventuell doch schon früher einmal vorbeigekommen und hatte schon einmal geübt?? Waren die Dinosaurier und die Flugsaurier das Ergebnis?

Egal, jedenfalls war sein Einfallsreichtum beispiellos. Teilweise war er auch ein rechter Spaßvogel. So schuf er Vögel, die nicht fliegen können, aber lustig aussehen, wie den neuseeländischen Kiwi, den Pinguin, oder die Große Trappe, aber auch völlig andere, eigenwillige Schöpfungen. Zum Beispiel hat er einem niedlich aussehenden kleinen Pelztier eine Stinkdrüse eingebaut. Oder denken Sie an mikroskopisch kleine Lebewesen. Bakterien, die an den kalten und heißen Schloten am Meeresgrund ohne Sauerstoff auskommen. Oder die erst kürzlich entdeckten Einzeller *Ferroplasma acidiphilum*, die in Schwefelsäure leben und ihre Energie durch Oxidation von Eisen gewinnen. Oder das anaerobe Bakterium *Clostridium botulinum*, das Botulintoxin, das stärkste natürliche Gift, 1000mal stärker als Arsen, herstellen kann, ohne sich selbst zu vergiften. Dann haben wir da noch den HI-Virus, den Vogelgrippevirus, den Coronavirus mit Variationen, die Pestbazillen, aber auch sehr komplizierte Tiere wie die äußerst interessanten Knallkäfer. Denen hat er am Hinterteil eine komplette chemische Anlage zur Herstellung von konzentriertem Wasserstoffperoxid und einer organischen Verbindung installiert. Bei Gefahr wird beides über Düsen zusammengespritzt. Im Moment des Zusammentreffens der beiden Substanzen gibt es einen Knall, der die Feinde des Käfers erschreckt. Toll! Ich wäre nicht darauf gekommen. Ich wüsste auch nicht, wie ich am Hinterteil Wasserstoffperoxid produzieren könnte.

Und in den Tiefen des Meeres gibt es auch heute noch viele un-
entdeckte Lebewesen.

Als die Flora und Fauna erledigt waren, begann er mit der Krönung der Schöpfung, dem Menschen. Und hierüber war der Ge-
schichtsschreiber nicht genau unterrichtet worden, denn der
Schöpfer verfiel in einen Schöpfungsrausch, über den der Chro-
nist nicht bis in die letzten Einzelheiten informiert war.

Nachdem er in seiner Kreativität sehr viel Farbe in Flora und
Fauna gebracht hatte, gefiel ihm das Spiel mit den Farben und
er machte den ersten Menschen dunkelbraun. Einfach so. Das
ging ihm flott von der Hand. Er betrachtete sein erstes Men-
schenmodell und war zufrieden. Da er noch keine Müdigkeit
spürte, machte er noch einen Menschen etwas rötlich und einen
weiteren etwas gelblich. Dieses Formen ging ihm jetzt von mal
zu mal schneller von der Hand und da der Tag noch nicht zu
Ende war, formte er noch einen vierten Menschen. Allerdings ergab sich jetzt ein Problem, er konnte sich nicht für eine Farbe
entscheiden. Blau gefiel ihm nicht, das war die Farbe, die man
mit Alkohol in Verbindung bringt, und Grün sah auch nicht schön
aus, Grün wird mit Kranksein in Verbindung gebracht, und die
schönen Pastellfarben hatte er für die Flora und Fauna verbraucht. Also ließ er seine letzte Kreation letztendlich weiß.

Und ausgerechnet dieser Mensch, der in der Schöpfung keine
Farbe abbekommen hatte, glaubte aufgrund seiner Farblosigkeit,
er wäre etwas Besonderes. Das ist manchmal noch heute sehr
deutlich zu beobachten. So ignoriert er konsequent, jedenfalls
tun es viele Weiße, dass andere Menschen bereits vor ihm da
waren und dass die Wurzeln der Menschheit wahrscheinlich in
Afrika liegen. Wir Weißen sind wahrscheinlich doch ein Produkt
der Evolution, unsere Vorfahren haben einfach weniger Sonne
abbekommen.

Andererseits führte die Farblosigkeit im Laufe der Zeit offenbar
auch zu Minderwertigkeitskomplexen. Anders ist es nicht zu erklären, dass viele Weißlinge in südliche Gefilde fahren oder sich

auf die Sonnenbank legen, um im Nachhinein eine schöne braune Farbe, die Farbe der ersten Menschen, zu bekommen. In manchen Fällen wird es auch nur ein Sonnenbrand. Zuhause hört man allerdings manchmal abfällige Bemerkungen über die von Natur aus Braunen aus Afrika. Ist das eventuell Neid?

Wenden wir uns wieder der Bibel zu. Wenn man die Arbeit des Übervaters abschließend betrachtet: Hut ab! Hier wirkte ein Großmeister der Chemie, Physik und Biologie mit allen ihren Unterabteilungen und schaffte in kürzester Zeit eine bunte Welt.

Allerdings, perfekt war vieles nicht. Ich denke zum Beispiel an die vielen Krankheiten und Defekte seiner Kreaturen.

Ein Geistwesen ist aus religiöser Sicht die Vollendung auf höchster Ebene gegenüber den Wesen aus Materie. Warum schuf Gott die primitiveren Wesen aus Materie mit allen daraus resultierenden Gebrechen und Problemen, die ein Geistwesen nicht kennt? Das kann niemand erklären. Er hat doch in seinem Reich himmlische Heerscharen von Geistwesen, die sich nicht mit einem unvollkommenen Körper und den Krankheiten und Knochenbrüchen herumschlagen müssen. Wir müssen dagegen Gottes unvollkommene und fehlerhafte Schöpfung ausbaden.

Noch eine Frage: Hat der Schöpfer bei der Schöpfung alles völlig allein gemacht? Es heißt doch in der Bibel: „Lasset <u>uns</u> Menschen machen nach <u>unserem Abbild.</u>"

Nein, für eine einzelne Person ist das immense Pensum nicht zu stemmen. Er hatte offenbar Helfer, zu denen er sprach, Mitarbeiter, Designer, Biologen, Spezialisten, die ihm zuarbeiteten. Waren es die himmlischen Heerscharen, von denen die Bibel berichtet, die ihm geholfen haben? Wenn ja, wie sind diese Wesen einzuordnen? Sind es die, die immer Halleluja singen müssen? Da es nur einen Gott gibt, stehen sie aber in der Hierarchie auf jeden Fall weiter unten, sind keine Götter, die schöpfen können, sind aber unsterblich und für niedere Arbeiten geeignet?

Und lebendig wurden alle Lebewesen, so die Bibel, indem ihnen von Gott der Hauch des Lebens eingeblasen wurde. Was ist „der Hauch des Lebens"? Aus Sand oder Lehm formen und einmal pusten? Das geht wirklich nicht. Die Abläufe in einem lebenden Körper sind äußerst komplizierte chemische und physikalische Vorgänge, die man nicht mit Hauch in Gang setzen kann. Als Chemieingenieur verstehe ich etwas von Chemie und Technik und ich weiß, wie kompliziert chemische Abläufe sein können. Ich habe auch einmal, als unser Sohn noch in den Kindergarten ging und dort versuchte, mit Ton Figuren zu formen, ebenfalls aus Ton ein Tier modelliert. Leider bin ich kein großer Künstler und meine Schöpfung sah aus wie eine Art Drachenente, war aber irgendwie niedlich. Ich habe sie intensiv angeblasen, aber sie rührte sich nicht, sie steht noch heute als tönerne Drachenente reglos auf der Fensterbank.

Dann haben wir noch über die generellen Feinstarbeiten zu sprechen. Allein am Menschen war das ein enormer Aufwand. Da wären zum Beispiel in jeder Zelle die Gene, die Bauanleitungen für den Körper und die Funktionen, dann die unterschiedlichsten Zellen mit den unterschiedlichsten Funktionen, jede Zelle ein Wunderwerk an sich; rote und weiße Blutkörperchen, Makrophagen gegen fremde Eindringlinge; dann die Vielzahl chemischer Abläufe im menschlichen Körper, das Knochengerüst aus Kalk, damit wir gehen können und nicht kriechen müssen wie schleimige Schnecken, dann der Blutkreislauf, an alles hat er gedacht. Selbst das gelbe Atmungsferment hat er nicht vergessen, damit wir wiederum das Atmen nicht vergessen. Und damit alles über viele Jahre ununterbrochen läuft, wurde im Herzen eine elektrische Anlage vom Feinsten installiert, mit Reizleitern für Impulse, ganz ohne Kupferdraht und Generator! Dann die Ströme im Gehirn, die man im EEG analysieren kann. Auch der ganze Körper ist mit kupferlosen Reizleitern durchzogen.

Damit unsere Verdauung funktioniert, produziert der Magen Salzsäure und Drüsen Verdauungsfermente. Zusätzlich tragen wir über 100 Billionen extra für diesen Zweck ausgesuchte Bakterien mit uns herum, mehr als 160 verschiedene Sorten. Sie haben die Funktion von Facility-Managern mit vielfältigen Aufgaben. Unter anderem synthetisieren sie bestimmte Vitamine und Nährstoffe. Außerdem sorgen sie dafür, die vom uns aufgenommene Nahrung zu verdauen, so dass wir daraus Energie generieren können. Allerdings hätte der Schöpfer den verarbeiteten Reststoffen einen besseren Geruch geben können.

Und wie ist das mit den Genen, der Desoxyribonukleinsäure, den verdrehten Doppelfäden, die alle Informationen für den Körperbau und die Lebensfunktionen enthalten? Da hat er sicher lange dran gestrickt! Chemisch sind die Gene nicht herzustellen, aber man kann sie sich in allen Einzelheiten im Kryo-Elektronenmikroskop ansehen und Teile austauschen.

Damit wir nicht ewig leben, hat unser Schöpfer an den Enden der Chromosomen *Telomere* eingebaut. Sie bestimmen, wie oft die Zellen sich noch teilen werden.

Er hat vorausgesehen, dass seine Geschöpfe vom Baum der Erkenntnis naschen werden und sich im Voraus mit den Telomeren gerächt. Stellt sich hier die Frage, warum er im Paradies, wie bereits erwähnt, unbedingt einen Baum der Erkenntnis pflanzen musste. Nein, die Menschen sollten im Wissen beschränkt bleiben und zunächst nicht unsterblich sein, wie er. Soweit ging seine Liebe dann doch nicht. Hatte er schon damals erkannt, welche Probleme ein zu langes Leben für die Lebens- und die Altersversicherungen in der heutigen Zeit bringen wird? Dafür holt er uns allerdings nach dem Jüngsten Gericht in den Himmel, wo auch wir dann zusammen mit unseren Lieben, wie die Priester versprechen, doch ewig in Harmonie leben werden. Sagt man jedenfalls. Sind wir, wenn wir ewig leben, dort oben auch so eine Art Gott, allerdings mit reduzierten Fähigkeiten? Warum wurden wir nicht gleich für das ewige Leben und zum Hosianna-Singen zu Füßen des Gottesthrones geschaffen? Ich muss hier gestehen, dass ich nicht singen kann. Was muss ich dann machen?

Harfen stimmen? Warum die Zwischenstation Erde mit all den Leiden?

Ist es nicht seltsam, was einem für ausgefallene Fragen und Ideen kommen, wenn man sich mit der Bibel und den darin enthaltenen originellen Geschichten beschäftigt?

Aber der Mensch findet sich mit diesem Zustand nicht ab. Wissenschaftler haben sich die Gene vorgenommen und sind heute in der Lage, mit CRISPR/Cas9, einem neuen Verfahren, bei dem es möglich ist, mit einer „Gen-Schere", einzelne Gene aus dem Gen-Strang mit einundzwanzig Milliarden Einzelgenen herauszuschneiden und ein anderes gesundes oder optimiertes Gen einzusetzen. Einundzwanzig Milliarden erscheinen viel, aber bedenken Sie, hier sind alle einzelnen Funktionen ab der Geburt eines Lebewesens gespeichert. CRISPR ist nach Belieben programmierbar. Jede beliebige Zielsequenz kann angesteuert werden. Man kann dadurch Erbkrankheiten verhindern oder andere Merkmale, wie zum Beispiel Augenfarbe oder Haarfarbe des Embryos festlegen, das bedeutet, man kann ein Designer-Baby basteln. Dazu ist das Verfahren auch noch preiswert.

Wissenschaftler arbeiten auch an einer Telomerase, mit deren Hilfe neue Telomere an das Ende des Gen-Strangs angesetzt werden können. Dann können sich die Zellen weiterhin teilen und wir leben länger.

Sehen und Hören soll uns nicht vergehen!

Dann ist da noch das Gehirn, das komplizierteste Organ, das es gibt. Ich kann mir nicht vorstellen, dass das jemand im Bruchteil eines Tages ersonnen hat. Sehen Sie sich einmal in der Praxis eines Neurologen eine Tafel mit den verschiedenen Schnitten durch das Gehirn und die Zuordnung der Organe zu den Hirnregionen an. Die Verkabelung des Gehirns mit den verschiedensten Körpereinheiten dürfte sehr schwierig sein und ist unter Zeitdruck nicht zu schaffen. Da glaube ich doch lieber an die Evolution.

Milliarden Zellen haben sich zu einem riesigen Verbund zusammengefunden, um, abgesehen von der Steuerung aller Lebensfunktionen, unter anderem das Sehen und Hören, das Fortbewegen und die Fortpflanzung zu realisieren. Hier wird auch die Lust am Sex geweckt, die allerdings der Kirche sehr suspekt ist. Warum eigentlich? Überdies speichert der Zellverband Eindrücke, die auch nach Jahrzehnten noch abgerufen werden können. Auch hier die Speicherung wieder komplizierteste Physik und Chemie mit verschiedenen Botenstoffen und elektrischen Leitungen und völlig ohne Kupferdraht.

Etwa 100 Milliarden Nervenzellen, die jede mit bis zu 30.000 anderen Zellen verbunden werden müssen, bilden unser Steuerorgan. Reiht man alle Nervenverbindungen aneinander, ergibt das die unvorstellbare Länge von ungefähr 5.350.000 km, haben Neurologen errechnet.

Es ist faszinierend, was wir da im Kopf haben, ein von der Natur über Jahrmillionen entwickeltes, ungeheurer kompliziertes, elektrisches Steuerungssystem mit chemischen Transmittern und organischen Reizleitungen, und alles ohne Kupferleitungen! Und die elektrischen Ströme des Gehirns können wir mit empfindlichen Geräten messen!

Manchmal glaubt man allerdings, manche Menschen haben dies alles nicht, sondern, wie man so sagt, nur „Stroh“ im Kopf. Oder sie sind falsch verkabelt!

Ist es nicht genial, wie zum Beispiel beim Hören ein Gewirr von Schallwellen über ein mechanisches System aus Trommelfell und feinsten Knöchelchen, über feinste Härchen, dann über elektrische Impulse und im Gehirn über chemische Botenstoffe in Bruchteilen einer Sekunde von Zelle zu Zelle weitergeleitet wird und dort in der Stille der grauen Masse als Worte oder als Klarinettenkonzert von Mozart aufbereitet und erkannt wird.

Oder nehmen wir das Sehen! Lichtstrahlen werden durch eine Linse auf die Netzhaut geleitet, wo viele kleinste unterschiedliche Stäbchen durch die verschiedenen Wellenlängen des Lichts angeregt werden. Diese Erregung wird in elektrische Impulse umgewandelt und in spezielle Bereiche des Gehirns geleitet. Erst dort, in einem anderen Bereich der grauen Masse, werden die Impulse ausgewertet und dort entstehen die Bilder, die wir meinen, außerhalb zu sehen. Und durch die Proteine *Opsin* 1, 2, 3 können wir sogar in Farbe sehen. Wird die Erregung der Hirnzellen eines Mannes durch das Abbild einer schönen Frau in Farbe auf der Netzhaut verursacht, suggeriert ihm eine andere Abteilung des Gehirns: Arterhaltung, Sex! Der Mann kann also nichts dafür, es ist das vorinstallierte Programm seines Gehirns, das sein Handeln jetzt bestimmt.

Das Gehörte und das Gesehene muss in kürzester Zeit auch ausgewertet werden. Höre ich zum Beispiel einen Automotor aufheulen und sehe ich ein Auto auf mich zurasen, muss mein Gehirn sofort eine Lösung für die Gefahrensituation finden. Nicht gelähmt stehen bleiben, sondern alle Muskeln aktivieren und ein großer Sprung zur Seite wäre die bessere Lösung.

Und das alles geht so schnell vonstatten, dass wir ohne merkliche Verzögerung von „live dabei" reden können, obwohl das Sehen und Hören über langsame und schnelle Nervenbahnen weitergeleitet und erst im Gehirn aufbereitet werden muss. Das, was wir wahrnehmen, ist durch die Übertragung ins Gehirn und die dortige Verarbeitung also stets Vergangenheit!

Und manchmal scheint unser Gehirn eigenständig Bilder und Töne zu produzieren, die seiner Fantasie zu entspringen scheinen, oder die es aus seinem Fundus zusammenstellt. Dann sehen kleine Mädchen im Wald die Jungfrau Maria, oder ein Mann hört Gottes Anweisung, Menschen zu töten. Da scheint es sich offenbar um Fehlschaltungen zu handeln.

Wissenschaftler vermuten, dass wir die Kapazität unseres Gehirns nur zu einem geringeren Teil ausnutzen. Unser Gehirn kann anscheinend noch wesentlich mehr leisten. Vielleicht können wir eines Tages die Kapazität unseres Gehirns besser nutzen. Ist es nicht schade, dass ein so fantastisches, einmaliges Organ nach maximal hundert Jahren die Arbeit einstellt?

<u>Frage:</u> Glauben Sie nach gründlicher Überlegung und Beurteilung der hier angeführten Fakten, dass man die Welt mit all den unterschiedlichsten Lebewesen tatsächlich in einer Woche schöpfen kann? Das müssen Sie nicht glauben, die Geschichten wurden nur von Menschen geschrieben worden, die vor mehr als tausend Jahren viel weniger von Natur, Evolution und Technik und dem Entstehen der Welt verstanden haben, als Sie!

Störungen

Wenn es ein Schöpfer war, der das alles geschaffen hat, scheint ihm allerdings die enorme Komplexität der Anlage *Mensch* größere Probleme gemacht zu haben. Sehen und Hören funktionieren in den meisten Fällen einigermaßen gut. Manchmal kommt es indes zu Störungen in diesen und in vielen anderen Bereichen.

Wenn sich zum Beispiel an den auf die Herstellung von Dopamin spezialisierten Zellen des Gehirns in der *Substantia nigra* Ablagerungen von *Alpha-Synuclein,* eine falsch gefaltete Proteinkette, die dort nicht hingehört, bilden, stellen diese Zellen ihre Dopamin-Produktion ein und man bekommt enorme Probleme mit den Muskeln. Das hat ein Herr Parkinson herausgefunden.

Und manchmal scheint es auch Kurzschlüsse zu geben, worauf im Gehirn ein Gewitter entsteht und der Betreffende bei einem epileptischen Anfall einen Veitstanz aufführt. Dann tritt der Gehirnchirurg in Aktion und muss eventuell das *Corpus callosum* durchtrennen. In manchen Gegenden kommt auch heute noch anstelle des Arztes ein Teufelsaustreiber, was allerdings für den Gepeinigten nicht sehr hilfreich, aber äußerst unangenehm ist.

Einzelne Menschen haben generell Probleme mit dem Denken. Da scheint das Gehirn verkümmert, oder nicht richtig entwickelt zu sein. Eventuell fehlen einige Milliarden Gehirnzellen oder das Intelligenz-Gen. Das kann man am Intelligenz-Quotienten erkennen und merkt das in der Praxis unter anderem daran, dass sie zum Beispiel den Unsinn von einem Super-Designer glauben, oder Hitler verehren, oder Verschwörungstheoretiker werden.

Bei einem so komplexen Gebilde wie unserem Gehirn mit mehr als 100 Milliarden Zellen und mehr als 100 Billionen Verbindungen untereinander kann es schon mal zu Problemen in der Verkabelung kommen. Verschiedene Sektionen, zum Beispiel die, die uns am Leben erhalten, müssen über viele Jahre, in Einzelfällen bis zu 100 Jahre, ununterbrochen ohne jede Pause online sein. Andere Bereiche haben es da besser, sie können in den Ruhe- oder sogar den Schlafmodus versetzt werden, zum Beispiel die Regionen, die für die Sprache oder das Sehen zuständig sind, sie haben während der Schlafphase nur Notdienst. Das Areal, das für das Denken verantwortlich ist, kann selbst tagsüber auch offline sein. Allerdings kann das, wenn dieses Areal wenig gefordert wird, dazu führen, dass der Mensch das Denken völlig aufgibt. Und das kommt, wenn man sich in den Medien umsieht, anscheinend sehr häufig vor.

Kryptobiose und Extremophilie

Aber die Krönung der Schöpfung ist, nein, nicht allein der Mensch. Auch im Kleinsten gibt es unerklärliche Wunder. Das weniger als ein Millimeter große **Bärtierchen**, wissenschaftlich *Tardigrada,* auch Wasserbärchen genannt, ist ein Wunder der Natur, das nicht totzukriegen ist. Es beherrscht die uns unbekannte *Kryptobiose*. Man kann das Bärtierchen über Jahre bei - 80°C einfrieren, im Weltall der kosmischen Strahlung oder dem Vakuum im All aussetzen, im Wasser kochen, völlig dehydrieren, sobald es in gewohnter wässriger Umgebung ist, beginnt es wieder zu leben. Es ist in der Lage, Gendefekte zu reparieren und fremde Gene in die eigenen Gene einzubauen, wenn es ihm nützlich erscheint. Im Laufe der Entwicklung hat es die für ihn vorteilhaftesten Fremdgene eingebaut und ist damit zum Überlebenskünstler geworden. Es ist uns in seinem Können, fast ewig zu leben, weit überlegen und damit zweifellos ein äußerst interessantes Objekt für die Forschung. Vielleicht können wir seine positiven Gene übernehmen.

Zudem gibt es extremophile Bakterien, die intergalaktische Reisen problemlos überstehen können. Vielleicht haben sie den Keim des Lebens auf unseren Planeten gebracht. Dann hat der Quantensprung von unbelebten Molekülen zu ersten primitiven Lebewesen andernorts stattgefunden.

Wissenschaftler haben in auf dem Mond gefundenen Asteroidenteilen kürzlich Aminosäuren entdeckt. Organische Moleküle, die für die Entstehung von Leben notwendig sind, scheinen im Weltall verbreitet zu sein.

Mein Gott, wo bist du?

Der Gott, der alles erschaffen hat, ist, wie bereits erwähnt, überall und er sieht alles, er kennt die Zukunft, er ist immer bei dir, er wacht nicht nur über dich, sondern über jeden Einzelnen. Das wird in Kirchen, Synagogen und Moscheen auch heute noch jeden Tag verkündet.

Warum passieren trotz der totalen Überwachung täglich überall Katastrophen und Unfälle? Er weiß also, wer demnächst einen Unfall haben wird, oder ein Verbrechen vorhat! Warum verhindert der uns liebende, weitsichtige Gott den Unfall nicht oder warum zeigt er sich auch in dringenden Fällen nicht? Ist dieser Gott schüchtern? Fehlt ihm Selbstvertrauen? Schämt er sich wegen der vielen Fehlentwicklungen? Haben ihn die ständigen brutalen Kriege, die er nicht verhindert, vertrieben? Dabei hatte er sich doch selber vor den anderen Göttern mit Kriegen gebrüstet. Hat er eventuell unser Sonnensystem frustriert verlassen?

Früher, vor mehreren tausend Jahren, war er ein reisefreudiger Gott und häufiger auf der Erde unterwegs, wenn man der Bibel glauben soll. Heute scheint ihm sein fortgeschrittenes Alter die Reiselust, so wie es aussieht, etwas gedämpft zu haben. Seine Besuche beschränkten sich früher allerdings primär auf den Orient. So hat er mit Moses vor über 4.000 Jahren angeblich häufig persönlich verhandelt und in dem Offenbarungszelt der Israeliten soll er, so wird es im Alten Testament behauptet, damals ständig ein- und ausgegangen sein. Dorthin kam er freilich immer unsichtbar, zusätzlich durch eine Rauchwolke verhüllt und niemand vom normalen Volk hat ihn je kommen oder gehen sehen. Auch in jüngerer Zeit hat man in der Region Israel zwar Rauchwolken gesehen, aber Gott hatte sich darin offenbar nicht verborgen.

<u>Frage</u>: Warum braucht ein unsichtbares Geistwesen eine Rauchwolke?

Auffällig ist, das dieser unser Gott Europa bis heute noch nicht besucht hat. Dabei steht im italienischen Rom seit zweitausend Jahren seine Generalvertretung mit seinem Vize-Präsidenten. In Europa geistert nur die Jungfrau Maria durch die Wälder und zeigt sich kleinen Mädchen.

Geklaute Geschichten

Seinen Sohn Jesus hat Gott vor etwas mehr als zweitausend Jahren auf die Erde geschickt, um die Menschen zu erlösen. Die Menschen waren jedoch böser als vermutet und haben Gottes Sohn ans Kreuz genagelt. Aber, unvorstellbar, in dessen dunkelster Stunde hat Gott seinen Sohn völlig allein gelassen und ihm auf seine Frage: „Mein Gott, warum hast du mich verlassen?" nicht einmal geantwortet. Was soll man von so einem allmächtigen, aber völlig desinteressierten, selbstverliebten Vater halten? Wenn Sie sich heute umsehen, werden Sie feststellen, dass es auch in unserer Zeit vielfach Probleme zwischen Vätern und Söhnen gibt. Nicht jeder Vater würde seinem Sohn im Problemfall helfen. Aber wenn der Sohn ans Kreuz genagelt werden soll, um für die Schuld fremder Menschen zu büßen, würde ich als Vater doch einschreiten. Oder?

Was sagen die alten Ägypter zur Schöpfung? Ihre Geschichte geht noch weiter zurück als die der Juden. Auch in der wesentlich älteren **ägyptischen Schöpfungsgeschichte** heißt es: *Gott schuf die Menschen nach seinem Ebenbilde. Sie alle sind nur die vielfachen Formen des Großen Ewigen Einen."*

Parallel zur Jesus-Erzählung gibt es die gleiche, zweitausend Jahre ältere ägyptische Geschichte von Isis und Osiris, die ihren Sohn Horus als Heilsbringer auf die Erde geschickt hatten.

Seltsamerweise ähneln auch die zehn Gebote der Christen dem **Codex Hammurabi,** der dem babylonischen König von Gott übergeben worden sein soll.

Gleiches gibt es in der indisch-persischen Mythologie. Hier schickte der Sonnengott den Mithras auf die Erde, allerdings etwa dreitausend Jahre vor Jesus. Mithras, Sohn eines indo-iranischen Gottes und einer irdischen Mutter, hatte praktisch die gleiche Lebensgeschichte wie Jesus. Auch er hatte eine Irdische Mutter, wurde gekreuzigt und ist wieder auferstanden und es waren ebenfalls Hirten im Spiel.

In dieser älteren persischen Geschichte begann die Menschheit nach dem Propheten Zarathustra mit einem Paar im Paradies. Dort hat der Gott Ahura-Mazda die Welt mit allen Lebewesen geschaffen, inklusive Mann und Frau, weit vor dem christlichen Schöpfergott.

Und sicherlich gibt es in anderen Religionen ähnliche unglaubliche Geschichten.

Offensichtlich haben die christlichen Dramatiker bei den Ägyptern, den Persern und den Babyloniern die interessantesten Geschichten abgeschrieben. Sind viele Bibeltexte Plagiate? Alles geklaut und später als Dogma verkauft? Viele Verfasser christlicher Geschichten haben sich offensichtlich mit einem großen Strauß fremder Federn geschmückt. Jedenfalls haben die Menschen sich einen Gott nach ihrem Vorbild zusammengebastelt und vieles, was ihnen gefiel und passte, ja ganze Lebensläufe von den Nachbarn übernommen.

Interessante Details: UWE HILLEBRAND: *Warum glaubst du noch?*

Posaunen vor Jericho

Der Israelit Josua wollte vor 3.500 Jahren die durch eine gewaltige, 15 Meter hohe Mauer geschützte Stadt Jericho einnehmen. Ein fast unmögliches Vorhaben. Aber laut Altem Testament kam ihm eine gloriose Idee. Josua ließ alle Männer seiner Streitmacht mit Posaunen und Hörnern tagelang um die Mauer marschieren und kräftig in Richtung Mauer blasen. Endlich, am siebten Tag brach die Mauer zusammen und Jericho wurde erobert. So sagt es die Bibel. Allerdings wurde diese Geschichte von einer seltsamen Eroberung einer Stadt durch Blasmusik erst 900 Jahre später aufgeschrieben. Ich würde mir nicht zutrauen, heute detailliert Begebenheiten aus dem Jahre 1120, also vor 900 Jahren zu beschreiben.

Im Labor wurden vor ein paar Jahren Lehmziegel, wie sie in Jericho verwendet wurden, 1.000 mal stärker als die Posaunen und Hörner von Josuas Streitmacht waren, beschallt. Die so beschallten Lehmziegel zeigten weder Risse noch andere Schäden! Die Posaunen haben die Mauer also ganz sicher nicht zum Einsturz gebracht.

Zu der damaligen Zeit gab es jedoch immer wieder Erdbeben rund ums Mittelmeer, und im Jahre 1550 v.C. zerstörte ein Erdbeben die Stadt Jericho. Josua hatte eine zerstörte Stadt erobert! Dem Verfasser dieser Bibelgeschichte war das offensichtlich zu profan, oder er hatte vom Erdbeben nichts gehört und so ließ er seiner Fantasie freien Lauf. Ich gestehe, ich wäre allerdings nicht auf Posaunen gekommen!

Zu dieser Zeit verschwand manchmal auch der Jordan in durch Erdbeben entstandenen Erdbrüchen. (BdW 12/2005)

Plagen

Laut **Exodus 12,12** ist Gott persönlich nachts durch Ägypten geschritten. Freilich in finsterer Absicht, denn es heißt dort: *Ich, euer Herr und Gott, will in dieser Nacht durch Ägypten schreiten und alle Erstgeborenen schlagen vom Menschen bis zum Vieh, und über alle Götter Ägyptens will ich Gericht halten.*

Es war die Zeit, in der die Ägypter laut Bibel von zehn Plagen heimgesucht wurden. Die Ägypter schienen ihm nicht sehr am Herzen gelegen zu haben, aber ihre Götter hat er ernst genommen, als würden sie für ihn real existieren! Über sie wollte er ein Verfahren einleiten und über sie Gericht halten. Und was sollte das mit dem Vieh? Kann ein Tier auch eine böse Seele haben, dass Gott selber die Viecher umbringen muss?

Man berichtet in der Bibel zum Beispiel von Plagen, bei denen Frösche, Mücken, Heuschrecken usw. eine Rolle spielen. Dass es eine Heuschreckenplage gegeben hat, ist durchaus möglich, die gibt auch heute noch in südlichen Ländern ohne Gottes Hilfe. Die Heuschrecken vernichten die Ernte ganzer Regionen. Und unter günstigen Voraussetzungen können sich auch Frösche ungewöhnlich stark vermehren.

Auf einer Steele aus Karnak hat die Ägyptologin Nadine Möller 1996 Texte entdeckt, die von seltsamen Ereignissen berichten. Von außergewöhnlich starken Gewittern, großen Schäden durch Hagel und von Finsternis ist die Rede. Allerdings wird dort nichts über die Israeliten und deren jahrzehntelange Wanderung durch die Wüste berichtet.

Eine Erklärung der Plagen haben Wissenschaftler jedoch jetzt gefunden.

Im Jahr 1613 v.C. ist auf der Insel Santorin ein Supervulkan explodiert. Datiert wurde der Ausbruch durch die Radiokarbon-Methode an einem Baumrest, der in der Vulkanasche auf Santorin gefunden wurde. Die enormen Mengen Asche, Schwefel und Schwefeldioxid, die die Eruption mehr als vierzig Kilometer hoch in die Stratosphäre geschleudert hat, haben sich mehr als tausend Kilometer weit ausgebreitet und riesige Gebiete bis hin nach Ägypten beeinflusst.

Wissenschaftler schätzen die in die Atmosphäre geschleuderte Menge Material auf 125 Kubikkilometer! Stellen Sie sich die Menge vor: 1 Kilometer breit, 1 Kilometer hoch und 125 Kilometer lang!! Und diese Menge als Staub verteilt in der Stratosphäre! Alle Plagen lassen sich auf dieses Ereignis zurückführen und erklären. Die Asche und der Schwefel haben längere Zeit den Himmel auch tagsüber verdunkelt und große Mengen Schwefel, Sulfide bzw. Schwefeldioxid haben den Nil chemisch vergiftet und rot gefärbt. Daraus ergeben sich für die Wissenschaftler die Lösungen auch für die anderen Plagen. Schwefelsäure hat die Frösche in riesigen Mengen aus dem Nil an Land getrieben. Die riesigen Mengen verendeter Frösche waren wiederum ein Fest für riesige Insektenschwärme und für Nilratten, die die Beulenpest verbreiteten. Der Ausbruch des Vulkans auf Santorin hat für einige Jahre das Klima weltweit beeinflusst. Das zeigen Jahresringe eines fünftausend Jahre alten Baumes in Arizona. Sie sind für mehrere Jahre um die Zeit von 1613 v.C. ungewöhnlich eng. Das bedeutet ein vermindertes Wachstum durch verändertes Klima. (s. hierzu: *Aufgedeckt – Rätsel der Geschichte* Staffel 4, Episode 5, ZDF)

Allmächtig und allgegenwärtig, aber ohne Mitleid ?

Eine Frage drängt sich mir besonders auf, die sich sehr viele Menschen bereits gestellt haben und immer wieder stellen: Gott oder der Designer soll allmächtig sein, so sagen die Verfechter der verschiedenen Glaubensrichtungen und der Sekten. Wieso merken wir nichts von seiner Allmacht? Es wäre toll, wenn er einmal seine absolute Macht in einem spektakulären Beispiel demonstrieren würde, Möglichkeiten gibt es täglich weltweit in Hülle und Fülle.

Warum hat der Schöpfer für seine geliebten Geschöpfe die fürchterlichsten Krankheiten mitgeliefert und warum lässt er verheerende Naturkatastrophen und furchtbare Kriege zu? Warum müssen nachfolgende Generationen wegen der Fehler ihrer Vorfahren leiden? Es war nicht nötig, sich bei der Schöpfung auch Pestbazillen, Vogelgrippe- und Coronaviren einfallen zu lassen und die Menschen damit zu peinigen. Ebenso würden wir gern auf Krebs, Aids, Morbus Parkinson und Multiple Sklerose verzichten.

Auch in der heutigen Zeit hätte ein Allmächtiger alle Hände voll zu tun. Er könnte seine Macht in der weltweit schlimmsten Katastrophe nach dem Zweiten Weltkrieg, der Corona-Pandemie demonstrieren und das Virus verschwinden lassen. Da der Allmächtige sich jedoch bisher nicht dazu durchringen kann, haben in Indien die Hindu-Priester zwei „Corona-Göttinnen", deren Statuen in einem Tempel in der südindischen Stadt Coimbatore stehen, um göttlichen Beistand in der Corona-Pandemie gebeten. Die beiden Steinfiguren werden von den Priestern wochenlang mit Opfergaben versorgt und in Kurkuma-Wasser und Milch gebadet. Hoffentlich hilft es.

Und weitere Fragen wegen verwehrter Hilfe: Warum ertrinken bei einem Tsunami viele Tausende; beim Hatsch der Moslems werden hunderte Gläubige zu Tode getrampelt; in Nordirland haben sich Christen gegenseitig erschossen; im Irak und Afghanistan ermorden sich Moslems, Sunniten und Schiiten, gegenseitig vor und sogar in ihren Moscheen. Hat er in den Kriegen die Verzweiflung der Verstümmelten nicht gesehen? Hat er ihre Schmerzensschreie nicht gehört? Ob Verdun, die Konzentrationslager, das Gemetzel in Syrien, das alles scheint Gott nicht zu interessieren.

Im September 2017 und im August 2018 verwüsten Waldbrände riesigen Ausmaßes in Kalifornien ganze Städte, wie Santa Rosa und tausende Häuser. Damit nicht genug, im November 2018 gibt es in Kalifornien erneut wieder riesige Waldbrände mit mehr als 80 Toten. Es sind die verheerendsten Waldbrände, die Kalifornien bis dahin je erlebt hat. Mehr als zehntausend Häuser in Paradise, in Malibu und in der Region fielen dem Feuer zum Opfer. Das Städtchen Paradise wurde völlig zerstört. In Malibu brannte unter anderem auch das riesige Anwesen von Thomas Gottschalk völlig ab. Der bisher entstandene Schaden wird von der Risikoanalysenfirma *Risk Management Solutions* auf 9 bis 13 Milliarden Dollar geschätzt.

Die verzweifelten Menschen haben Gott angefleht, Regen zu schicken und sie zu retten, doch Gott erhörte sie nicht, seine Leitung war tot. Gläubige sind beim Beten in ihren Autos verbrannt. Bis zum 20. November 2018 hatte man 80 Tote gefunden, verbrannt in ihren Häusern und Autos, darüber hinaus wurden etwa tausend Menschen noch vermisst. Gott hat sich nicht gezeigt. Stattdessen gab es kurze Zeit später nach dem Hitzeinferno große Mengen Regen die alles überfluteten. Zu spät!Schlechtes Timing! Im Juli 2021 brennt es wieder in Nordkalifornien und Alaska an vielen Stellen bei Temperaturen von fast 50°C.

Im August 2021 bedrohen verheerende Waldbrände in Griechenland sogar Athen! Auch die Türkei erlebt Waldbrände nie gekannten Ausmaßes.

Wenn der allmächtige Gott ständig allgegenwärtig sein sollte, was immer behauptet wird, was verständlicherweise aber generell äußerst schwierig wäre, ist es von ihm sehr herzlos, seine Geschöpfe so unendlich leiden zu lassen. Wieso passiert es zum Beispiel, abgesehen von den vielen schrecklichen Kriegen, dass eine vierköpfige Familie auf der Autobahn tödlich verunglückt; dass ein Vater seine zwei Töchter mit einem Hammer erschlägt; dass die junge Mutter eines kleinen Jungen an Krebs stirbt; die IS-Terroristen unschuldige Menschen köpfen und der Allmächtige in allen Fällen zusieht und nicht eingreift?

Mitleid ist wirklich nicht seine Stärke! Nein, wie oben erwähnt, geht es bei dem „gütigen" Gott nach der Rasenmäher-Methode. Es wird nicht selektiert nach gut und böse. Bereits vor 3.000 Jahren schleicht Gott nachts durch Ägypten und erschlägt eigenhändig alle Erstgeborenen und lässt in *Samuel 15, Vers 3*, alles, Männer, Frauen, Kinder und Tiere ohne Ausnahme umbringen. Diesem brutalen Gott sollen wir huldigen?

Und wie sieht es in der Gegenwart aus? Der Gott der Muslime ist offensichtlich auch nicht überall, oder ihm sind sogar die Menschen, die ihm huldigen, egal.

Wie erklärt zum Beispiel der moslemische Geistliche seinen Gefolgsleuten die 107 Toten und 238 Verletzten, die es am 11. September 2015 in Mekka gegeben hat, als ein Kran während des Gebetes zum Sonnenuntergang auf die vollbesetzte Große Moschee stürzte? Wo war da Allah, als ihm die 345 Muslime im Moment des Einsturzes huldigten? Was hat Allah sich dabei gedacht?

Wieso konnte kurz darauf das nächste schreckliche Unglück am 23. September 2015 geschehen?

Am 23. September 2015 berichten die Fernsehsender: *Bei einer Massenpanik in Mina, in der Nähe von Mekka/Saudi-Arabien, sind während der islamischen Wallfahrt Hadsch mindestens 717 Menschen ums Leben gekommen. Mehr als 800 Menschen wurden verletzt. Die Panik ereignete sich während der symbolischen Teufelssteinigung.*

Saudi-Arabien hat die bei der Aktion gegen den Teufel ums Leben gekommenen Pilger auf 769 nach oben korrigiert.

Inzwischen hat *dpa* die Opferzahlen aus 28 Ländern zusammengefasst. Die Zählung der *dpa* ergab, dass mehr als 1800 Menschen starben!

Der gesteinigte Teufel hat zurückgeschlagen! Wo war Allah in dieser Stunde?

Die Religion akzeptiert also einen Teufel, einen zweiten, sehr mächtigen übermenschlichen Mitspieler im religiösen Spiel, der Gott äquivalent ist.

Die Priester behaupten es jedenfalls und in der Bibel steht es, Gott würde stets alles sehen, ist überall und weiß alles sogar im Voraus. Ist das nur auf die Erde bezogen, oder hat Gott das gesamte Universum ständig im Blick?? Dann hat er wirklich viel zu tun und es erklärt vielleicht, dass er hier auf der Erde Hitler und den 2. Weltkrieg übersehen hat und auch gegenwärtig einiges aus dem Ruder läuft. Die Situation für die Menschen war in der Vergangenheit und ist auch in unserer Zeit noch sehr verbesserungswürdig!

Erbsünde

Von den Priestern wird erklärt, dass wir bereits von der Geburt an mit einer Erbsünde belastet wären, und dass Unglücke als Strafe Gottes für unsere bösen Taten anzusehen wären. Laut Bibel klaut Eva einen Apfel und ich bin dadurch vorbelastet. Und Sie natürlich auch! Das begreife ich nicht. Was sagen die Priester? Sie haben auch keine vernünftige Erklärung.

Eva durfte keinen Apfel vom *Baum der Erkenntnis* pflücken. Eva sollte also dumm und einfältig bleiben und nicht nach Zusammenhängen suchen. Sie tat es trotzdem. Sind Frauen eigentlich generell wissbegieriger als Männer?

Warum wurde der Testbaum gepflanzt? Das Vertrauen in die neu geschaffenen Menschen war bereits am Anfang mit Mißtrauen durchsetzt. Nur dumme Menschen sind Gott und den Priestern gefällig, sie fragen nicht. Erkenntnis suchen ist Teufelskram.

Erfunden wurde die Erbsünde allerdings erst im 4. Jahrhundert nach Christus von Augustinus von Hippo! Wer hat ihn ermächtigt, die Erbsünde einzuführen und warum? Hat er auch die Geschichte vom Baum der Erkenntnis erfunden? Ab dann hatten alle Christen ein schlechtes Gewissen zu haben. Ein Mensch mit schlechtem Gewissen ist für die Oberen immer gut und erleichtert die Gängelung.

Übrigens: Jesus lebte vor der Einführung der Erbsünde, hatte von ihr also noch nichts gewusst!

Wenn Unglücke als Strafen für unsere bösen Taten gedacht sind, drängt sich wieder einmal die Frage auf, warum lässt ein Allmächtiger das Böse überhaupt zu? Es wäre für einen Allmächtigen ein Leichtes gewesen, seine Schöpfungen ohne Anlagen für das Böse auszustatten, beziehungsweise so zu programmieren, dass für sie das Böse nicht existiert. Eine Welt, wie die Zeugen Jehovas ihre Welt malen, wo die Ziege neben dem Löwen liegt, ohne gefressen zu werden. Warum tat er das nicht? Diese grundsätzliche Frage stellt sich in der christlichen, jüdischen und islamischen Religion in gleicher Weise. Es soll ja in allen drei Fällen der gleiche allmächtige Schöpfer sein.

Ich werde geboren, die Region kann ich nicht aussuchen, gehöre aber ab sofort zu einem festgelegten Religionskreis. Ich beginne gerade zu existieren, hatte noch keine Gelegenheit, eine Sünde zu begehen und bin trotzdem wegen Augustinus vorbelastet? Zum Thema Erbsünde stellt sich die Frage, ob sie sich durch die Sintflut nicht etwas relativiert haben könnte. Die Sintflut war vor der Erfindung der Erbsünde, und ob im Paradies ein Apfelbaum gestanden hat, ist nicht dokumentiert. Nach der Sintflut sind völlig neue Generationen herangewachsen, da außer Noah nur ein Pärchen auf der Arche überlebt hat. Zwar ist das Pärchen auf der Arche Noah auch auf Adam und Eva zurückzuführen, aber es war sicher ein ausgesuchtes, moralisch einwandfreies, gottgefälliges Paar, dass keinen Apfel geklaut hatte. Und trotzdem sollten sie die noch nicht erfundene Erbsünde weitergeben müssen? Sicher nicht, denn zur Zeit der Sintflut hatte Augustinus von Hippo noch nicht gelebt und hatte die Erbsünde noch nicht erfunden! Was nicht erfunden ist, kann nicht weitergegeben werden. Ich denke, wir können die Erbsünde abhaken.

Gott danken? Wofür?

Im Laufe der Jahrtausende hat es immer wieder verheerende Kriege gegeben, die an Grausamkeit nicht zu übertreffen waren. Was wurde da gesündigt und gemordet! Was ist dagegen das verbotene Pflücken eines Apfels? Absolut nichts.

Kreuzritter haben Gott um einen Sieg gegen die Moslems gebeten, die Moslems hatten Allah, nur ein spezieller Name für den gleichen Gott, ebenso beschworen, ihnen zum Sieg zu verhelfen. Deutsche Bomberpiloten haben Gottes Segen für ihr Flugzeug und ihre Bomben erbeten, damit sie wieder heil nach Hause kommen, nachdem sie die Bombenlast auf Coventry abgeworfen hatten. Dort, in Coventry, haben die Menschen Gott angefleht, sie zu verschonen und dass die deutschen Bomber abstürzen mögen. Dann kamen die christlichen Amerikaner und haben die Christen in Dresden bombardiert. Und die deutschen, französischen, englischen und amerikanischen Priester haben das Kriegsgerät und die Soldaten gesegnet, bevor sie den christlichen Gegner getötet haben. Und zum Schluss des Krieges wurde alles noch effektiver. Mit einer einzigen Bombe haben christliche Bomberpiloten über 200.000 Menschen in Japan getötet, teilweise einfach verdampft. Hatten die Piloten keine Gewissensbisse, vielleicht, weil es da unten keine Christen waren?

Und Gott hat sich nicht eingeschaltet. Dabei sind die Japaner doch auch seine Geschöpfe. Oder? Gott hält sich aus allem raus. Er sitzt natürlich auch in einer Zwickmühle: Für wen soll er sich entscheiden? Auf wessen Seite sollte er sich stellen? Beide Seiten zur Vernunft bringen ist ihm offensichtlich nicht möglich.

Wenn ich den Feuersturm 1945 in Dresden überlebt habe, muss ich dann Gott dafür danken? Nein! Er hätte, da er allmächtig ist, den Feuersturm und den gesamten Krieg verhindern müssen, dann könnte ich ein Dankgebet noch verstehen. Aber nicht, wenn alles mit Phosphorbomben in Schutt und Asche gelegt wird, neben mir tausende Tote liegen, von Phosphor halb verbrannte Menschen vor unerträglichen Schmerzen schreien und auf der ganzen Erde unendliches Leid zu beklagen ist.

Auf das Warum haben die Priester auch hier keine einleuchtende Antwort. Sie können auch keine haben, da es keine plausible Erklärung gibt. Es kommt immer nur das Geschwätz von Prüfungen, von Gottes „unergründlichen" Wegen und unser Verstand sei zu beschränkt, um das zu verstehen! Von dem „Allmächtigen" selber kam im Laufe der vergangenen tausend Jahre und kommt auch heute kein einziges klärendes Wort, keinerlei Erklärung für die unendliches Leid verursachenden Ereignisse, die ein Allmächtiger doch verhindern könnte.

In einer lauen Sommernacht soll Gott durch Ägypten geschlichen sein, um höchstpersönlich Erstgeborene zu töten? Das ist schon mehrere tausend Jahre her. Gut, dass sich Gott heute nicht mehr zeigt. Ist für Erstgeborene auch besser. Selbst in der Region Israel, in der man Gott häufig im Offenbarungszelt begrüßt hatte, ist er mehrere tausend Jahre nicht mehr gewesen. Wahrscheinlich haben die Israeliten das Offenbarungszelt inzwischen abgebaut.

Mit religiösem Beistand konnte man in der Vergangenheit und kann man auch heute ohne Gewissensbisse morden. Da erscheint kein Gott, der sagt, das geht nicht, das tut man nicht, ich dulde das nicht. Wenn man also konsequent denkt, kann es keinen Allmächtigen geben, der das Universum, unsere Welt, Flora, Fauna und den Menschen geschaffen hat, und Kriege, Unglücke und Naturkatastrophen nicht verhindern kann. Das „allmächtig" müssen wir streichen, ebenso die Erschaffung des Universums und uns durch ein Geistwesen.

Gott sieht alles und greift nicht ein! Ist er inzwischen erblindet oder doch nicht überall, oder irgendwo anders im Universum unterwegs? Oder ist er am Ende doch nicht allmächtig? Sind ihm seine Geschöpfe gleichgültig? Gibt es ihn am Ende gar nicht? Ist er nur eine mystische, von cleveren Menschen bereits vor etlichen tausend Jahren erdachte Figur, um das Volk gängeln zu können? Das ist es! Da bin ich mir ganz sicher.

Tiere

Gott hat, so steht es in der Bibel, am fünften Tag seiner Schaffenswoche die Tiere erschaffen und damit sind sie auch seine Geschöpfe. Ist Gott auch für die Tiere zuständig? Muss er sich auch um sie kümmern? Glauben diese Geschöpfe an ihren Schöpfer?

Leider ist auch in der Tierwelt nicht alles nur Harmonie, wie es die Zeugen Jehovas in schönen Bildern darstellen und die Tierschützer gern erzählen. Warum muss zum Beispiel der Löwe das Zebra auf grausame Weise umbringen und bei lebendigem Leibe zerreißen? Natürlich, weil der Magen knurrt und er seinen Hunger stillen muss. Dafür muss das Zebra oder die Antilope dran glauben, der Löwe ist schließlich kein Veganer. Das Zebra hätte ja schneller laufen können, dann wäre es vom Löwen nicht gefressen worden. Doch dann wäre der Löwe verhungert! Das wäre wiederum für den Löwen schlecht.

Kompliziert würde es zum Beispiel auch für Krokodile. Die müssten sich auf vegane Kost, auf Algen und Seegras umstellen. Das wird ihnen sicherlich schwerfallen.

Und wenn in einem Nest drei Jungvögel um Futter konkurrieren, das die Eltern ständig in großen Mengen heranschaffen müssen, passiert es, dass die zwei stärksten Jungen das dritte schwächere dem Tod weihen und aus dem Nest stoßen.

Warum gibt es nicht für alle Lebewesen genügend Ambrosia oder Manna, oder etwas Adäquates in ausreichender Menge? So hätten auch die Zebras und Antilopen ihre Ruhe, der Löwe wäre satt und das Schaf könnte ohne Angst neben dem Löwen liegen, wie es die naiven Bilder der Zeugen Jehovas zeigen.

Doch die Realität sieht leider anders aus und daran wird sich wahrscheinlich auch nichts ändern. So hat im Juni 2017 ein einzelner Wolf in Deutschland dreißig Schafe und Lämmer offensichtlich aus purer Lust am Töten in einer Nacht gerissen. Das ist keine Harmonie zwischen Wolf und Schaf. Und der Löwe frisst immer noch Zebras. Tierschützer sagen hier: Na und? So ist die Natur.

Der Stärkere besiegt in der Natur immer den Schwachen. Braucht er etwas, holt er es sich. Natürliche Auslese! Und Fleischfresser werden sich auch weiter die passende proteinhaltige Nahrung suchen. So ist die Natur, erbarmungslos und grausam.

In manchen Menschen schlummert die Mentalität eines Wolfes und sie teilen mit dem Wolf die Lust am Töten. Als Nachfahren der Fleischfresser können wir ebenfalls unter bestimmten Umständen erbarmungslos und grausam sein, nicht nur, wenn es um Fleisch geht.

Wir könnten aber unsere über viele tausende Jahre erlangte Intelligenz dazu nutzen, Friedfertigkeit und Toleranz zu entwickeln. Nur wir Menschen könnten durch unseren Verstand die Brutalität und die Lust am Töten in unserem Zusammenleben zurückfahren.

Ein lieber Gott ? Ein gütiger Gott ?

Gott liebt seine Geschöpfe, so wird es von den Priestern der verschiedenen Religionsrichtungen täglich gepredigt. Er ist ein **lieber** Gott. Das haben Sie im Laufe der Jahre sicher auch schon oft gehört. Ist er das wirklich? Manchmal hat man da seine Zweifel, denn nach verschiedenen Bibelstellen ist es ein böser und mitleidloser Despot. Wie sonst sind dann verschiedene Bibelstellen zu verstehen?

Einige Beispiele:

Samuel 15, Vers 3: *Vollstrecke an allem, was dem Feind gehört den Bann und verschone nichts. Töte Männer und Frauen, Kinder und Säuglinge, Rinder und Schafe, Kamele und Esel.*

Gegnerische Kämpfer lassen einem keine Wahl, man muss sich wehren. Aber muss man Frauen, Kinder, Säuglinge, Rinder, Schafe, Kamele und Esel töten? Das hört sich nach verbrannter Erde an!

Exodus 34: Gott sagt zu Moses: *„Siehe, ich vertreibe vor dir die Ammoniter Kanaaniter, Hethiter, Hiwwiter und Jebusiter! Hüte dich davor, einen Bund mit den Landesbewohnern einzugehen…"*

Gott vertreibt ganze Stämme für das auserwählte Volk. Hier sei die ketzerische Frage erlaubt, ob dieser Gott auch die Palästinenser der Gegenwart für die Nachfahren von Moses vertrieben hat?

Deuteronomium 7, 16: *„Alle Völker die dir (Moses) der Herr preisgibt, sollst du vertilgen und nicht mitleidig auf sie schauen. Ihren Göttern sollst du nicht dienen."*

Völker vertilgen, aber Mitleid ist nicht angesagt? Ganze Völker, die Gott nicht interessieren, können vertrieben oder auch ausgerottet werden. Hatte dieser Gott Angst, dass seine Anhänger konvertieren, oder Angst vor den Göttern der zu vertilgenden Völker?

Deuteronomium 20, 16: *„Du sollst die Bewohner dieser Städte, ja kein einziges Wesen am Leben lassen…"*

Alle? Ohne Unterschied? Nicht mal die Guten, die Kinder oder die Unschuldigen?

Deuteronomium 12, 30: Gott sprach zu Moses: *„Der Herr, dein Gott, wird die Völker vor dir ausrotten, in deren Land du kommst, um es zu besitzen. Hast du es in Besitz, und wohnst in ihrem Land, dann hüte dich aber, dich von ihrem Beispiel verführen zu lassen, nachdem sie von dir vertilgt wurden…"*

Können Vertilgte noch verführen? Hört das sich nicht alles nach Befehlen der Priester an, die ihre Macht sichern wollten? Alle Gegner mit Stumpf und Stiel samt Göttern ausrotten?

Deuteronomium 4, Vers 34: *„Welcher Gott hat sich je aus der Mitte eines anderen Volkes mit Machtproben, Zeichen und Wundern, Kriegen und mit starker Hand, mit ausgestrecktem Arm und furchtbaren Großtaten so hervorgetan?"*

Ist das nicht schizophren? Angeblich existieren doch neben ihm keine anderen Götter. Jahwe weist hier aber auf konkurrierende Götter hin, die allerdings nicht so kriegerisch waren wie er! Gott selber gibt zu, dass andere Götter neben ihm existieren und er damit nicht allein der Allmächtige im Himmel ist. Gott muss sich durch Kriege und furchtbare Großtaten vor den anderen Göttern hervortun? Gehen auch die letzten beiden Weltkriege auf das Konto dieses eitlen Gottes, der sich vor irgend einem anderen Gott damit hervortun muss? Will er in Syrien mit der terroristischen IS, die humanen Helfern den Kopf abschlagen, nur wieder seine Macht demonstrieren?

Numeri 31: *„Warum habt ihr alle Frauen am Leben gelassen? Gerade sie haben die Israeliten dazu verführt, vom Herrn abzufallen. Nun bringt alle männlichen Kinder und ebenso alle Frauen um, die schon einen Mann erkannt und mit einem Mann geschlafen haben."*

Eigentlich sollten auch die Frauen umgebracht werden. Mussten alle Frauen zu einem israelitischen Gynäkologen zur Untersuchung und wurden je nach Ergebnis danach liquidiert? Wahrscheinlich bestand das Prüfkomitee aus geilen Priestern. Und nach der Eroberung müssen noch alle männlichen Kinder umgebracht werden.

Numeri 31: *„Alle weiblichen Kinder und die Frauen, die noch nicht mit einem Mann geschlafen haben, die lasst für euch am Leben."*

Na, einige Frauen hatten wenigstens eine Chance zu überleben. Aber wozu? Nur zur Lustbefriedigung der Sieger, oder als Arbeitssklavinnen? Sicher beides. Sehr schön, da hatte man eine riesige Auswahl.

Und bereits erwähnt:

Hier noch einmal zur Erinnerung: **Exodus 12, 12:** *„Ich, euer Herr, will in dieser Nacht durch Ägypten schreiten und alle Erstgeborenen schlagen, vom Menschen bis zum Vieh und über alle Götter Ägyptens will ich Gericht halten...!"*

Gott, in Gestalt eines alten Mannes, schreitet durch Ägypten und bringt eigenhändig Kinder und Tiere um? Und die ägyptischen Götter haben vor Gericht zu erscheinen. Stellt sich die Frage, wer vor Gericht gestellt werden sollte.

Nein, Kriege, Krankheiten, Armut, Leid und Not überall auf der Welt sind offensichtliche Beweise, dass Gott am Werk war, um seine Macht zu demonstrieren, beziehungsweise sind Argumente, dass es einen gütigen, allmächtigen Gott nicht geben kann. Wie sollen die Menschen, seine Geschöpfe, bei diesen Beispielen besser sein als ihr brutaler Schöpfer?

Finden Sie einen einzigen Pluspunkt für einen gütigen Gott, oder gibt es ein Ereignis, bei dem Gott persönlich eingegriffen hat?

Ein Gott, der seine Schöpfungen liebt ?

Leviticus 21, 16 – 24: *„Hat jemand von Aarons Nachkommen in künftigen Geschlechtern ein leibliches Gebrechen, so trete er nicht hinzu* (gemeint ist das Offenbarungszelt, der Wohnsitz Jahwes) *um die Speise seines Gottes darzubringen! ... Weil er ein Leibgebrechen hat, soll er meine Heiligtümer nicht entweihen, denn ich bin der Herr, der sie heiligt."*

Ein Behinderter kann Jahwes Heiligtümer entweihen? Gott hat bei der Schöpfung geschlampt und statt die Fehler zu beheben und Mitgefühl zu zeigen, werden die armen, kranken Kreaturen verstoßen. Er will nur vollkommene Menschen sehen!

Kann ein hinkender Mensch kein guter Mensch sein? Ein durch Unfall oder Krankheit gezeichneter Mensch hat vor Gottes Antlitz nichts zu suchen? Zählen hier nur sichtbare Behinderungen?

Diese Ansicht über behinderte Menschen hatte sich auch der hochgelobte Martin Luther zu eigen gemacht. Er wollte behinderte Kinder als seelenlose Masse Fleisch in der Gosse ersäufen! Wie sagt die Kirche? Liebe deinen Nächsten, bis auf Behinderte!

Wie ist es mit psychischen oder geistigen Störungen? Rechnet man sie ebenfalls zu den Leibgebrechen auch wenn man sie nicht sofort erkennt? Oder kann man mit unsichtbaren psychischen Störungen, zum Beispiel mit pädophilen Neigungen, eventuell auch Priester werden, ohne die Heiligtümer zu entweihen?

Der liebe Jesus ?

Matthäus 10, Vers 35: Jesus sagt: *„Ich bin nicht gekommen, den Frieden zu bringen, sondern das Schwert. Denn ich bin gekommen, den Sohn mit dem Vater zu entzweien, die Tochter mit der Mutter, die Schwiegertochter mit der Schwiegermutter. So werden* (durch mich) *des Menschen Feinde die eigenen Hausgenossen.“*

Eine eigenartige Geschichte. Jesus kommt und will unbedingt Zwietracht säen! Was treibt ihn dazu? Warum ist er so sauer? Mag er es nicht, wenn sich Menschen verstehen?

Lukas 12: Jesus sagt: *„Glaubt nicht, ich sei gekommen Frieden auf die Erde zu bringen. Ich bin gekommen, Feuer auf die Erde zu werfen und wie gerne möchte ich, es loderte schon empor.“*

Jesus, ein Pyromane? Jesus ein Vorbild für Terroristen?

Derartige Bibelstellen wird man im Gottesdienst selten hören. Im Kindergottesdienst spricht man gern vom kleinen, lieben Jesuskindlein. Das macht sich besser, als von einem Zwietracht säenden Feuerteufel zu sprechen.

Parusie

Jesus wollte ursprünglich noch zu Lebzeiten seiner Jünger wiederkehren, was bekanntermaßen nicht geklappt hat.

Thessalonicher 2, 17 – 20: *„Brüder, ich, Paulus, hatte das lebhafteste und sehnsüchtigste Verlangen, euch wiederzusehen ...! Denn wer ist, wenn ihr es nicht seid, unsere Hoffnung, unsere Freude, unser Ruhmeskranz vor unserem Herrn bei seiner Wiederkunft.“*

Matthäus 10, 5 – 7: *„Die zwölf Apostel sandte Jesus aus und gebot ihnen: Nehmet euren Weg nicht zu den Heiden und betretet keine Stadt der Samariter. Gehet vielmehr zu den verlorenen Schafen des Hauses Israel. Gehet hin und verkündet: Das Himmelreich ist nahe! ... Ihr werdet mit den Städten Israels noch nicht zu Ende sein, bis der Menschensohn kommt.“*

Jesus hat anscheinend kurz vor seiner Kreuzigung geglaubt, wenn auch sein himmlischer Vater nicht sofort eingreift, er doch noch zu Lebzeiten der Apostel wieder zurückkommen würde. War, wie wir wissen, leider ein Irrglaube.

Der amerikanische Prediger William Miller hatte im 19. Jahrhundert nach dem intensiven Studium der Bibel vorausgesagt, dass Jesus zwischen dem 21. März 1843 und dem 21. März 1844 wiederkehren würde. Offensichtlich war unserem Erlöser aber wieder etwas Wichtigeres dazwischen gekommen.

Ein neuer Messias

In diesem Zusammenhang sei bemerkt, dass für die Christen endlich im Jahre des Herrn 2006 der lang erwartete Messias erschienen ist. Allerdings nicht der Original-Jesus, das hat bekanntlich bis jetzt immer noch nicht geklappt. Es ist laut **Stern** Nr. 41/2006 der in Sibirien lebende Gottessohn *Wissarion*. Der entdeckte, nachdem er zunächst Verkehrspolizist war, dass er der Messias sei. Ich weiß allerdings nicht, was ihn zu dieser Erkenntnis führte. Aber eine entsprechende, ihm ergebene Anhängerschar von Gläubigen hatte sich schnell gefunden und ihm gehuldigt. Nur viel Spektakuläres zustande gebracht hat Wissarion bisher noch nicht. Jedenfalls sind bislang noch keine aufsehenerregenden Wunder aus Sibirien berichtet worden.

Ab nach oben

Nicht nur Jesus ist auferstanden und vor den Augen seiner Jünger gen Himmel verschwunden, ebenso die Jungfrau Maria. Ein Video gibt es allerdings nicht. Und auch alle gläubigen Menschen haben die Chance zur Auferstehung, so wird es von den Kanzeln verkündet, sie müssen allerdings ohne Sünde sein.

In der Bibel steht, dass eines Tages die Lebenden und die Toten gerichtet und sortiert werden. Die Toten erheben sich aus ihren Gräbern. Zombies? Eine furchteinflößende Vorstellung! Alle müssen zur Urteilsverkündung antreten und bekommen die Fahrkarte nach oben oder nach unten. Und für die noch Lebenden ist an diesem Tag ihr Leben vorbei, weil sie ebenfalls sortiert werden müssen? Werden sie ohne Rücksicht einfach aus dem Leben gerissen? Im Gebet heißt es: „...zu richten die Lebenden und die Toten."

Da wird der Tag der Auferstehung terminiert und sollte doch eigentlich erst erfolgen, wenn der letzte Mensch gestorben ist. Im anderen Fall würde der noch lebende Teil der Menschheit am Tag der Auferstehung sterben müssen, um sortiert werden zu können. Das ist eine Benachteiligung der Lebenden! Die Alternative wären Auferstehungstage für die Toten in regelmäßigen Abständen.

Eine weitere Frage ergibt sich für die Menschen, deren Skelette nach ihrem Tod in medizinischen Universitäten oder Museen ausgestellt sind, oder die in der Pathologie seziert wurden. Ich fürchte, sie werden nicht mehr komplettiert werden können und somit auch nicht sortiert werden können.

Beten, ja oder nein

Lucas 18, 1: dort steht, dass man allzeit beten müsse und damit nicht nachlassen dürfe. Dafür gibt es genügend Möglichkeiten: Rosenkranz-, Kreuzweg-, Marien-, Buß- und Bittgebete in Form von Novenen, Gelübden, Wallfahrten.

Im Gegensatz zu Lucas ist Matthäus anderer Meinung:

Matthäus 6, 7 – 8: *Plappert nicht wie die Heiden! Die meinen, sie fänden Erhörung, wenn sie viel Worte machen. Macht es ihnen nicht nach! Euer Vater weiß ja, was euch nottut, ehe ihr ihn bittet."*

Was gilt nun? Hilft beten oder hilft es nicht? Wenn Gott schon vorher alles weiß, kann man es wirklich lassen. Es schont auch die Knie und die Hose. Allerdings, bei der heutigen Situation weltweit glaube ich nicht, dass er weiß, was uns nottut.

Beten wird von Gläubigen als Zwiegespräch mit Gott bezeichnet. Dabei ist es mit Sicherheit nur ein Monolog des Betenden ohne jede Antwort. Eine angebliche Antwort muss sich der Gläubige selbst einreden. Gott hat, sofern er sich nicht materialisiert hat, keine Organe, mit denen er sprechen kann! Jedenfalls kann man ihn in diesem Zustand zumindest akustisch nicht wahrnehmen.

Betende äußern oft Bitten an den Allmächtigen, er möge doch eine Krankheit heilen. Das kann funktionieren, wenn es keine unheilbare Krankheit ist. Entweder wäre die Krankheit nach einer normalen Dauer von allein verschwunden, oder ein Medikament hat geholfen. Manchmal findet auch der Körper selber eine Problemlösung. Mit einem Geistwesen hat das nichts zu tun.

Oft, eigentlich fast immer, stellen Betende fest, dass ihre Bitten nicht erhört wurden. Das müssen sie ihrem Gott nachsehen. Da auf der Welt gleichzeitig abertausende Menschen beten und um Erhörung bitten, ist es möglich, dass Gott bei diesem Wirrwarr verschiedenster Sprachen die Bitten der einzelnen Beter nicht immer auseinanderhalten und zuordnen kann und deshalb die Bitten nicht erfüllt werden. Vielleicht wird auch schon mal einem aus Versehen ein Wunsch erfüllt, der noch gar nicht geäußert war. Kann bei dem Durcheinander auch passieren.

Kurioses

Wenn man der Bibel glaubt, hat Jahwe, der das Universum erschaffen hat, sich um die groteskesten Probleme gekümmert, statt falsch gelaufene Dinge zu korrigieren.

Leviticus 19, Vers 19: *„Du (Moses) sollst außerhalb deines Lagers einen abseits gelegenen Ort haben, zu dem du hingehen kannst. Wen du austreten musst, dann grabe ein Loch und decke den Unrat ab.“*

Ein „Plumpsklo“ war damals offenbar noch unbekannt. Wir haben es da besser. Niemand muss heute mit dem Spaten in den Garten hinter eine Hecke gehen.

Oder weiter: *„Du sollst einem Ochsen beim Dreschen keinen Maulkorb aufsetzen. Du sollst nicht mit Rind und Esel zusammen pflügen und kein Gewebe anziehen, das aus Leinen und Wolle zusammengewirkt ist. Auch sollst du dir Quasten an den vier Zipfeln deines Oberkleides anbringen...!*

Diese Vorschriften können heute gestrichen werden. Maulkörbe werden nur bei Hunden verwendet und die Arbeiten auf dem Bauernhof sehen heute anders aus. Der Ochse wird durch die Dreschmaschine, Rind und Esel durch den Trecker ersetzt und die Mode hat sich inzwischen auch geändert, vier Quasten an der Jacke sind nicht mehr der Letzte Schrei.

Weiter heißt es: *„Lasse nicht zweierlei Arten von deinem Vieh sich begatten. Säe dein Feld nicht mit zweierlei Samen an. Ein Kleid, das aus zweierlei Fäden gewebt ist, soll nicht auf deinen Leib kommen.“*

Hier wurden, wie Historiker meinen, ortsübliche Sitten von den Priestern zu „göttlichen Anordnungen“ erhoben.

Es hat sich inzwischen durchgesetzt, dass generell sortenrein begattet wird. Mensch und Ziege kommt selbst in der Türkei nur noch äußerst selten vor. Und wenn man heute durch die Landschaft fährt, kann man an den riesigen Raps- und Maisfeldern erkennen, dass die Bauern keine zweierlei Samen ausgesät haben. Allerdings, zweierlei Fäden bei der Kleidung können schon vorkommen, wenn zum Beispiel die Baumwollhose mit Elastan oder Lycra für besseren Sitz elastisch gemacht wurde. Dann rutscht die Hose nicht so schnell runter. Das müsste der Vatikan und das Priestertum doch in der heutigen Zeit auch gegen Gottes Anordnung akzeptieren.

Stellvertreter Gottes auf Erden

Kurios ist auch die Wahl des *Stellvertreters Gottes auf Erden.*

Da treffen sich über hundert mehr oder weniger alte und sehr alte Kardinäle aus aller Welt, wenn ein Papst gestorben oder zurückgetreten ist, um einen Nachfolger zu wählen. Damit geht auch das Geschachere los. Es wird gefeilscht, intrigiert, bestochen und überredet. Soll es ein Italiener sein? Oder besser mal ein Schwarzer? Oder aus Amerika? Im Zeitalter der Borgias war die Wahl einfacher, ein Konkurrent wurde einfach ermordet. Und wenn heute nach vielen Versuchen endlich jemand die erforderliche Mehrheit erreicht hat, steigt weißer Rauch aus einem Schornstein und alle Gläubigen jubeln: *Habemus papam!*

Dieser Mensch ist fortan als neuer Papst unfehlbar und hat ab sofort den direkten Draht zu seinem Chef, den er allerdings nie zu Gesicht bekommt und von dem er auch nie eine Antwort auf seine Fragen erwarten kann. Aber als Papst ist er ein Erleuchteter und er weiß stets, was sein Chef denkt und erwartet.

Es drängt sich mir nach dem Rücktritt von Papst Benedikt XVI die Frage auf, ob ein Papst, der zurücktritt, weiterhin unfehlbar ist, oder ob die Verbindung nach oben damit schlagartig gekappt ist. Hängt die Unfehlbarkeit eventuell von den roten Schuhen ab? Offenbar nicht, eine unsinnige Frage, denn sein Nachfolger Franziskus trägt keine roten Schuhe.

Missionieren

Im Laufe der Jahrhunderte haben die Christen in den entferntesten Ecken der Welt missioniert und tun es auch in der Gegenwart, um alle Menschen zum rechten Glauben zu bekehren und ihnen zum ewigen Leben zu verhelfen. Den richtigen Glauben hat immer der Missionar. Ebenso wollen auch die Muslime ihre Religion in alle Welt tragen. Bemerkenswert ist im Vergleich der drei auf dem gleichen Gott basierenden Religionen, dass nur die jüdische Religion keine missionarischen Ambitionen hat und auch in der Vergangenheit nicht gehabt hat.

Sie hatten das auch nicht nötig, für sie hat Gott persönlich alles arrangiert. Siehe **Deuteronomium 12, 30**: Gott sprach zu Moses: *„Der Herr, dein Gott, wird die Völker vor dir ausrotten, in deren Land du kommst, um es zu besitzen.*

Für die Christen und Moslems hat Gott nicht persönlich eingegriffen, sie mussten immer alles selber machen. Dafür haben diese zwei Religionen die in missionarischer Hinsicht friedlicheren Juden wegen ihrer früheren Bevorzugung in anderen Ländern zum Teil extrem angegriffen und verfolgt und als Minderheit isoliert und sogar versucht, sie völlig auszurotten.

Adolf Hitler hatte bereits eine „Endlösung" ausarbeiten lassen, bekannt unter dem Begriff „Holocaust". Hitler hatte Martin Luthers Pamphlet *„Von den Juden und iren Lügen"*, 1543 in Wittenberg veröffentlicht, gelesen und war begeistert. Nach der Machtergreifung hat er Luthers Vorschläge, die Synagogen niederzubrennen, ebenso ihnen ihre Häuser, ihre Barschaft, Gold und Silber zu nehmen und die Juden zum arbeiten zu zwingen, im Tausendjährigen Reich umgesetzt. Aber, war Jesus nicht auch Jude? Wusste Martin Luther das nicht? Wäre Jesus im Tausendjährigen Reich auch im KZ gelandet?

Götter und Geister. Gibt es den richtigen Gott?

Seit Urzeiten hat jede Zeit hat ihre Götter, oft auch sehr unterschiedliche. Jede Kultur und viele Regionen fordern für sich den Anspruch, den richtigen und den einzigen existierenden Gott zu haben. Das war bei den alten Ägyptern und den Sumerern genauso, wie in den heutigen Religionen. Demnach müsste es viele verschiedene Götter nebeneinander geben. Wer hat da Recht?

Wenn man die Bibel liest, kann ein denkender Mensch über viele Aussagen und Behauptungen über den dort beschriebenen Gott nur den Kopf schütteln und am Verstand der Verfasser zweifeln. Verschiedene kritische Autoren, zum Beispiel *Vince Ebert*, vermuten ernsthaft aufgrund der wirren Geschichten, dass die Bibelschreiber eventuell unter Drogen standen oder an einer Geisteskrankheit gelitten haben könnten. Und Drogen oder Schizophrenie gab es bereits damals auch schon.

Wenn Sie abstruse Geschichten von einem zugedröhnten, schizophrenen Junkie lesen wollen, lesen Sie die schon erwähnte Offenbarung des Johannes im Neuen Testament.

Man fragt sich nach der Lektüre allen Ernstes, wie sich Priester und sogenannte „Religionswissenschaftler" mit derart wirren Erzählungen ernsthaft befassen können und den Gläubigen diesen Unsinn weitererzählen. Der Begriff „Wissenschaft" ist hier völlig fehl am Platz!

Ich jedenfalls glaube nur an nachvollziehbare und wissenschaftlich untermauerte Aussagen, logische Hypothesen und Theorien, und daran mangelt es in der Bibel überall. Vor allem werden die Naturgesetze in fast allen Fällen ignoriert.

Langsam eroberten die Urmenschen vor vielen tausend Jahren als Sammler und Jäger einen Kontinent nach dem anderen. Immer auf der Suche nach Nahrung und Unterkunft. Dabei wurden sie mit unterschiedlichen Naturphänomenen konfrontiert, die sie in Angst versetzten. Plötzlich bebte die Erde, oder der Himmel verfinsterte sich und Blitze zuckten vom Himmel, Donner grollte mit ohrenbetäubendem Getöse. Versetzen Sie sich in die Lage der Urmenschen, die ohne Abitur auf keine wissenschaftlichen Erklärungen zurückgreifen konnten! Sie waren sicher starr vor Angst.

Man muss es den Menschen der Urzeit und auch den Generationen danach nachsehen, dass sie Naturvorgänge wie Gewitter, Vulkanausbrüche, Erdbeben, nicht begreifen konnten und panische Angst davor hatten. Physik und Chemie waren bei ihnen kein Thema. Sie kamen auf die Idee, es könnten übermenschliche Wesen dahinterstecken. Die Götter waren geboren. Allerdings haben diese uralten Götter bei dem enormen Fortschritt der Wissenschaft in der heutigen Zeit ihre Daseinsberechtigung verloren. Sie gehören samt ihrer jeweiligen Religion in die Kategorie „Geschichte" und sollten im Geschichtsunterricht als vergangene Epochen behandelt werden. Geistwesen gibt es nicht, auch keine, die sich materialisieren können.

In einer der ersten Folgen der ZDF-Fernsehreihe *Terra X* über die Entwicklung des Menschen wurde sehr einleuchtend dargestellt, wie eine religiöse Vorstellung entstehen kann:

Eine Gruppe Steinzeitmenschen wurde von einem Gewitter überrascht. Bei einem Blitzeinschlag fielen zwei Männer aus der Gruppe leblos um. Die Elektrizität des Blitzes und seine Folgen waren diesen Vorfahren zweifellos nicht bekannt. Als die Gruppe die beiden offensichtlich Toten begraben wollte, kam einer der beiden vom Blitz Getroffenen wieder zu sich. Im gleichen Moment erschien auf der Lichtung rein zufällig eine Antilope. Fortan war die Antilope für die Gruppe das heilige Tier, das Tote zum Leben erwecken konnte.

In den Jahrtausende alten Religionsgeschichten findet man eine Vielzahl von heiligen Tieren. Denken Sie an die Kühe in Indien, oder die in Ägypten verehrten Krokodile, Schlangen und Vögel.

Auch den alten Germanen war ein Gewitter unheimlich. Sie waren sich sicher, dass ihr Gott Donar seinen Faustkeil durch die Gegend schleuderte.

Heute wissen wir, was es mit einem Gewitter auf sich hat und die Wissenschaft kann erklären, das Blitzschläge auf Menschen unterschiedlich wirken können. Je nach Einschlagnähe oder Beinstellung kann der Blitzschlag tödlich sein oder mehr oder weniger glimpflich ausgehen. Leider sind die Geschichten von der Antilope und von Donar nur schöne Märchen.

Der Glaube an Götter wurde im Laufe der Zeit durch den Glauben an Geister und an heilige Stätten erweitert. Das gilt bis in unsere Zeit.

<u>Beispiel:</u> So wurden im Juni 2015 vier westliche Bürger in Malaysia zu drei Tagen Haft und je umgerechnet 1.185 Euro Geldstrafe verurteilt, weil sie auf dem höchsten Berg Malaysias nackt posiert hatten. Begründung des Urteils: Das Benehmen sei respektlos gegenüber dem Berg gewesen, der als *heilig* angesehen wird. Dort ist der Sitz der Geister Verstorbener, und diese waren durch das Verhalten beleidigt wurden. Außerdem hätten sie mit ihrem Verhalten ein Erdbeben ausgelöst, bei dem am 5. Juni 2015 achtzehn Bergsteiger ums Leben kamen.

Ich glaube allerdings, das Erdbeben hätte sich auch ohne nackte Männer zur selben Zeit ereignet.

Spielen Sie das Spiel der Könige? Das sollten Sie lassen! Zumindest, wenn Sie eine Reise nach Saudi-Arabien gebucht haben, um an einem Schach-Turnier teilzunehmen. Stornieren Sie die Reise! Der Großmufti Scheich *Abdelasis al-Scheich* hat in Saudi-Arabien das Schachspiel verboten. Er hat im Januar 2016 festgestellt, Schach sei „ein Werk des Teufels" und führe zu Streit und Rivalität zwischen Menschen, außerdem kostet das Spiel Zeit und Geld. Daraus ergibt sich die Frage, was in Saudi-Arabien mit Skat, Fußball, Boxen und anderen Sportarten geschehen wird.

Vorsichtig muss man auch in Brunei sein. Ab April 2019 erwartet aktive Homosexuelle dort die Todesstrafe! Wird aber zur Zeit nicht ausgeführt.

Eine Notiz im Videotext des ZDF am **15.Mai 2014** hat wieder einmal bewusst gemacht, dass viele Menschen auch heute noch in der Steinzeit leben. Der geistige und technische Fortschritt erreicht das Bewusstsein des größten Teils der Menschen nicht. In der Meldung heißt es: *Sudan: Todesurteil gegen Frau wegen Bekenntnis zum Christentum.*

Eine 27Jahre alte Frau im Sudan soll wegen „Gotteslästerung" und ihres christlichen Glaubens hingerichtet werden. Ein Richter in Karthum verurteilte die Christin zum Tod durch Erhängen, wenn sie ihrem Glauben nicht abschwöre und zum Islam zurückkehre......

Festzuhalten ist in diesem Zusammenhang, dass früher auch Christen nicht besonders zimperlich mit sogenannten „Andersgläubigen" oder „Heiden" umgegangen sind. Ja, die katholische Kirche hat viele tausende Hexen, Hexer und Ketzer gefoltert und verbrannt. Ein praktischer Nebeneffekt war die Möglichkeit, das Vermögen der Verurteilten zu konfiszieren.

Und nicht zu vergessen, die Kreuzzüge. Das einzig wahre Christentum musste schließlich in die weite Welt getragen werden. Alles im Namen eines gütigen Gottes.

Aber auch die vielen Götter der Griechen und der Römer, ebenso die germanischen Asen galten zu ihrer Zeit real und waren nicht zimperlich.

Nur die Religionen der Buddhisten und der Hindus scheinen friedlicher. Aber vielleicht trügt der Schein, den ein gemütlicher, dickbäuchiger Buddha ausstrahlt. So haben in Burma Buddhisten muslimische Viertel und Dörfer überfallen und niedergebrannt. Etwa 140 000 Muslime vegetieren dort in Lagern.

Willst du nicht das glauben, was ich glaube, muss ich dich leider vertreiben oder eliminieren, das scheint in allen Religionen die Maxime zu sein.

Heute gehen wir in Europa nicht mehr so brutal gegen Mitmenschen vor. Sicher, es gab kürzlich noch Ausnahmen, wie zum Beispiel in Nordirland. Warum müssen die Anderen auch immer anderer Meinung sein! Na ja, man hat halt seine Vorbehalte.

Den durch und durch guten religiösen Menschen gibt es offensichtlich auch heute nirgends. In allen Religionen fehlt den anderen gegenüber Toleranz.

Im Namen erdachter Gestalten, die von unwissenden Steinzeitmenschen erfunden wurden, konnte man in der Vergangenheit und kann man auch heute noch ungeniert andere Menschen gängeln und beherrschen und sogar umbringen und monetäre Beiträge kassieren. Dabei werden religiöse Rechtfertigungen nur vorgeschoben.

Den Frühzeitmenschen, die weder physikalische Zusammenhänge noch chemische Reaktionen kannten, machten Naturphänomene Angst, weil sie sie nicht verstehen und die Ursachen von Erdbeben, Vulkanausbrüchen, Gewittern, Stürmen usw. nicht erklären konnten. Ihre Angst ist durchaus verständlich und entschuldbar.

Ich hätte mich damals sicher auch gefürchtet, es gab ja noch keinen Physik- und Chemieunterricht. Aber diese Angst gebar damals aus Unkenntnis der Ursachen der Naturgewalten Gottfiguren, die sich verselbständigt haben. In der Folge entwickelte sich jeweils ein inzwischen Jahrtausende währendes Machtimperium cleverer Priester. Diese Kaste hatte erkannt, welche Macht man mit Hilfe scheinbar übernatürlicher Götter, übersinnlicher Kräfte und vor allem mit der Angst über die breite Masse erreichen kann. Man musste nur ein Netz von Filialen über das ganze Einflussgebiet organisieren und mit Vertrauenspersonen besetzen und die breite Masse dumm halten. Angst und Dummheit ist generell ein perfektes Mittel, die Menschen bei der Stange zu halten.

Angst haben wir auch heute noch vor den Auswirkungen der Naturgewalten, denen wir häufig machtlos gegenüber stehen. Wenn ganz in der Nähe ein Blitz einschlägt, zucken wir automatisch zusammen. Das ist die Erfahrung, die unsere Meme uns signalisieren: Gefahr. Aber wir wissen heute, dass kein übernatürlicher Gott oder Geist dahinter steckt und seinen Donnerkeil wirft. Mit Hilfe der Wissenschaften können wir vieles erklären, voraussagen und manchmal sogar auch verhindern.

Doch die religiösen Meme mit Wurzeln in der Steinzeit sitzen immer noch in einer Ecke des Gehirns des Gegenwartsmenschen und wehren sich vehement gegen ihre Eliminierung durch wissenschaftliche Erklärungen, tatkräftig unterstützt von den Religionsvertretern, die ihren Einfluss und damit ihre Macht und ihre Pfründe schwinden sehen.

Je weiter die Wissenschaft voranschreitet, um so klarer wird das Bild vom Universum, von der Natur und von der Entwicklung des Lebens, und um so weniger muss man kritiklos glauben. Viele Rätsel wurden gelöst. Sicherlich wird es immer einige ungeklärte Rätsel geben, mit denen wir leben müssen. Doch deshalb brauchen wir keinen überirdischen Schöpfer zu bemühen, ein Geistwesen, das überall sein soll, allmächtig ist und doch nirgends hilft. Wie man es dreht und wendet, alle Erklärungen noch ungelöster Fragen müssen den Naturgesetzen entsprechen.

Es reicht, wenn wir Ehrfurcht vor der bereits angesprochenen unbegreiflichen Leistungsfähigkeit der Natur haben und diese Ehrfurcht bewahren. Da können wir auch einige noch ungeklärte Fragen in Kauf nehmen.

Und dennoch glauben auch in der heutigen Zeit trotz des wissenschaftlichen Fortschritts einfältige Geister und religiöse Eiferer an etwas nicht Existierendes. Sie wollen häufig anderen Menschen ihren Glauben auch noch aufzwingen. Siehe die unermüdlichen Bemühungen der Zeugen Jehovas. Sie leben in einer Welt, in der das Gehirn nicht gebraucht wird. Dabei sollten sie ihre wundersamen Geschichten einfach mal in einer stillen Stunde durchdenken.

Sollten Sie ein uraltes englisches Schloss erben, bemühen sie wegen seltsamer Geräusche keine Geisterjäger mit fragwürdigen Suchgeräten. Die Geräusche haben sicher eine natürliche Ursache. Vielleicht ist es der Wind, oder der Luftzug in einem alten Kamin, oder aber jemand will Ihnen mit neuester Elektronik Angst einjagen.

Trauen Sie besser den Wissenschaftlern. **Vince Ebert** hat das treffend formuliert: *Wissenschaft ist der Versuch, bei der Erklärung der Natur ohne die Inanspruchnahme von Wundern auszukommen. Religionen dagegen benötigen Wunder, um ihre Existenz zu rechtfertigen. Statistisch gesehen sind Wunder allerdings extrem unwahrscheinlich.*

Zweifel an den religiösen Geschichten und Märchen kennt man nicht nur aus der heutigen Zeit. Schon in der Antike gab es scharfsinnige Denker, denen der Götterglaube suspekt vorkam. So war der athenische Tyrann **Kritias** (460 - 403) überzeugt: *„Die Götter waren eine Erfindung der Herrschenden zur Aufrechterhaltung ihrer Macht."*

Auguste Comte (1798 – 1857) schrieb zu diesem Thema:

„Es gibt drei Stadien der Menschheitsentwicklung: metaphysische Spekulation, religiöser Glaube, wissenschaftliche Erkenntnis."

Peter Rubin, Theologe, schrieb 2004 im Magazin *Publik-Forum*:

„Wir haben es in der Bibel mit verdichteten Geschichtserzählungen, mit Mythen, Sagen, Legenden, Märchen, Novellen und anderem zu tun, nur nicht mit Texten, die berichten, wie es wirklich war."

Übernatürliche Erscheinungen oder Fähigkeiten, die nicht mit den gültigen Naturgesetzen vereinbar sind, gibt es in unserem Universum nicht! Lassen Sie sich nicht auf den Glauben an Geister und übernatürliche Dinge ein. Wenn Sie bei spiritistischen Sitzungen eigenartige „Wunder" erleben, sollten Sie nur die Raffinesse der Tricks des Mediums bewundern. Sie müssen keinen Geisterjäger bestellen, denn es steckt immer ein Trick dahinter.

Sollten Sie eines Nachts in Ihrem dunklen Schlafzimmer im Halbschlaf einen Geist oder eine dunkle Gestalt entdecken, nicht erschrecken. Die Gestalten sind eine Erfindung Ihres Gehirns. Gehen Sie für eine Nacht oder zwei Nächte in ein Schlaflabor. Die Ärzte werden Ihnen erklären, dass in Ihrem Gehirn die Synchronisation von zwei Arealen kurzzeitig gestört war.

Wenn irgendwo ein Mädchen behauptet, die Jungfrau Maria gesehen zu haben, seien Sie nachsichtig, sie hat irgend etwas Halluzinogenes gegessen, leidet eventuell an einer Fehlschaltung im Gehirn oder man hat ihr einen Streich gespielt.

Wenn Blut aus einer geschnitzten Holzfigur austritt, suchen Sie nach dem Trick. Irgendwo in der Figur muss eine kleine Ampulle eingebaut sein.

Wenn Ihr Toaster ein Bild, in dem man mit viel gutem Willen ein Abbild von Jesus erkennen könnte, in die Toastscheibe brennt, ist das reiner Zufall. Übrigens, es gibt kein Foto von Jesus! Niemand weiß, wie er ausgesehen hat, auch Ihr Toaster nicht. Wenn ihnen jemand für Ihre Toastscheibe allerdings viel Geld bietet, nehmen Sie es. Aber um einen Verkaufsstand mit religiösen Andenken oder spirituellen Artikeln machen Sie einen Bogen und verschwenden Sie keinen Cent dafür. Spenden Sie das

Geld lieber an Organisationen wie „Brot für die Welt" oder eine Krebshilfe-Organisation.

Sehen Sie in einer Hostie etwas Besonderes? Im Bistum Salt Lake City, USA, erregte im November 2015 das *„Wunder der blutenden Hostie"* großes Aufsehen. Ein Priester hat dort die fälschlicherweise einem kleinen Kind gegebene Hostie zurückerhalten und vorschriftsmäßig durch Einweichen in Wasser entsorgen wollen. Nach kurzer Zeit erschienen plötzlich auf der Hostie blutrote Flecken. Das machte der Priester als *„Blutwunder"* in der Region bekannt. Bei genauerer Untersuchung stellten sich die Flecken leider als roter Schimmelpilz *neurospora crassa* heraus. Wiedermal kein Wunder. Hostien sind einfach nur trockenes Gebäck, das bei Feuchtigkeit schimmeln kann.

Auch hunderttausend Fanatiker sind kein Grund, nach Fátima, Santiago di Compostela oder Lourdes zu pilgern, um dort oder auch, wenn Sie einmal in Rom sind, im Vatikan Devotionalien zu kaufen. Kaufen Sie lieber eine gute Flasche Wein und denken Sie beim Kauf an den klugen Goethe.

Wenn man nach Betrachtung aller Fakten unbedingt etwas glauben will, dann kann es nur eines sein: Götter und Geister existieren nicht.

Willst Du trotz allem etwas glauben?

Glaube doch einfach an das Wunder der Natur!

Das Wunder der Natur

Das größte Wunder, das „Göttliche" im Universum, ist nicht ein alter Mann, der die Welt von knapp sechstausend Jahren in acht Tagen geschaffen haben soll, sondern die nicht bis ins Letzte erklärbare Schaffenskraft der Natur! Ob nach atomaren Katastrophen, wie in Tschernobyl oder dem Atom-Versuchsgelände Bikiniatoll, nach Vulkankatastrophen oder verheerenden Waldbränden, auch ohne Eingreifen des Menschen entsteht dort in wenigen Jahren wieder blühendes Leben. Pflanzen und Tiere erobern die Erde und das Meer zurück.

Ist es nicht ein Wunder der Natur, dass ein Embryo ohne äußeren Einfluss ein elektrisches System entwickelt, mit dem der Herzmuskel zu rhythmischen Kontraktionen veranlasst wird, und direkt nach der Geburt mit einem kräftigen Schrei die Lunge aktiviert und für die nächsten sechs bis neun Jahrzehnte Luft vollautomatisch einsaugt und wieder exprimiert?

Es ist ein absolutes Phänomen und ein Glücksfall für uns, dass sich vor unendlicher Zeit einzelne Atome unter besonders günstigen Voraussetzungen zu Molekülen zusammengeschlossen haben und diese Moleküle immer komplexer wurden. Irgendwann kam der entscheidende Moment, den wir nicht erklären können: Die Moleküle stellten Kopien von sich selbst her. Dies war der erste Schritt in Richtung Leben. Aus unbelebten Molekülen entstand im Laufe von weiteren Millionen Jahren erstes Leben. Die Moleküle haben sich zu Zellen und diese sich wiederum zu Zellverbänden zusammengefunden und in einer viele Millionen Jahre dauernden Weiterentwicklung verschiedenste Organismen geschaffen. Dieser für uns noch unerklärliche Sprung in der Entwicklung ist das eigentlich „Göttliche". Ein alter Mann war nicht dabei.

Vor mehr als 700 Millionen Jahren gab es im Urmeer nur Bakterien. Sie hatten sich offenbar über lange Zeiten hinweg aus organischen Molekülen auf Kohlenstoffbasis gebildet. Nicht auszuschließen ist nach Ansicht einiger Wissenschaftler aber auch, dass Bakterien vielleicht als intergalaktische Reisende mit einem Meteor auf unsere Erde gekommen sind. Dann hat sich der Übergang von unbelebter zu belebter Natur an anderer Stelle im Universum vollzogen und das Wunder wurde verlagert.

Jedenfalls haben sich im Laufe der Zeit einige Einzeller zu größeren Zellverbänden zusammengeschlossen, um dadurch bessere Überlebenschancen zu erreichen (Darwin, Evolutionsgesetz). Und es hat funktioniert. Das Erstaunliche ist, dass sich nicht nur eine einzige Spezies entwickelt hat. Die Zellverbände haben die unterschiedlichsten Formen im Wasser und an Land hervorgebracht. Die Umgebung hat die Entwicklung der Spezies sicher auch beeinflusst.

Im Laufe der folgenden Millionen Jahre wurden die Verbände immer größer und die Zellen im Zellverbund übernahmen verschiedenste spezielle Aufgaben. Als Miniaturfabriken stellen die mikroskopisch kleinen Zellen heute unterschiedlichste chemische Substanzen her, die wir zum Funktionieren benötigen. Zellen werden von Genen gesteuert, an der richtigen Stelle das Richtige zu tun. Werden größere Mengen einer Substanz benötigt, hat die Natur gleiche Zellen auf einer Stelle konzentriert, den Drüsen.

Der Mensch ist in vielen Fällen trotz seiner technischen Möglichkeiten nicht in der Lage, diese lebensnotwendigen komplizierten Substanzen, die eine winzige Zelle in kürzester Zeit fabriziert, im Labor synthetisch herzustellen. Ist es nicht verwunderlich, dass die mikroskopisch kleinen Zellen ohne schriftliche Herstellungsanleitung wissen, wie und wann sie welche gerade lebensnotwendige Substanz produzieren sollen? Der Körper hat da ein kompliziertes Steuerungssystem zur Herstellung von äußerst komplizierten chemischen Verbindungen entwickelt.

Fazit: **Leben ist Chemie, Biochemie! Ohne Chemie kein Leben!** Man sollte Chemie also nicht verteufeln!

Auch der Mensch und alle anderen höheren Lebewesen sind ein Konglomerat von vielen Milliarden unterschiedlicher Einzelzellen, die sich zusammengetan, organisiert, spezialisiert und einen mehr oder weniger optimalen Körper entwickelt haben, der ihnen ihren Fortbestand ermöglichen soll. Wann hat sich der Wille zum Weiterleben entwickelt? Dieser Zusammenschluss von Zellen zu einem organisierten Körper ist ein weiteres der großen Wunder der Natur.

Um weiterhin durch Bildung gleicher Individuen die entstandene Art zu erhalten, entwickelte der komplexe Verband einen Bau- und Ablaufplan in Form von Chromosomen. Diese Doppelhelix enthält sämtliche Erbinformationen für die Nachbildung der jeweiligen Geschöpfe, die immer wieder kopiert werden können. Die einzelnen Informationen für die Entwicklung des Individiums und für den Lebensablauf sind in mehr als 30.000 Genen festgelegt, die in immer gleicher Reihenfolge in der Doppelhelix der Chromosomen in jeder einzelnen, mikroskopisch kleinen Zelle aufgereiht sind.

Hier begegnen wir dem nächsten großen Wunder der Natur. Das Erstaunlichste an der Entwicklung eines Lebewesens ist, dass sich zwei mikroskopisch kleine, unterschiedliche Zellen von unterschiedlichen Individuen mit unterschiedlichen Bauanleitungen treffen und vereinigen müssen.

Aus dem Nichts heraus wird ein Spermium hergestellt und zum Leben erweckt. Spermien sind laut Brockhaus „reife, männliche Geschlechtszellen mit haploidem Chromosomensatz. Die Gestalt ist für die jeweilige Tierart charakteristisch; meist sind es fadenförmige Zellen mit einem Kopfstück (mit Kern und Akrosom) und einem langen Schwanz (Flagellum)..." Anmerkung: Gilt auch für die Art Mensch.

Vom ersten Moment an ist das aus mehreren Teilen bestehende Spermium bereits mit einer Bauanleitung für ein komplettes, ausgewachsenes Lebewesen ausgestattet. Das Spermium schlängelt sich sofort, angetrieben vom Flagellum und geführt von einem unwiderstehlichen Drang, zu einer wartenden Eizelle, die ebenfalls bereits eine Gen-Datenbank besitzt. Das Spermium küsst die Eizelle zur Begrüßung und dringt in sie ein. Stellt sich die Frage, ob ein Spermium bereits zu den Lebewesen gezählt werden muss, wenn es so selbständig agiert. Es hat zwar kein Gehirn, trägt aber die komplette Bauanleitung dafür in sich.

Nach kurzer Empfangszeremonie einigen sich beide Zellen darauf, ihr Kapital, ihre Chromosomen, die beiden DNS-Stränge, die aus drei Milliarden Bausteinen bestehenden 30.000 Gene zusammenzuführen.

Das einzelne Gen setzt sich aus vier verschiedenen Nucleinsäuren-Bausteinen in unterschiedlichster Formation zusammen: Adeninrest A, Thyminrest T, Guaninrest G, Cytosinrest C. Diese mikrokleinen Bausteine in den Zellen bestimmen durch unterschiedliche Zusammensetzung alle Funktionen eines Lebewesens über sein ganzes Leben. Es ist, wie man wieder sieht, äußerst komplizierte Chemie und spielt sich im elektronenmikroskopischen Bereich ohne unser Zutun ab.

Noch enthält die befruchtete Eizelle keine der vielen spezialisierten Zellen, kein einziges Organ, jedoch eine Anleitung zur Teilung und die komplette Bauanleitung für einen später bis zu fast zwei Meter großen blonden Jüngling mit blauen Augen oder auch für eine wunderschöne, zierliche Frau. Für einen Elefanten gibt es größere Unterschiede in der Zusammensetzung von ATGC.

Nach der Vereinigung der Zellen beginnt im darauffolgenden Moment die Zellteilung. Die Informationen der DNA werden ohne elektronisches Lesegerät abgelesen, kopiert, und ständig weitere verschiedenste Zellen geschaffen, die ein komplettes, wachsendes Lebewesen braucht. Auch der zeitliche Ablauf der Zellteilung und damit der Entwicklung des neuen Lebewesens, seines Wachstums, ist in der DNA programmiert. Bei der Entwicklung des Lebewesens werden die notwendigen Gene angeschaltet, je nach Notwendigkeit aber auch wieder abgeschaltet. Von der mikroskopisch kleinen befruchteten Eizelle ausgehend, wird ein Wesen entstehen, das alle lebensnotwendigen Bausteine auf chemischem Wege selbst herstellt und vom Körper an den richtigen Stellen einbaut.

Ein Mensch entwickelt sich aus mikroskopisch kleinen Zellen und wächst...und wächst. An den richtigen Stellen werden die notwendigen neuen Zellen eingebaut, gesteuert von den Genen. Es muss auch dafür gesorgt werden, dass im Laufe des Wachstums eines Individuums von spezialisierten Zellen Stützgerüste aus Calciumcarbonat an den richtigen Stellen eingebaut und ständig der sich ändernden Größe angepasst werden. Bei fortschreitendem Wachstum wird an allen Stellen eines Lebewesens kontinuierlich systematisch angebaut, sodass die Form des Körpers gewahrt wird. Und der ganze Körper ist bis in die letzten Ecken von einem verästelten Wegenetz durchzogen, in dem das Blut alle notwendigen Produkte transportiert, ob Sauerstoff, Hormone, Mineralstoffe, usw. Außerdem werden über diesen Weg die Abfallprodukte zu den Ausscheidungsorganen gebracht. Die notwendige Pumpe wird durch elektrische Impulse angetrieben, Bauanleitung für Pumpe und Elektrik ist in den Chromosomen enthalten.

Wir können alle beobachten, dass es funktioniert, wissen aber letztendlich nicht, warum. Das Warum ist das größte Wunder der Natur! Wir können es nur wissenschaftlich beobachten, nachmachen können wir das nicht, jedenfalls bisher noch nicht. Schüttet man die analysierten Mengen der Bestandteile eines Menschen mit der entsprechenden Menge Wasser in ein Fass, wird sich auch unter ständigem Rühren nach noch so langer Wartezeit kein Mensch daraus bilden! Es fehlt der unbekannte Kick. Wir können heute zwar einzelne Gene in den Zellen verändern, es gelingt uns jedoch nicht, eine einzelne Zelle mit einem Genom synthetisch herzustellen.

Die Zellen teilen sich und kopieren dabei die Erbinformationen. Beim Kopieren können sich schon einmal Fehler einschleichen oder ein hochenergetischer Strahl trifft das Chromosom, was zu Mutationen einer Zelle führen kann. Dann kann ein Tumor entstehen oder auch eine neue Spezies mit veränderten Eigenschaften, je nach dem, welche Zelle wo getroffen wurde.

Die zur Zeit am weitesten entwickelte Spezies auf geistiger Ebene ist zweifellos der Mensch. Hier haben sich ungefähr sieben

Octillionen Atome (eine 7 mit 27 Nullen!) zu einem mehr oder oft auch weniger intelligenten Gemeinschaftskörper zusammengeschlossen. (Ich weiß allerdings nicht, wer sich die Mühe gemacht hat, dies zu errechnen.) Die letztlich aus den verschiedensten Molekülen gebildeten Zellen leben in einer Symbiose in einem gemeinsamen Körper und sind alle von einander abhängig, aber auch für einander da. Schon jede einzelne Zelle für sich ist ein beispielloses Naturwunder, eine hoch spezialisierte Fabrik für vielfältigste Aufgaben.

Der komplexe Zusammenschluss von mehr als 100 Milliarden Hirnzellen, untereinander verbunden durch mehr als 100 Billionen Verknüpfungen, steuert die Lebensfunktionen und entwickelte im Laufe der Zeit ein Bewusstsein und ein Gedächtnis, etwas Immaterielles, gespeichert in komplizierten materiellen Neuronen. Die gespeicherten, unsichtbaren Abbilder des Gesehenen und Eindrücke sind noch nach vielen Jahrzehnten aus diesem Archiv wieder abrufbar.

Gehen Sie einmal in ein Konzert der weltbekannten Pianistin Anna Malikova. Meine Frau und ich haben sie 90 Minuten lang erlebt. Ob es die Sonate in c-Moll oder die Tänze von Franz Schubert, eine Prélude von Cesar Frank, die Fantasie h-Moll op. 28 oder Etüden von Alexander Skrjabin sind, alles wurde beeindruckend ohne Noten aus dem Gedächtnis vorgetragen. Das Gleiche gilt zum Beispiel für den chinesischen Pianisten Haiou Zhang mit seinen Beethoven-Vorträgen. Was für einen Speicher muss das Gehirn haben! Neben den gespeicherten Eindrücken und Erlebnissen der bisherigen Lebensjahre die enormen Leistungen bei musikalischen Darbietungen. Einmal einstudiert, steuert das Gehirn die Finger in rasendem Tempo mit variablen Anschlagstärken und emotionalem Ausdruck für die angedachten Stücke, wenn die Pianisten es wollen.

Ein hochentwickeltes Gehirn, ein geordneter, gut durchorganisierter, lebender Zellhaufen aus 100 Milliarden Zellen, ein Organismus, der Gefühle hat, sich an Musik erfreut, durch auf eine Leinwand projizierte laufende Bilder oder Filme auf einem Bildschirm zu Tränen gerührt wird, ist nicht nachzubauen.

Aber das Gehirn kann, wenn wir es zulassen, auf der Gefühls-
ebene völlig andere Empfindungen wie zum Beispiel Hass gegen
andere Menschen entwickeln. Es kann passieren, dass jemand
Menschen die er nicht kennt, die er noch nie gesehen hat, die
ihm nie etwas antun würden, ohne Regung tötet, insbesondere,
wenn es sogenannte Andersgläubige sind und das Töten auch
noch von der jeweiligen Religion oder dem Führer einer Volksge-
meinschaft gutgeheißen wird. Wie kann das passieren? Hirnfor-
scher haben die Bereiche im Gehirn gefunden, die für Gefühle
wie Glück oder Hass zuständig sind. Durch Stromstöße über Mi-
kroelektroden kann man die Regionen reizen und entsprechende
Reaktionen hervorrufen.

Apropos hochentwickeltes Gehirn: Wenn wir es schon haben,
müssen wir wenigstens einen Teil der 100 Milliarden Hirnzellen
auch benutzen, das ist der eigentliche Sinn, dazu wurde es entwickelt!

Wenn man die Bausteine des Menschen analysiert, findet man
nur einen kleinen Teil der in der Natur vorkommenden Elemente:
Kohlenstoff, Wasserstoff, Sauerstoff, Stickstoff, Kalzium, Natrium
und Kleinstmengen der auf jeder Multivitaminpackung mitaufge-
führten Spurenelemente.

Von allen Elementen ist der bei einer Supernova eines Sterns
entstehende vierwertige Kohlenstoff das wichtigste Element für
die kompliziertesten organischen Verbindungen. Diese Atome
haben sich zu hochkomplexen Molekülen verbunden, die im Verbund die verschiedensten Körperteile bilden. Und schon der kleine Körper baut parallel zu den Organen aus Kalzium mithilfe der
Chemie die kompliziertesten knöchernen Stützgerüste, die dem
Alter entsprechend angepasst werden.

Unsere spezialisierten Körperzellen sind komplette Minikraftwer-
ke und Wunderwerke auf dem Gebiet der Chemie. Sie liefern die
Lebensenergie und synthetisieren in einem Schritt und unvermit-
telt die notwendigen Hormone, komplizierteste Botenstoffe und
andere chemische Produkte, die der Körper, der riesige Zellver-

ein, zum Funktionieren braucht. Wollen wir diese komplizierten Produkte technisch herstellen, brauchen wir viele einzelne Schritte und müssen einen großen Aufwand an Apparaturen treiben. Verschiedene lebenswichtige Produkte sind trotz aller technischen Fortschritte bisher nicht technologisch herstellbar.

Alle lebensnotwendigen Produkte produziert der Körper zwangsläufig selber, ohne dass wir dies bewusst mit unserem Gehirn steuern müssen. Das würde auch nicht funktionieren, dazu ist ein lebender Körper zu komplex und in jedem Moment laufen viele Prozesse gleichzeitig ab. Das Individuum kann nicht durch seinen Willen bestimmen, jetzt produziere ich das benötigte Adrenalin oder aber Serotonin, oder, weil es draußen dunkel wird, Melatonin. Wir wissen nicht, wie die Herstellung im einzelnen in den Zellen funktioniert und es gelingt uns nicht, die entsprechenden Zellen anzusprechen um willentlich Dopamin zu produzieren, das regeln die Zellen unter sich ohne unseren Einfluss. Die spezialisierte Zelle macht es ohne unsere bewusste Beeinflussung und produziert die notwendigen Produkte sofort bei Bedarf und auf Anweisung der Zellgemeinschaft. Das ist für mich auch eines der Wunder der Natur.

Denken Sie daran, dass nach einem Unfall Brüche und Wunden ohne bewusste Steuerung heilen. Der Körper baut an der richtigen Stelle eines Bruches Kalziumkarbonat ein und über der Schnittstelle bildet er neues Hautgewebe. Die Gene regeln das.

Problematisch wird es, wenn ich zum Beispiel ein Auge oder ganze Körperteile verliere. Die bilden sich nicht automatisch nach, obwohl die Bauanleitung in den Genen noch enthalten ist. Trotzdem kann ich nicht willentlich ein Auge nachwachsen lassen. Auch unser Körper tut dies nicht. Beim Embryo entwickeln sich beide Augen völlig automatisch. Sie können sich im Prinzip also aus dem (fast) Nichts entwickeln, da die Gene das Programm enthalten. Nur wir sind bisher nicht in der Lage das entsprechende Gen-Segment gewollt ein zweites Mal zu aktivieren.

Es gibt allerdings einen Molch, den **Axolotl,** bei dem verloren gegangene Körperteile, zum Beispiel der Schwanz, die Augen oder Teile des Gehirns kein Problem darstellen, da diese Teile komplett nachwachsen. Die Wissenschaftlerin *Sarah Strauß* berichtete, dass sie einen Axolotl hatte, dem ein Rabe den halben Kopf abgebissen hatte. Der fehlende Teil des Kopfes ist komplett nachgewachsen, inklusive Auge. Offensichtlich sind die Gene des Axolotl in der Lage, die zur Reproduktion zuständigen Abschnitte auf den Chromosomen bei Bedarf zu aktivieren. Die Sequenzen der Gene sind offensichtlich nicht unwiderbringlich deaktiviert.

Es geht also doch! Die Anlagen zur Reparatur sind demnach prinzipiell vorhanden, sicher auch in unseren Genen. Für die Wissenschaft und die Medizin ist es sehr interessant, herauszufinden, warum das beim Axolotl funktioniert und wie das entsprechende Gen aktiviert wird. Dann könnte man bei einem Gehirntumor einen Teil des Gehirns entfernen und ohne Tumor wieder nachwachsen lassen und die Amputation eines Unterschenkels würde kein Problem darstellen.

Oder denken Sie an das **Bärtierchen**, *Tardigrada,* das dem ewigen Leben auf der Spur ist. Ist auch ein interessantes Forschungsgebiet.

Dabei kann auch der menschliche Körper manchmal Erstaunliches leisten und durch eine Spontanheilung einer Krankheit alle Fachleute vor ein Rätsel stellen. Plötzlich bildet sich ein Karzinom wieder zurück, oder ein Lahmer kann wieder gehen, weil die Steuerung im Gehirn wieder funktioniert. Dann haben die 100 Milliarden Gehirnzellen des Patienten selber eine Lösung für die Reparatur eines Problems gefunden, die auch die Spezialisten gern kennen würden. Wir wundern uns zwar darüber, aber ein Wunder im Sinne der katholischen Kirche ist es trotzdem nicht. Sie können ein Dankbildchen in der Kirche an das Brett heften, müssen es aber nicht. Nein, es ist ein Wunder des Zusammenspiels von Milliarden Zellen und der Leistungsfähigkeit unserer spezialisierten Zellen: Es ist kein religiöses Wunder, sondern ein Wunder der Natur!

Wenn man sich eingehender damit befasst, ist das ganze Leben äußerst kompliziert und manchmal auch seltsam, ein Zusammenspiel vieler verschiedener Faktoren. So beherbergen wir unter anderem mehrere Billionen Bakterien, mit denen wir eine Symbiose, eine Zweckbeziehung eingegangen sind und von denen wir völlig abhängig sind, allerdings die Bakterien auch von uns. Bei unserer Verdauung helfen uns zum Beispiel im Magen-Darm-Trakt mehr als ein Kilogramm uns freundlich zugetaner Bakterien. Diesen sollten wir dankbar sein und sie deshalb durch passende Nahrung pflegen!

Themenwechsel: ***Moral und Psychopathen:***

Glauben Sie, dass die Erde einmal von Idealisten regiert werden wird und alle Menschen in Frieden glücklich miteinander leben werden?

Es wäre schön und Träumer glauben das. Ich habe da meine Zweifel. Das Problem ist der Egoismus und die oft unterentwickelte Intelligenz des Menschen. Bedenken Sie hierzu die Entwicklungen zum Beispiel in den USA, wo Millionen Wähler den notorischen Lügner Donald Tramp auch nach einer verlorenen Wahl verteidigen. Auch in Russland, in Weissrussland, der Türkei, Polen, Ungarn, Nordkorea, usw. sind keine Idealisten an der Macht. Selbst innerhalb eines Volkes gibt es verschiedene, unversöhnliche Strömungen. Andersdenkende werden vermehrt direkt oder im Internet attackiert, verunglimpft und bedroht.

Zur Zeit können jedenfalls keine Idealisten und Menschenfreunde den Lauf der Welt bestimmen, wenn laut UNICEF im Jahre 2018 mehr als 65 Millionen Menschen weltweit auf der Flucht sind und Hungersnöte viele Regionen betreffen.

Nach großen brutalen Kriegen scheinen die Menschen zunächst zur Besinnung zu kommen. Sie sehnen sich nach Frieden und entwickeln Verständnis für ihre Mitmenschen. „Nie wieder Krieg" verkündeten 1945 die überall aufgehängten Plakate und Sprüche auf den Mauern zerbombter Häuser. Aber das ändert sich im Laufe der Zeit und die nächste Generation entwickelt wieder Egoismus, Rassismus, nationalistische Tendenzen und Brutalität, die ständig zunehmen. In manchen Fällen sieht man sich leider gezwungen, wieder militärisch einzugreifen, um seine Ansichten durchzusetzen.

Denken Sie an den euphorischen Aufbruch der ersten Gründungsstaaten, eine europäische Union zu etablieren: Keine Grenzen, einheitliche Währung, Frieden untereinander! Eine Idee war unter anderen, dass verbrüderte Nationen keinen Krieg gegeneinander führen würden. Immer mehr Staaten haben sich mit der Idee angefreundet und wollten Mitglied dieser Staatengemeinschaft werden.

Inzwischen stellt sich heraus, dass der Egoismus der einzelnen Staaten größer ist, als das Gefühl der Zusammengehörigkeit. Man hat das Gefühl, dass manche Nationen vorn herein das europäische Zusammengehörigkeitsgefühl nicht ernst gemeint haben. Es geht ihnen hauptsächlich darum, aus dem gemeinsamen Etat möglichst viel für sich herauszuholen. Wenn es um soziale Belange geht, wenn alle Mitgliedsstaaten gefordert sind, zum Beispiel Migranten gerecht aufzuteilen und aufzunehmen oder die Menschenrechte zu garantieren, gibt es plötzlich keine Gemeinsamkeit und keine Solidarität. In einigen Mitgliedsländern machen sich seit einiger Zeit rechtspopulistische anti-europäische Tendenzen breit, während die Vorteile eines vereinten Europas negiert werden. Wenn die Zuteilung von Finanzhilfen von der Rechtsstaatlichkeit des Empfängerlandes abhängig gemacht werden soll, sind zwei von siebenundzwanzig Mitgliedsstaaten nicht damit einverstanden. Das sind zur Zeit Polen und Ungarn, deren diktatorische Führung nicht viel von Menschenrechten hält. Wer die Menschenrechte und die Rechtsstaatlichkeit nicht anerkennt, hat in der europäischen Gemeinschaft keinen Platz!

Ich fürchte, wir werden uns in Europa wieder in Richtung nationalistische Kleinstaaterei bewegen, mit allen Nachteilen. Es scheint, die Europäische Union ist zu schnell zu groß geworden.

Vor allem müssen Länder, die demokratische Grundregeln negieren oder außer Kraft setzen und solidarisches Verhalten vermissen lassen, aus der Gemeinschaft ausgeschlossen werden!

Psychopathische Politiker verfolgten von kapitalkräftigen Unternehmern unterstützt, mit Falschinformationen im Internet und in den Medien ihre Ziele. So wurde zum Beispiel der Brexit in großem Umfang manipuliert. (ZDF-Zoom vom 20.03.2019).

ZDF-info am 06.06.2019: „Angriff auf die Demokratie": *Die britische Wahlkommission ist überzeugt: Es gibt Anhaltspunkte dafür, dass große Teile der Gelder für eine Kampagne vor dem Brexit Referendum aus dubiosen Quellen stammen...*

Die Folgen dieser Manipulation des Referendums müssen die jüngeren Generationen nach dem 1.1.2021 ausbaden.

Auch in Holland, Frankreich und anderen Staaten machen sich die Populisten breit. Und wie sieht es in Deutschland aus? Der Rechtspopulismus und die Dummheit nimmt zu, siehe Querdenker und Pandemie-Verschwörer. Die AfD beschließt auf ihrem Parteitag im April 2021, Deutschland aus der EU zu führen! Richtig wäre es, die Staaten, die Menschenrechte missachten, egoistisch handeln und demokratische Grundrechte außer Kraft setzen, aus der Gemeinschaft ausgeschlossen werden.

Oft wird bei Gesprächen über den derzeitigen Zustand der Welt von den religiösen Vertretern behauptet, ohne Religion gäbe es weder Ethik oder Moral, noch ein friedliches Zusammenleben.

Das sieht **Vince Ebert** anders und meint in seinem Buch ***Denken Sie selbst, sonst tun es andere für Sie*** sehr treffend, dass es in uns im Grunde ein tief verwurzeltes Gefühl für Gerechtigkeit gibt und wenn man den Evolutionsbiologen glaubt, entsteht moralisches Verhalten ganz automatisch immer dann, wenn Lebewesen in einem engen sozialen Gefüge leben, in dem sie voneinander abhängig sind.

Das gilt aber in den meisten Fällen tatsächlich nur für die Gemeinschaft, das enge soziale Gefüge, in der der Betreffende lebt. Gegenüber anderen Gruppen, zum Beispiel anderen Lebensgemeinschaften wie Volks- oder Religionsgruppen, Vereinen verschiedenster Art oder sogenannten „Rassen", gibt es auch keinen Grund, besonders fair miteinander umzugehen. Das beginnt schon im Kleinen. Denken Sie nur an Stammtischgespräche oder die fanatischen Fans von Fußballvereinen.

Es gibt ihn tatsächlich, den inneren Schweinehund, der Hemmungen beiseite schiebt. Insbesondere, wenn demagogische Führer die Regeln aufstellen und die Entscheidungen für die Gemeinschaft treffen. Wenn die Gruppe größer wird, werden auch suspekte Befehle widerspruchslos befolgt und nicht hinterfragt. Ich weiß nicht, ob jeder Mensch gegen ständige demagogische Berieselung auf die Dauer resistent bleibt. Insbesonders, wenn der Druck der Gemeinschaft zunimmt.

Im Grunde ist der Mensch nicht durch und durch schlecht. Er ist aber auch nicht nur gut. Wie formulierte der Komiker und Kabarettist Karl Valentin seine Erkenntnis über die Menschen? Der Mensch ist gut, nur die Leute sind schlecht!

Der Egoismus ist in jedem Menschen unterschiedlich stark ausgeprägt. Jeder weiß allerdings auch, dass er auf die Gesellschaft, in der er lebt, angewiesen ist und allein nicht überleben kann. Aus dieser Erkenntnis heraus wird er immer auch zu Kompromissen bereit sein müssen.

Ich muss weder das Grundgesetz noch die Bibel oder den Koran gelesen haben, muss nicht an Gott, Buddha oder Allah glauben, um zu wissen, dass Töten, Diebstahl oder Lüge nicht in Ordnung ist, beziehungsweise Verbrechen sind. Wenn ich diese Delikte billige, könnten sie genauso gut auch mich treffen. Also ist es in meinem eigenen Interesse, einigermaßen freundlich und tolerant anderen gegenüber zu sein. Zumindest gegenüber denen, die mir nützen, beziehungsweise, von denen ich abhängig bin.

Es gibt allerdings auch Menschen, die gegenüber Mitmenschen, selbst wenn diese nicht in ihrem engeren sozialen Gefüge leben,

Toleranz und Rücksicht üben. Leider ist dieser Charakterzug zur Zeit nicht sehr verbreitet. Empathie? Was ist das? Laut Duden „die Bereitschaft und Fähigkeit, sich in die Einstellung anderer Menschen einzufühlen."

Es sind die Religionen, Rassisten und totalitäre Diktatoren, die immer wieder kriminelle Aktionen bis hin zu Weltkriegen gegen Andersdenkende erlaubt oder angezettelt haben, wenn es ihren Interessen nützte. Die Menschen werden mehr oder weniger geschickt manipuliert und lassen sich für die Interessen der Herrschenden missbrauchen. Man kann unterschiedlicher Meinung über Lenin sein, aber an seiner Aussage *„Religionen sind Opium für das Volk",* ist etwas Wahres dran.

Doch ich bin genau wie Sie der Meinung, es steht weder Diktatoren noch Religionsführern zu, das Foltern und Töten anderer Menschen zu erlauben und gut zu heißen, oder? Niemand hat das Recht, einem anderen Menschen das Leben zu nehmen. Leben ist einmalig. Jeder Mensch will leben. Allerdings kommt man in Zweifel, wenn man überlegt, ob ein Mörder sein Leben verwirkt hat, der einem anderen Menschen das Leben genommen hat. Wie ist es bei einem Kindermörder, einem Massenmörder? Ihre Opfer hätten auch gern noch gelebt.

Die Untersuchungen der unterschiedlichsten Forschergruppen zeigen eindeutig: Überall auf der Welt, in allen Kulturen, teilen Menschen die gleichen Werte wie Fairness, Verantwortung oder Dankbarkeit. Das menschliche Gewissen braucht also keinen besonderen ethischen, geschweige denn einen religiösen Überbau. Würde die Religion den Menschen besser machen, wovon viele Gläubige überzeugt sind, dann müsste es in tiefreligiösen Gesellschaften wesentlich weniger Verbrechen geben und es würde auffallend toleranter zugehen.

Analysen haben jedoch gezeigt, dass häufig das Gegenteil der Fall ist. Denn immer da, wo Religionen stark vertreten sind, ist es mit Demokratie und Menschenrechten nicht zum Besten gestellt. Je strenger der Glaube, um so geringer die Toleranz. Denken Sie nur an religiöse oder politische Fanatiker, an die heute noch durchgeführten Steinigungen in arabischen Ländern, aber auch an die früheren Hexenverbrennungen in Europa, die Probleme in Nordirland usw. ...

Die üblichen religiösen Begründungen, beispielsweise für eine strenge Sexualmoral, haben weniger etwas mit dem Interesse der Machtausübenden an echten humanitären Werten zu tun, sondern einzig und allein mit Machtfragen, mit der Festigung und der Ausübung ihrer Macht.

Gehirnforscher haben festgestellt, dass Moralprediger wie alle Menschen, die bestrafen dürfen, bei der Bestrafung Glücksgefühle entwickeln. *Wer andere zurechtweist oder sie für „unpassendes Verhalten" bestraft, fühlt sich währenddessen besonders gut.*

Ich erinnere noch einmal an die Hexenverbrennungen. Ohne die religiösen Eiferer hätte es die Scheiterhaufen nicht gegeben. Viele tausende Menschen, insbesondere Frauen, wurden im Namen der Religion verbrannt und die Initiatoren machten Volksfeste daraus. Da konnte man Menschen, die man loswerden, oder an deren Besitz man kommen wollte, als Hexe denunzieren oder einen Bund mit dem Teufel andichten, und ab ging es mit religiösem Segen zur Belustigung des Volkes auf den Scheiterhaufen. Wo war da die Moral der Moralwächter? Wo war das Mitleid und das Gerechtigkeitsgefühl der johlenden Menge für den gequälten Menschen geblieben, den man nicht kennt und von dem man nichts weiß? Solange man nicht selber den Scheiterhaufen besteigen muss, ist es ja ganz amüsant, zuzusehen, wie ein Mensch langsam verbrennt. Insbesondere, wenn es die schöne junge Nachbarin ist, die mich zurückgewiesen hat.

Rassen - Führer - Psychopaten

Auch im nicht-religiösen Bereich spielt man gern mit dem Feuer, siehe Reichskristallnacht und Bücherverbrennungen. Und ein großer Teil des Volkes ist immer begeisterungsfähig. Adolf Hitler musste den „arischen" Menschen nur erklären, sie wären anderen Gruppen oder anderen sogenannten „Rassen" überlegen und wertvollere Menschen, eine „Herrenrasse"! Das baut ein ramponiertes oder nicht vorhandenes Selbstbewusstsein doch mächtig auf, oder etwa nicht? Der Begriff „Herrenrasse" war im „Dritten Reich" sehr beliebt bei den Ariern. In diesem Zusammenhang: Von einer arischen „Frauenrasse" war damals nie die Rede. Frauen hatten den reinrassigen Nachwuchs für die Herrenrasse zu liefern und den heimischen Herd zu bedienen. Heinrich Himmler meinte, arische Männer sind Kämpfer für Führer, Volk und Vaterland, also wertvoller als arische Frauen. Aus diesem Grunde hatte Himmler auch den Vorschlag gemacht, dass jeder SS-Mann zwei Frauen haben sollte. Mit dem Vorschlag konnte er sich jedoch nicht durchsetzen.

Glauben Sie, dass man die Menschheit in verschiedene Rassen einteilen kann?

Es gab einmal eine Zeit, da wurde die „arische Rasse" als allen anderen Rassen überlegen gepriesen. Alle Nichtarier waren Untermenschen, zum Beispiel die Slawen und insbesondere die „jüdische Rasse". War das Balsam für die arischen Seelen.

Allerdings währte die Überlegenheit nur etwas mehr als zwölf Jahre im vergangenen Jahrtausend, dann brach das „Tausendjährige Reich" und die arische Ideologie zusammen. Und damit auch der Rassenwahn.

Dachte ich. Aber diese Idee der unterschiedlichen menschlichen Rassen ist leider nicht tot. Zur Zeit registriert man wieder zunehmend antisemitische Reaktionen. Dabei stellt das jüdische Volk und die in aller Welt verstreuten Juden keine eigenständige Rasse dar. Es gibt die „jüdische Rasse" ebenso wenig, wie eine „christliche" oder eine „muslimische" Rasse, es handelt sich nur um Menschen mit unterschiedlichen Religionszugehörigkeiten und um unterschiedliche Ansichten über einen fragwürdigen Gott, der sich nie zeigt und selbst in der Not nie hilft.

Wenn man die Menschen genauer betrachtet, stellt man bei allen die gleiche Anatomie fest, kein Unterschied im Körperbau.

Muss ein Chirurg einem Juden, einem Arier, einem Christen oder einem Moslem einen Blinddarm entfernen, wird er den Blinddarm bei allen Patienten an der gleichen Stelle suchen und finden. Alle Organe und Innereien sind bei „Ariern" nicht anders angeordnet, als bei Nicht-Ariern, wobei auch die Hautfarbe, ob hell oder sehr dunkel, keine Rolle spielt. Der Chirurg braucht keine spezielle „Rassenausbildung". Er wird keinen markanten Unterschied in den verschiedenen Körpern feststellen, an denen er eine „Rassenzugehörigkeit" festmachen kann.

Auch ein Pathologe wird bestätigen, dass alle Menschen im Innern gleich aussehen.

In Einzelfällen wird er als Besonderheit ganz deutlich eine völlig entartete Leber erkennen. Ist aber auch kein „Rassenmerkmal", kann jeden treffen. Es sagt nur, dass der Mensch Alkoholiker war. Kann auch Arier treffen!

Woran will man dann den Begriff „Rasse" aufhängen?

Ich bin der Meinung, es gibt nur die eine Rasse „Mensch"! Diese Rasse kann man allerdings in intelligente Erdenbürger und in geistig beschränkte Personen unterteilen. Quintessenz: Schluss mit Rassismus, Antisemitismus und konfusen Verschwörungstheorien, generell das Gehirn einschalten und die Mitmenschen akzeptieren.

In Diktaturen bestimmt eine verschworene Clique, in streng religiösen Gesellschaften bestimmen manchmal einzelne Religionsführer nach Gutdünken, was als Moral zu gelten hat. Dann kümmert es die breite Masse der Mitläufer nicht mehr, ob Abweichende dabei auf der Strecke bleiben. Selber schuld. Sie hätten sich ja einfügen können.

Ähnlich verläuft es in revolutionären Umwälzungen. Da stacheln populistische Agitatoren unzufriedene Menschenmassen auf, selbst auf die Gefahr hin, ein ganzes Land zu verwüsten und ins Chaos zu stürzen, und die Massen folgen ihnen blindlings, randalieren und morden wie im Rausch.

Nach fast allen Revolutionen in verschiedensten Ländern aller Erdteile haben sich die Hoffnungen der Bevölkerung auf ein besseres Leben nicht erfüllt. Die Länder wurden destabilisiert und versanken in chaotischem Wirrwarr und im Korruptionssumpf. Die neuen Machthaber konnten jetzt erst einmal für sich und die liebe Verwandtschaft sorgen, oft blieb aber auch die alte korrupte Klientel nach der Umwälzung am Ruder.

Kann man aus diesen Entwicklungen Lehren ziehen? Ja, das kann man, aber wie man sieht, niemand tut es.

Es finden sich selbst in der heutigen Zeit trotz der unheilvollen Erfahrungen in der Vergangenheit mit einem *Führer* immer wieder Menschen, die nach einer Führerfigur verlangen, nach einem, der für „Recht und Ordnung", wie sie es sehen, sorgt. Ein solcher Wunsch beinhaltet aber gleichzeitig die Notwendigkeit, Eigeninteressen für „das Ganze", „das Große" aufzugeben. Im Dritten Reich hieß es: *„Führer befiehl! Wir folgen Dir!"* und schon waren unsere Soldaten auf dem Weg nach Stalingrad und in den Tod.

Mit dem Ruf nach einem Führer öffnet man Diktatoren die Türen zur Gewaltherrschaft. Sind die erst einmal an der Macht, wird man sie nicht mehr los. Wie schnell das geht, zeigt die Gefolgschaft des ehemaligen US-Präsidenten Donald Trump. Ihm wurden mehr als 20.000 Twittermeldungen als Lügen nachgewiesen, sein behaupteter Wahlbetrug war ebenfalls eine Lüge. Trotzdem haben seine Anhänger seinen Lügen geglaubt und sogar das Capitol gestürmt.

<u>Empfehlung:</u> Bevor man einen Führer herbeiwünscht, sollte man einmal ein KZ besuchen. KZ, das sind Konzentrationslager, in

denen *Jedem das Seine* geboten wurde oder *Arbeit frei machte*. Man erfährt dort interessante Einzelheiten, die man bedenken sollte, bevor man einen Führer etabliert und ihm folgt. Man könnte auch in einem KZ landen und nach der Vergasung auf einer großen Metallschaufel in den Verbrennungsofen gefahren werden

Es gibt aber auch kleinere „Führer". So kann auch ein selbsternannter Guru spontan stets zumindest eine kleine Schar folgsamer Menschen finden, die sich den willkürlichen Gesetzen des Leithammels kritiklos unterordnen. Siehe als Beispiel auch den bereits erwähnten sibirischen „Gottessohn Wissarion".

Vorschlag: Haben Sie ebenfalls Ambitionen, eine Führerpersönlichkeit zu werden, hüllen Sie sich in ein übergroßes, weißes Leinentuch, als Mann lassen Sie sich einen Bart wachsen, gehen Sie barfuß, als Frau essen Sie in der Öffentlichkeit vegan und predigen Sie veganes Leben und Tierliebe und, wichtig, prophezeien Sie den kommenden Weltuntergang an einem bestimmten, markanten Datum. Wenn Sie dann gleichzeitig die Rettung denen versprechen, die sich Ihnen anschließen, werden Ihnen bald die ersten Anhänger folgen. Nebenbei: Prägen Sie den Begriff „Auserwählte". Die Aufnahme in den Kreis der Auserwählten ist mit der Entrichtung eines Obulus für die „gute Sache" verbunden. Vergessen Sie nicht, Ihr Konto für Spenden anzugeben! Denken Sie aber daran, das Untergangsdatum nicht zu zeitnah anzusetzen, damit genügend Zeit bleibt, um Geld für die Zeit nach dem ganz sicher nicht eintretenden Untergang einzusammeln. Arbeiten Sie schon vorher an einer guten Erklärung, warum der Untergang ausblieb! Halten Sie ein Ersatzdatum bereit.

Der amerikanische Forscher **James Fallon** hat sich die Gehirne einer großen Zahl von Psychopathen im Magnetresonanztomograf (MRT) angesehen, während diese sich mit Mitmenschen auseinander setzen mussten.

Psychopaten haben einige unangenehme Eigenschaften. Sie sind überheblich und unempfindlich gegenüber menschlichen

Regungen. Mitleid und tiefgreifende Gefühle kennen sie nicht und vom Moralbegriff halten sie nichts. Sie zeichnen sich durch dominantes Verhalten und Reizbarkeit, sowie Mangel an Gewissensbissen aus und lügen und betrügen zum eigenen Vorteil. Reue kann man von ihnen nicht erwarten. Andererseits können sie sich, wenn es für ihre Zwecke vorteilhaft ist, völlig anpassen und verstellen, so dass man auch in einem Psychopathen mit seinem oberflächlichen Charme einen netten Menschen vermuten kann. Empathie ist und bleibt für sie ein Fremdwort.

Die MRT-Untersuchungen von James Fallon zeigten, dass Psychopathen im Gegensatz zu „normal reagierenden" Menschen deutlich weniger Aktivitäten im Frontal- und im Temporallappen des Gehirns zeigen. Es gibt also eindeutige Hinweise auf abweichende Reaktionen des Gehirns bei Psychopaten. Allerdings müssen diese Anomalien nicht zwangsläufig zu Bösartigkeit führen. Gelten diese Anomalien als Entschuldigung?

Die Forscher behaupten nach MRT-Untersuchungen, dass Führungspersönlichkeiten häufig die Gehirnreaktionen von Psychopathen zeigen.

Das ist logisch, sonst würden sie nicht bis in höchste Führungspositionen vordringen. Nur mit Egoismus, absoluter Rücksichtslosigkeit und Gewissenlosigkeit, den typischen Merkmalen eines Psychopathen, auch gegenüber eigenen Parteifreunden und selbst Freunden, kommt man nach ganz oben. Siehe Donald Trump.

Das erklärt vieles, auch in den verschiedenen Parteien. Wie war das mit der Steigerung des Begriffes „Feind"? Heißt es nicht: Feind – Erzfeind – Parteifreund??

Haben Sie auch Mitleid mit den Querdenkern, vielleicht zeigt das MRT auch auffällige Anomalien, dann kann der Querdenker garnichts dafür!

Ein Musterbeispiel für einen Psychopaten mit Verfolgungswahn auf höchster politischer Ebene ist der türkische Präsident Recep Tayyip Erdogan, der keine Freunde kennt, das Recht bricht und alle seine Gegner, ob Oppositionelle, Polizisten oder Staatsanwälte ebenso Wissenschaftler, Juristen, Journalisten oder Staatsangestellte versetzen oder zu tausenden in Gefängnissen verschwinden lässt. Er ändert Gesetze zu seinen Gunsten, um sich zum Beispiel einen kolossalen, protzigen Palast mit tausend Zimmern ohne Baugenehmigung in eine Umweltschutzzone zu bauen, er unterstützt heimlich die IS-Miliz, die große Landstriche mit Terror überzieht, weil diese auch Volksgruppen umbringen, die dem türkischen Präsidenten ein Dorn im Auge sind. Nach dem Anschlag in der türkischen Grenzstadt Suruc im Juli 2015 bezeichneten pro-kurdische Demonstranten Präsident Erdogan als Kollaborateur des „Islamischen Staates". Das unendliche Leid, das der IS verbreitet und Tausende Jesiden ermordet hat, lässt den Präsidenten völlig kalt und den Völkermord an 1,5 Millionen Armeniern vor hundert Jahren leugnet er.

Im Juli 2016 fand in der Türkei ein dilettantisch durchgeführter Putsch des Militärs statt. Bereits am nächsten Tag war der Putsch niedergeschlagen. Eigenartigerweise existierten zu diesem Zeitpunkt bereits lange Listen von türkischen Oppositionellen, die am gleichen Tag verhaftet wurden. Die Verhaftungen anhand dieser Listen mussten schon Tage vorher akribisch vorbereitet worden sein.

Wusste der Präsident Erdogan von dem geplanten Putsch? Hat er den Putsch herbei gewünscht? Ich glaube schon. Was glauben Sie?

In diesem Fall spielt der Glaube eine Rolle. Diese Annahme kann ich glauben, aber es fehlen mir die Beweise. Wie dem auch sei, eigenartigerweise hat Präsident Erdogan in wenigen Tagen über 1.900 Staatsangestellte, Militärs, Professoren und über 160 Journalisten verhaften lassen, außerdem 130 Zeitungen, Radiostationen und Fernsehsender schließen lassen. Die Listen hierfür waren bereits vorbereitet. Allen, die Herrn Erdogan kritisieren, werden Verbindungen zu seinem Erzfeind *Fethulla Gülen* oder generell zu Terroristen unterstellt und die Kritiker verschwinden in seinen Gefängnissen. Der Vorgang in der Türkei erinnert sehr an die Machtergreifung 1933 in Deutschland. Auch hier war alles akribisch vorbereitet.

Im Jahr 2018 führte Erdogan einen Krieg gegen die Kurden auf syrischem Gebiet und die Welt lässt ihn gewähren. Die Nato braucht ihn halt. Deshalb kann er auch im Frühjahr 2019 weitere tausend Gegner verhaften lassen, denen wieder Kontakt zur Gülen-Gruppe vorgeworfen werden und es gibt kaum kritische Stimmen. Im derzeitigen Zustand ist die Türkei nicht für eine Aufnahme in die EU geeignet!

In vielen Regionen der Welt können kriminelle Diktatoren, schalten und walten, wie sie wollen. Ein Paradebeispiel dafür ist Kim Jong Un in Nordkorea, ein Fan von Atomwaffen, der dafür sogar sein Volk hungern lässt. Seinen Verteidigungsminister hat er mit einem Flakgeschütz hinrichten lassen, weil dieser dem Präsidenten widersprochen hatte und bei einer Sitzung eingeschlafen war.

Es ist keineswegs ausgeschlossen, dass die Welt auch in Zukunft von Psychopathen beherrscht werden wird, da sie einen extremen Willen zur Macht und zur Durchsetzung ihrer Interessen haben. Deshalb haben Idealisten, die die Welt tatsächlich verbessern wollen, keine Chancen gegen Psychopathen. Sie sind nicht „hart" genug in der Durchsetzung ihrer Ideen. Dabei hat die unkritische, sogenannte *breite Masse* einen großen Anteil an der Fehlentwicklung. Sie ermöglichen durch Wahlen völlig ungeeigneten Psychopaten den Weg an die Spitze.

Bestes Beispiel ist die Wahl 2016 des völlig untauglichen US-Präsidenten Donald Trump, der seine Niederlage nach der Wahl 2020 nicht einsehen wollte und, obwohl es keine Beweise gab, bis zum Schluss mit haltlosen Vorwürfen von Wahlbetrug sprach. Durch Hetzreden stachelte er am 6. Januar 2021 seine Anhänger zum Sturm auf das Capitol an. Journalisten haben die vielen Twitter-Nachrichten von Donald Tramp genauer auf den Wahrheitsgehalt durchgesehen und über 22.000 Mitteilungen als Lügen entlarvt! Ein Psychopath, Populist und notorischer Lügner als Präsident eines großen Landes! Alles ist möglich.

Einen Einblick in die Entwicklung dieses gefährlichen Menschen gibt das lesenswerte Buch von Mary L. Trump, Nichte von Donald Trump und promovierte Psychologin: „ZU VIEL UND NIE GENUG Wie meine Familie den gefährlichsten Mann der Welt erschuf".

Erschreckend ist, dass Psychopathen je nach Bedarf ihr Verhalten in kürzester Zeit bewusst in die eine oder andere Richtung ändern können. Völlig normal erscheinende Menschen verändern sich plötzlich. Siehe Konvertiten in Deutschland, Belgien oder Frankreich, die plötzlich den Drang verspüren, in Syrien beim Morden mitzumachen, oder in Europa Attentate zu verüben. Was ist in deren Gehirnen plötzlich passiert? Brutalisierte Rückkehrer gehen mit Kalaschnikows in Paris in die Redaktion der Satire-Zeitschrift *Charlie hebdo* und erschießen zwölf Mitarbeiter, weil sie eine Karikatur des Propheten Mohammed gezeichnet haben. Nur ein Prophet! Zwei andere überfallen einen jüdischen Einkaufsmarkt und erschießen ohne jedes Mitleid dort vier friedliche Menschen, die ihnen völlig unbekannt sind.

Unfassbar! Morden für eine Religion, für einen Propheten, für einen Gott, den niemand je gesehen und mit dem niemand gesprochen hat. Unendlich viel Leid im Namen eines Gottes, der die menschliche Regung *Mitleid* nicht kennt, den es offensichtlich nicht gibt, dessen Existenz wissenschaftlich nicht zu beweisen ist und seine Existenz mit zunehmenden wissenschaftlichen Erkenntnissen immer unwahrscheinlicher wird. Und trotz allen Fortschritts der Wissenschaft und den vielen negativen Beispielen wie Krieg, Brutalität, Krankheiten und Pandemien mit Millionen Toten, sperren sich viele Menschen bewusst gegen bewiesene Erkenntnisse und wollen nicht dazu lernen! Nein, sie töten auf brutalste Weise noch für diesen Gott, der doch angeblich Liebe predigt. Ich erinnere an den KZ-Überlebenden, der zuviel Leid erlebt hat, als dass er noch an einen Gott glauben kann.

Ein Rat an muslimische Selbstmörder: Seid nicht enttäuscht, wenn ihr nach der Explosion des Sprengstoffgürtels nur in tausend Stücke zerfetzt tot auf dem Pflaster liegen bleibt. Und das Umwickeln eures Penis vor der Sprengung könnt ihr euch sparen, ihr braucht ihn nicht mehr. Es ist keiner da, der euch wieder passgenau zusammensetzt und es wird auch nichts mit 72 Jungfrauen im Paradies. Das Paradies existiert nicht. Wirklich, das könnt ihr glauben, wenn ihr unbedingt etwas glauben wollt. Ihr habt einfach nur aufgehört, zu existieren. Nach der Explosion liegt ihr zerfetzt auf der Straße und seid, wie eure Opfer, für immer ausgelöscht. Genauere Begründungen kann man in Stephen Hawkings Werken nachlesen, der als Wissenschaftler zu der Erkenntnis kam, dass es keinen Gott und damit auch kein Paradies geben kann.

Fazit meiner Betrachtungen und Überlegungen:

Stephen Hawking hat gesagt, dass das gesamte Universum im Grunde zwischen zwei Ohren angesiedelt ist. Wenn man darüber nachdenkt, muss man ihm Recht geben. Alles, was ich sehe, höre, erfahre oder denke, spielt sich nur in meinem Kopf ab. Die Außenwelt und alle Sinnesempfindungen existieren letztendlich nur im Gehirn eines jeden Individuums. Bilder und Töne entstehen nach elektrischer Reizung von Millionen Gehirnzellen unter der Schädeldecke, ohne Bildschirme, ohne Lautsprecher. Jeder Mensch kann im Gehirn gespeicherte frühere Geschehnisse sogar in Farbe abrufen und vor geschlossenen Augen abspielen, ebenso auch Musik abrufen, ohne dass sie tatsächlich gespielt wird, und beides erscheint uns in dem Moment real zu sein.

Jede Person entwickelt in der Stille der grauen Masse seine eigenen Vorstellungen, die sich von denen seiner Mitmenschen völlig unterscheiden können. Einige Verhaltensweisen sind allerdings durch die Meme vorgegeben. Das alles funktioniert solange, wie die Stromversorgung im Gehirn eingeschaltet ist, und mit dem Tod des Individuums wird der Strom ausgeschaltet. Alle Aktivitäten sind endgültig erloschen und auch das Universum im Kopf existiert nicht mehr. Schade. Wie wäre es, wenn wir ewig leben würden? Wenn wir todbringende Krankheiten doch besiegen könnten? Das würde allerdings die Rentenkassen sprengen. Man arbeitet daran, kranke Menschen in Behältern mit flüssigem Stickstoff einzufrieren und sie später, wenn die Krankheit erfolgreich behandelt werden kann, wieder aufzutauen. Es gibt allerdings noch einige ungelöste Probleme.

Wie dem auch sei, in der Realität existiert das Universum allerdings auch ohne uns noch viele Millionen Jahre.

Kann unser Geist ohne Körper weiterexistieren?

Unser Gehirn beginnt von der Geburt an, alle Eindrücke zu speichern. Es lernt, das Gespeicherte zu verknüpfen und zu bewerten. Wir können nach vielen Jahren Bilder, Gefühle und Gerüche gezielt aus unserer Vergangenheit abrufen. Es ist also noch im Speicher vorhanden. Wenn wir die gesamten gespeicherten Informationen des Gehirns in einen Computer übertragen könnten, würde dann das geistige Geschöpf körperlos im Datenspeicher weiterexistieren und mit uns kommunizieren können? Ein Nachteil wäre, dass man mit einem Knopfdruck gelöscht werden könnte. Auch die Erinnerungen an Champagner und Kaviar, aber auch an Sex wären für das körperlose Geschöpf ohne Bedeutung. Oder ist unser geistiges Ich mehr als nur gespeicherte Informationen?

Im Grunde will jeder Mensch während seiner begrenzten Lebenszeit nur glücklich und in Frieden möglichst nach seiner Fasson leben. Das verlangt allerdings von allen Erdenbürgern Toleranz und Friedfertigkeit. Damit ist der größte Teil der Menschheit jedoch offenbar überfordert.

Leider scheinen viele Menschen aus der Vergangenheit keine Lehren zu ziehen. Sie wollen ihre persönlichen, manchmal nicht nachvollziehbaren Vorstellungen zu ihrem Vorteil den anderen Mitmenschen mit Gewalt aufzwingen. Das gilt für anmaßende Politiker ebenso wie für verblendete Sektenmitglieder und rechthaberische Nachbarn.

Die schlimmsten Geiseln der Menschheit weltweit waren, sind und bleiben auch in der Zukunft religiöse und politische Fanatiker, denen ganze Völker blind ins Unglück folgen. Besonders problematisch wird es, wenn religiöse Fanatiker an die politische Macht gelangen, beziehungsweise, wenn politische Autokraten sich mit der Religion verbünden.

In diese Kategorie der schlimmsten Geiseln der Menschheit gehören insbesondere die verblendeten religiösen IS-Terroristen in der Region Afghanistan. Sie bringen viel sinnloses Leid über unschuldige Menschen.

Mussolini hat einmal abschätzig gesagt: „Das Volk ist eine Herde blöder Schafe."

Und das scheint leider auch heute noch zu stimmen. Nein, das scheint nicht nur so, es stimmt tatsächlich. Denken Sie an die Corona-Leugner und sogenannten Querdenker, Menschen, die keinerlei Rücksicht auf Gesundheit und Leben ihrer Mitmenschen nehmen. Aber auch deutsche Politiker haben sich negativ in die Öffentlichkeit katapultiert, indem sie sich in der Corona-Epidemie unverschämt durch Korruption bei der Beschaffung von Gesichtsmasken bereichert haben. Wenn man die Berichte über Politiker in den Medien verfolgt, hat man den Eindruck, dass die Entscheidung, in die Politik zu gehen, primär von der Vorstellung geprägt ist, hierdurch größere persönliche Vorteile zu erlangen. Das Interesse, dem Volk zu dienen, steht vielfach offensichtlich nicht im Vordergrund.

Viele Menschen ziehen auch heute keine Lehren aus der Vergangenheit. Dabei ist die Vergangenheit die beste Lehrmeisterin. Solange die Mehrheit eines Volkes nicht anfängt, seine geistigen Möglichkeiten zu nutzen, wird sich daran nichts ändern. Und es sieht in allen Teilen der Welt auch nicht nach Besserung aus. Hoffentlich irre ich mich.

Dabei wäre das größte Menschheitsproblem ohne großen Aufwand und ohne hohe Kosten zu bewältigen. Man müsste nur seinen Verstand nutzen und gleichzeitig den Egoismus zurückfahren.

Eine Mitteilung am 24.11.2015 im Fernsehen ließ ein wenig Hoffnung aufkeimen:

Weggeworfener Sprengstoffgürtel bei Paris entdeckt.

Zehn Tage nach den Anschlägen von Paris ist ein weggeworfener Sprengstoffgürtel in Montrouge, einem südlichen Vorort von Paris, entdeckt worden.

Hat der Attentäter plötzlich sein Gehirn benutzt und nachgedacht? War dies ein Anfang? Attentäter, die über ihr Tun nachdenken? Ich glaube es nicht. Das heißt, ich weiß es nicht. Vielleicht wurde ihm der Sprengstoffgürtel nur zu schwer. Es ist sicher ein Einzelfall.

Mein Fazit:

1. In einer Zeit, in der die globalen Probleme immer größer werden, muss möglichst jeder Mensch endlich seinen Verstand benutzen und kleinkariertes Denken über Bord schmeißen. Bei den heute enorm fortgeschrittenen wissenschaftlichen und technologischen Erkenntnissen, den Erkenntnissen über das Universum und die Entwicklung des Lebens auf der Erde, gehören anstelle des Religionsunterrichtes die wissenschaftlichen Erkenntnisse der verschiedenen Kategorien Chemie, Physik, inklusive Astrophysik und Biologie, in den Vordergrund des normalen Schulun-

terrichts. Dafür sollten die nicht mehr zeitgemäßen Religionen, die stets Unfrieden in der ganzen Welt entfachen und auf Märchen und gezielte Falschinformationen aufgebaut sind, nur noch im Geschichtsunterricht als Irrungen des menschlichen Geistes behandelt werden!

2. Wir müssen Probleme nach Dringlichkeit und Nutzen für die Menschheit angehen.

Es ist sinnlos, ferne Planeten erobern zu wollen, zu denen Generationen hunderte oder sogar tausende Jahre unterwegs sind, während wir in dieser Zeit unser Erde zerstören. Wir werden die Erde vernichtet haben, bevor wir einen Exo-Planeten erreichen können. Warnungen und Empfehlungen von Wissenschaftlern gibt es zur Genüge. Die immensen Summen, die wir für die Weltraumeroberung ausgeben, werden dringend für die Rettung der Erde benötigt.

3. Wir müssen die Ressourcen schonen.

Alle Hersteller von Gebrauchsprodukten wollen von Jahr zu Jahr ihren Absatz und Gewinn stets erweitern und vergrößern. Weniger Absatz ist für die Konzerne ein großes Desaster. Die Werbung suggeriert den Verbrauchern, sie bräuchten ein neues Handy, ein neues Auto, neue Ausstattungen, usw. Alte, noch gebrauchsfähige Dinge müssen dringend ersetzt, nicht repariert werden. Doch die Produktion und der Absatz lassen sich nicht ins Unendliche steigern. Autohersteller wollen zum Beispiel ihre Produktion jedes Jahr steigern. Dabei steht der Autofahrer heute schon ständig im Stau. Auch die Rohstoffe sind nicht unendlich verfügbar.

Wirtschaftswissenschaftler müssen hier dringend verträgliche Lösungen finden.

4. Wir müssen das Glück jeden Tag im Diesseits hier auf unserer Erde suchen und uns nicht auf ein religiöses Jenseits, das nur in der Fantasie der Priester existiert, vertrösten lassen. Auch die Illusion eines Lebens auf einem Exoplaneten sollte nicht dazu führen, die Erde zu vernachlässigen.

Damit auch nachfolgende Generationen glücklich leben können, müssen wir die Erde umgehend vor einer fatalen Klimaentwicklung retten!

Wir müssen aus unserer posthumanen Welt wieder eine lebenswerte, humane Welt machen.

Ein Leben auf dem Mars ist nicht für alle möglich und auch nicht mit dem Leben auf der Erde vergleichbar. Immer im Raumanzug mit der Sauerstoffflasche auf dem Rücken, keine Spaziergänge im Park, kein Urlaub am Strand. Dabei die Hoffnung, dass der Sauerstoffnachschub von der Erde klappt, wobei dies durch die enorme Abholzung der Regenwälder auf unserem Planeten gefährdet wird. Eine Alternative zur Sauerstoffversorgung wäre der Aufbau chemischer Anlagen auf dem Mars für die chemische Zerlegung von Kohlendioxid vor Ort. CO_2 gibt es dort genug.

Und auch Exo-Planeten sind keine Alternative, selbst wenn es dort eine Vegetation und Wasser bei angenehmen Temperaturen geben sollte! Kein auf der Erde geborener Mensch wird je einen Exo-Planeten betreten. Die Reise ist auch mit der neuesten Technologie der kommenden Jahre viel zu lang, er wird im Raumschiff sterben. Besser ist es, die Erde zu retten. Wenn alle wollen, können wir unser Glück auch auf dieser Erde finden!

Glückliche Stunden sind die Diamanten des Lebens! Bewahre sie im Tresor der Erinnerung.

Das findet meine Frau Marie-Hélène Schneider-Nénon

Noch etwas zum Glauben oder Nichtglauben zu einem aktuellen Thema:

Glauben Sie an eine bevorstehende Klimakatastrophe?

Ist die Erde zu retten? Ja, wenn wir sofort beginnen!

Wird die Erde gerettet? Nein, wenn wir nicht jetzt beginnen!

Betrachtet man den Ist-Zustand der Erde und ihre Politiker weltweit, ist meine Hoffnung auf Rettung nicht sehr groß. Es stellt sich die Frage, ob die überwiegend alten Politiker wirklich begreifen, worum es geht, oder ob sich bei ihnen eine Gleichgültigkeit einschleicht. Wenn es um das Weltklima geht, ist es erforderlich, dass alle Länder bei den Bemühungen mitmachen. Große Länder machten bisher nicht mit. US-Präsident Trump war aus den Zielen der Klimakonferenz von Paris ausgestiegen. Allerdings hat 2021 sein Nachfolger Biden die Entscheidung sofort korrigiert. Er ist dem Pariser Klimaabkommen wieder beigetreten und will mit Russland und China an der Klimarettung zusammenarbeiten. Nach den im Jahr 2021 weltweit gehäuft auftretenden Unwettern treffen sich im Juli Vertreter aus 50 Nationen in London, um eine Klimakonferenz im Herbst 2021 vorzubereiten. Es gibt also Hoffnung!

Die Aussagen älterer Politiker sind oft halbherzig. Sie, die nur noch eine Lebenserwartung von wenigen Jahren haben, interessieren sich nicht wirklich für die fernere Zukunft, die Zukunft späterer Generationen. Die Lethargie betrifft sowohl kleine als auch große, einflussreiche Länder. Primär geht es vielen Politikern und Konzernbossen um den Erhalt ihrer Jobs und um Renditen, um ein sorgloses Leben, Klimawandel ist zweitrangig.

Viele hochintelligente Techniker und Astrophysiker arbeiten zur Zeit an anspruchsvollen, langfristigen Zukunftsprojekten. Sie wollen einen Wohnpark auf dem Mond errichten, den Mars besiedeln und suchen einen geeigneten Exoplaneten, auf dem wir uns wohlfühlen können, den wir allerdings erst in einigen tausend Jahren erreichen werden. Groß war ihre Freude über ein im März 2019 entdecktes Schwarzes Loch in der Galaxie Virgo A, 55 Millionen Lichtjahre von uns entfernt. Der Nachweis eines schwarzen Loches ist ein epochales Ereignis für Astrophysiker, keine Frage, aber was haben wir von einem Schwarzen Loch in 55 Millionen Lichtjahren Entfernung? Warum machen sie sich die Arbeit in einer Zeit, in der unsere Erde „den Bach runtergeht"? Es ist in unserer heutigen Situation sinnlos. Wenn wir so weitermachen und nichts tun, wird es in zweihundert Jahren keinen

Menschen mehr geben, der ihre Veröffentlichungen lesen wird. Mit derartigen Forschungen können sie beginnen, wenn die Erde gerettet ist. Bis ihre jetzigen Bemühungen Früchte tragen, ist die Erde den Homo Sapiens wahrscheinlich los! Klimaforscher haben festgestellt, dass die Temperaturen des Jahresdurchschnittes im Laufe der letzten Jahrzehnte unwiderlegbar ansteigen und wenn es so weitergeht ist das Ende der Menschheit nicht ausgeschlossen.

Die jungen Menschen weltweit haben erkannt, dass es bereits ihre Zukunft ist, um die es geht und die wir unter anderem durch rücksichtslose Emissionen von Kohlendioxid zerstören. Das Mauna-Loa-Observatorium in Hawaii hat im Mai 2021 mit 419 ppm (Teile pro Million) den höchsten Wert seit Beginn der Aufzeichnungen 1958 gemessen. Deshalb ist es nicht nur legitim, sondern unbedingt notwendig, in der Aktion „FRIDAYS FOR FUTURE" für ihre Zukunft zu kämpfen.

Was tun, wenn wir es nicht schaffen, die Erde zu retten? Übersiedlung auf einen Exo-Planeten?   Besiedelung der Milchstraße?

Die Angst vor einer Klimakatastrophe lässt sehr viel Geld in die Suche nach einem Ersatzplaneten und die Entwicklung von intergalaktischen Raumschiffen fließen.

Wenn wir es wollen, können wir die Erde noch retten und den CO_2-Ausstoß auch mit Hilfe modernster und sicherer Atomkraftwerke, z.B. Thorium-Hoch-Temperatur-Reaktoren, drastisch reduzieren und damit den weltweiten, durch uns zusätzlich verursachten Temperaturanstieg wahrscheinlich verzögern oder vielleicht sogar verhindern. Wir müssen das Problem nur rational ohne Emotionen und ohne ideologischen Starrsinn sofort angehen. Wir sollten die sichersten Technologien einsetzen und uns vor Augen halten, dass die Erde für große Teile unserer nachfolgenden Generationen unbewohnbar wird, wenn wir jetzt nichts gegen den Klimawandel tun.

Ist es eventuell ein Naturgesetz, dass die Lebewesen eines Planeten nach einer Entwicklungszeit über Millionen von Jahren langsam verblöden und ihren Planeten zerstören, obwohl sie es verhindern könnten? Gibt es ein Gen für Ignoranz und eins für Dummheit?

Soviel ich weiß, steht ein anderer bewohnbarer Planet in der Nähe, auf den wir ausweichen können, im Moment nicht zur Verfügung. Der nächste Planet, den die NASA ins Auge fast ist der Mars. Es ist der einzige Planet, den der Mensch zu seinen Lebzeiten erreichen kann. Aber der Mars ist sehr lebensfeindlich und müsste erst vorbereitet werden. Und ständen ein Exo-Planet und die notwendige Technologie zur Überbrückung interstellarer Zwischenräume zur Verfügung, würde sowieso nur die Elite, wahrscheinlich wieder rücksichtslose Psychopathen, übersiedeln wollen. Doch erst deren Nachkommen würden nach Jahrtausenden im Raumschiff eventuell den Exo-Planeten erreichen. Kein Erdbewohner wird jemals zu seinen Lebzeiten seinen Fuß auf einen Planeten außerhalb unseres Sonnensystems setzen.

Es wird auch nicht möglich sein, die Weltbevölkerung, von ca. 8 Milliarden Menschen, umzusiedeln. Sie und ich wären sicher nicht darunter. Wir, beziehungsweise unsere Nachkommen, würden zu den Milliarden Menschen gehören, die hier ausharren und bei steigenden Temperaturen um das knapper werdende Trinkwasser und um die Nahrungsmittel kämpfen müssen.

Sollten wir beide, Sie und ich, angenommen wider Erwarten doch zu den Auserwählten gehören, die mit dem Raumschiff zu einem Exoplaneten aufbrechen können, würden wir wegen der unvorstellbar langen Flugzeit nur die ersten Jahrzehnte des Fluges, aber ganz sicher nicht die Ankunft viele Jahrhunderte später erleben. Wir würden unsere letzten Jahre in einem engen Raumschiff verbringen müssen. Und jahrzehntelang nur Rommé spielen? Da verlebe ich meine letzten Jahre lieber auf der Erde im Schaukelstuhl auf meiner Terrasse.

Wenn von der Besiedelung eines Exoplaneten oder sogar von der Besiedelung der Milchstraße gesprochen wird, stellt sich der nicht im Detail informierte Laie vor, er könne mal eben in das Raumschiff steigen um Bekannte auf einem Nachbarplaneten zu besuchen, wie in der Science-fiction-Serie Enterprise. Er glaubt, nach einer relativ kurzen Flugzeit würde er auf einem entfernten Planeten mit grüner Vegetation und singenden Vögeln landen und dort in paradiesischer Umgebung weiterleben. Dabei lässt der Träumer außer acht, dass seine Lebenszeit für einen interstellaren Kurzbesuch bei Freunden oder eine Übersiedlung leider nicht reicht.

Jeder Mensch, der zu einem interplanetaren Flug startet, wird den Rest seines Lebens generell im Raumschiff verbringen. Es bleibt eine Fiction, dass man mit einem Raumschiff schnell mal von einem Exoplaneten zu einem anderen Exoplaneten fliegen kann, um einem Bekannten einen Besuch abzustatten. Interplanetarische Reisen werden in näherer Zeit mit heutiger Technik nicht unter einigen tausend Jahren durchzuführen sein! Die hypothetischen Ideen einiger Astrophysiker für schnelleres Fliegen, wie Zeitschleifen und Wurmlöcher, können Sie vergessen. Das kann man sich theoretisch vorstellen, aber es funktioniert nicht, ist nur eine mathematische Idee. Die enorme Menge an notwendiger Energie steht uns nicht zur Verfügung und die technologische Umsetzung ist in der Praxis nicht möglich. Da gibt es einen enormen Unterschied zwischen Theorie und Praxis.

Es gibt einige Astronomen, die von der Möglichkeit einer Besiedelung der Milchstraße träumen. Darunter ist auch der US-Astrophysiker *Dr. Michio Kaku*, der sich eine Besiedelung im Laufe von 10.000 Jahren vorstellen kann. Das kann ich mir nicht recht vorstellen, das ist in 10.000 Jahren einfach nicht zu schaffen. Derartige Projekte wären außerdem eine globale Angelegenheit, doch der Aufwand und die Kosten würden jeden Rahmen der Erdlinge sprengen.

Das Licht braucht allein für die Durchquerung unserer Galaxie 100.000 Jahre! Mit einem Raumschiff, das mit illusorischen 10% der Lichtgeschwindigkeit reisen könnte, wären das eine Million Jahre! Wir haben jedoch auch in absehbarer Zukunft keine Raumschiffe, die 10%, nicht einmal 1% der Lichtgeschwindigkeit erreichen können. Also ist in 10.000 Jahren in punkto Besiedelung der Milchstraße nicht viel zu schaffen. Mir scheint die Überbrückung interstellarer Distanzen in unserer Zeit technisch äußerst schwierig.

Die zukünftigen Astronauten müssten bei der Durchquerung der Milchstraße auch auf besondere Gefahren achten, z. B. auf das Schwarze Loch in 25.000 Lichtjahren Entfernung. Dem sollten sie nicht zu nahe zu kommen, sonst wäre alles umsonst gewesen, weil sie dann vom Schwarzen Loch verschluckt würden. Mit einer Reisegeschwindigkeit von 10% der Lichtgeschwindigkeit würde das allerdings erst in 250.000 Jahren ein Problem werden, und bei einer Reise von einem Ende der Milchstraße bis zum anderen würden eine Million Jahre vergehen. Kaum vorstellbar und völlig sinnlos. In 10.000 Jahren ist also nicht viel zu schaffen. Dr. Kaku liegt mit seiner Schätzung weit daneben. Für einen Menschen mit einer Lebenserwartung von etwa 100 Jahren sind interstellare Reisen völlig sinnlos.

Wenn man daran denkt, dass die in unserer Vorstellung weit in der Vergangenheit, oder wie man auch sagt, in grauer Vorzeit liegende Hochkultur der Ägypter erst 5.000 bis 6.000 Jahre zurück liegt. Welch eine völlig andere Dimension!

Wie viele Generationen Astronauten müssen ihr Leben ausschließlich im Raumschiff verbringen! Was erwartet die weitgereisten Astronauten am unbewohnten Zielort? Auch wenn sie ein passendes Klima vorfinden, es gibt auf dem Zielplaneten keine vorbereiteten Materialien für ihre Unterkünfte, keine bestellten Äcker. Nichts ist für die Ankunft auf dem Exoplaneten vorbereitet. Alles hätte man auf die Reise mitnehmen müssen. Es sei denn, der Planet ist bereits mit grünen Männchen bewohnt. Ob die uns freundlich begrüßen würden?

Übrigens: Antriebsexperten haben sich eine etwas absurde Idee einfallen lassen, um ein Raumschiff auf 10% der Lichtgeschwindigkeit zu beschleunigen. Sie schlagen vor, am Ende des Raumschiffes eine solide Platte anzubringen, hinter der zehn Minuten lang alle zehn Sekunden eine Atombombe gezündet wird. Toller Geistesblitz, das Raumschiff mit 60 Atombomben ruckartig anzutreiben. Nein, eine absurde Idee, hinter dem Raumschiff ein Magazin mit 60 Atombomben bestückt!

Ich denke, in diese Idee sollten wir kein Geld und nicht zu viel geistige Kapazität investieren, dafür gibt es zu viel wichtigere, aktuelle und einfacher zu lösende Probleme auf der Erde, die dringend gelöst werden müssen.

Astrophysiker haben den Begriff **Wurmloch** geprägt. Und schneller durch Wurmlöcher reisen hört sich interessant an. Wurmlöcher sind mathematisch vielleicht vorstellbar, aber selber Wurmlöcher im Universum für den Eigenbedarf herzustellen, wie es von Astrophysikern vorgeschlagen wird, ist eine absolute Utopie, ist Science fiction. Die technischen Voraussetzungen und die enormen Mengen Energie für die Erzeugung eines maßgeschneiderten Wurmlochs stehen uns nicht zur Verfügung.

Das Gleiche gilt für **Zeitreisen**. *Robert Mallet* hat eine utopische Theorie für einen *Ringlaser* veröffentlicht, mit dessen Hilfe man in einer **Zeitschleife in die Vergangenheit und in die Zukunft** reisen kann. Das Problem ist nur, dass man für das Projekt die gesamte Energie des Universums benötigen würde, sagt Mallet selber. Also Unsinn. (s. *Das Universum ist eine Scheissgegend*, Seite 284)

Außerdem wird sich ein explodierender Stern während meiner ganz persönlichen Zeitreise in die Vergangenheit bei einer späteren Annäherung nicht wieder zusammensetzen, nur um mir einen Gefallen zu tun. Ich müsste schon mit deutlicher Überlichtgeschwindigkeit der Vergangenheit, die sich mit Lichtgeschwindigkeit von mir entfernt, hinterhereilen, um sie einzuholen. Vielleicht entwickelt Robert Mallet noch eine Theorie, mit der man in letzter Konsequenz den Urknall rückgängig machen kann? Man kann zwar einen Film vorspulen oder auch rückwärts laufen lassen, der Zeitablauf des Universums lässt sich auch von Astrophysikern nicht beeinflussen. Und in die Zukunft reisen? Etwas erleben, was noch nicht passiert ist? In diesem Fall würde ich den Glauben bemühen und sagen: Das glaube ich nicht!

Je schneller ich reise, um so langsamer vergeht laut Albert Einstein die Zeit. Bei Lichtgeschwindigkeit bleibt die Zeit sogar stehen. Erscheint im ersten Moment toll. Man reist mit Überlichtgeschwindigkeit ohne zu altern und kommt jung und fit auf dem Exoplaneten an. Das Phänomen müsste dann sicher auch für chemische, physikalische und biologische Reaktionen gelten. Damit würden auch das Gehirn und alle anderen Körperregionen nicht mehr mit Sauerstoff und Energie versorgt. Wie lange halten das der Körper und das Gehirn aus? Setzen alle Funktionen wieder ein, wenn ich wieder langsamer fliege, oder ist das Gehirn so geschädigt, dass es den Dienst verweigert und ich planlos durch das Weltall irre? Müsste man mal testen.

Einstein hat behauptet, es könne keine größere Geschwindigkeit als die Lichtgeschwindigkeit geben. Es gibt heute jedoch Wissenschaftler, die behaupten, **Tachyonen** wären schneller als das Licht. Problem: Nachgewiesen sind die Tachyonen bisher noch nicht, sie existieren nur in einer Hypothese. Sie sind also bisher nur ein Idee. In allen Fällen wird wieder der Energiebedarf das Problem sein.

Auf zum Mars und weiter in unsere Galaxis, koste es was es wolle

Wegen der sich häufenden Klimaanomalien wird als Ausweg aus der drohenden Klimakatastrophe häufig die Besiedelung des Mars oder eines geeigneten Exoplaneten empfohlen. Der Mars in unserer näheren Umgebung ist gut zu erreichen, aber leider ist er auch lebensfeindlich.

Schlägt man zur Zeit die Zeitung auf und verfolgt man die Nachrichten im Fernsehen, sieht man des öfteren Techniker und Astrophysiker den gelungenen Start, oder die gelungene Landung einer Marssonde oder eines Marsroboters bejubeln. Jede größere Nation muss unbedingt einen Roboter zum Mars schicken, um nach Wasser und nach Bakterien zu suchen. Die USA haben ihren Roboter sogar mit einem kleinen Hubschrauber ausgerüstet. Es werden viele Milliarden für Marsprojekte ausgegeben, die für die Rettung der Erde verloren sind.

Einer der führenden Physiker, **Stephen Hawking** (1942 – 2018), ist ebenfalls der Meinung, wir müssen einen Exoplaneten finden (s. Ruhr-Nachrichten vom 8.1.2018). Zum Mars werden einige Astronauten in den kommenden Jahrzehnten fliegen, aber zu einem Exoplaneten? Das werden auch die nächsten Generationen nicht erleben. Außerdem würden nur wenige Auserwählte auf eine so weite Reise gehen können.

Einige Astrophysiker versteigen sich zu der Aussage, Einsteins Theorie und die Quanten-Theorie lassen die Vermutung zu, dass man *irgendwann* schneller als das Licht reisen kann. Man beachte: Irgendwann! Eine Hypothese, die sich vor dem Ende unserer Zivilisation wahrscheinlich nicht beweisen und auch ganz sicher nicht realisieren lassen wird.

Wenn Sie einen bewohnbaren Planeten suchen wollen, lesen Sie hierzu zuvor das Buch der SIENCE BUSTERS Oberhummer, Puntigam und Gruber *„Das Universum ist eine Scheissgegend"*. Nach der Lektüre werden Sie keinen Cent mehr für die Suche ausgeben wollen.

Die Geschichte von der Auswanderung auf andere Exoplaneten ist nicht neu und hört sich zunächst als Lösung der Probleme sehr interessant an. Man steigt in das Raumschiff, fliegt eine Weile und steigt auf dem Exoplaneten wieder aus. So ungefähr wie auf einem längeren Flug von New York in den Urlaub nach

Sydney. Doch keiner, der einsteigt, wird das Raumschiff wieder lebend verlassen. Wenn man die mit dem interplanetarischen Flug verbundenen Zeiten und Probleme bedenkt, kann man den Exoplaneten vergessen und das Geld, das dieses Projekt bereits verschlingt, besser für die Rettung der Erde einsetzen.

Außerdem würde es der ausgewanderten Menschheit in wenigen hundert Jahren gelingen, auch den Exoplaneten zu ruinieren! Denn es hat sich gezeigt, dass der Mensch aus der Vergangenheit nichts lernt. Und einen Planeten ruinieren, das ist nicht schwer

Generationenraumschiffe

Eine völlig unsinnige, utopische Rettungsaktion hat der deutsche Physiker und Astronaut **Ulrich Walter** am 13. Dezember 2017 in der ZDF-Sendung „Lanz" von sich gegeben: *Man wird ein Raumschiff bauen, in dem 50 Millionen Menschen den Flug zu einem Exoplaneten antreten werden. Das zylindrische Raumschiff soll 60 Kilometer lang und 10 Kilometer im Durchmesser sein.*

Seinen Vorschlag hatte Ulrich Walter offensichtlich nicht vernünftig durchdacht. Er hatte zum Beispiel nicht gesagt, dass dieses Raumschiff nicht auf der Erde, sondern außerhalb der Erdgravitation gebaut werden müsste. Dieses Monstrum werden wir auf der Erde nie auf die notwendige Fluchtgeschwindigkeit von 11.200 m/sec beschleunigen können, um der Gravitation der Erde zu entkommen. Und auch außerhalb der Erdgravitation werde wir die gefüllte Röhre nicht richtig in Schwung bringen können.

Schon das leere Raumschiff, die Außenhaut, die stabil sein muss, die Inneneinrichtungen und die Antriebseinheit würden bereits ein unvorstellbares Gewicht darstellen. Nach der Fertigstellung des Monstrums müssten 50 Millionen Menschen per Shuttle zum Raumschiff geflogen werden. Bei 500 Passagieren pro Flug müsste ein Shuttle 100.000 mal fliegen. Hinzu kommen also bei einem Gewicht von durchschnittlich 60 kg pro Person noch einmal 3 Millionen Tonnen Mensch hinzu. Man müsste außerdem für 50 Millionen Menschen genügend Sauerstoff, Wasser und Nahrung in riesigen Tanks im Raumschiff für mehrere Jahrhunderte unterbringen, dazu alles für die ersten Jahre auf dem neuen Planeten, inklusive Baumaterialien, vom Hammer über Säge bis zur Schraube und bis zu Fertigteilen für die Unterkünfte, vorausgesetzt, die Atmosphäre stimmt und es gibt Bäume.

Was braucht man für die Reise von 50 Millionen Menschen? Rechnet man als Beispiel nur einen Liter Wasser pro Mensch pro Tag, empfohlen werden von Gesundheitsexperten sogar zwei Liter, so sind das für den ersten Tag bereits 50.000 Tonnen Wasser. Wieviel Tonnen Astronautennahrung kommen noch hinzu? Wieviel Tonnen werden es bei einem Flug von 400 Jahren? Schön wäre es, wenn man unterwegs einkaufen könnte. Soviel ich weiß, ist das aber nicht möglich. Der Müll macht kein Problem, den könnte man durch eine Schleuse im All entsorgen. Irgendwann wird das Wasser knapp und man wird sicherlich das Wasser aus dem Urin recyceln müssen. Also Recycling-Anlage nicht vergessen! Bei diesen riesigen, notwendigen Vorräten und dem Baumaterial wird es wahrscheinlich eng für die fünfzig Millionen Passagiere. Mein Vorschlag: Eine Art Raketen-Anhänger für das Material und die Recycelanlagen.

Das alles müsste, will man einigermaßen vorankommen, auf mindestens 10% der Lichtgeschwindigkeit beschleunigt werden. Je höher allerdings die Geschwindigkeit des Raumschiffes ist, um so größer wird die benötigte Energie für eine weitere Beschleunigung. Dafür werden wir in absehbarer und auch in ferner Zukunft keinen geeigneten Antrieb haben, der ein derartiges riesiges Objekt auf 10% der Lichtgeschwindigkeit beschleunigen könnte. Ich glaube, wir werden die Erde eher unbewohnbar gemacht haben, als dass unsere Ingenieure einen Antrieb entwickelt haben, ein solches Monstrum überhaupt in Bewegung zu setzen. Es ist anzunehmen, dass ein derartiges riesengroßes Gefährt außerdem sehr träge auf Kurskorrekturen reagiert. Was passiert im Fall, wenn Herrn Walters Monstrum durch den Asteroidengürtel fliegt? Schon der um die Erde fliegende Raketenschrott stellt inzwischen eine Gefahr dar.

Unvorstellbar, wenn die Nachkommen von fünfzig Millionen Menschen, die seit vielen Generationen im Laufe von etlichen tausend Jahren nichts als das Raumschiff kennen, aus einem gelandeten Raumschiff ausschwärmen und den neuen Planeten in Besitz nehmen. Sofort wird das Gerangel um die besten Parzellen anfangen. Vorausgesetzt, es gibt eine Atmosphäre mit Sauerstoff. Gibt es keinen Sauerstoff, war alles umsonst.

Die Ankömmlinge sind nach vielen Generationen im Raumschiff sicher auch in ihrer Psyche andere Menschen geworden. Die ständige Enge im Raumschiff, eventuell überlebte Gefahren im Weltall, die große Angst hervorgerufen haben, das alles wird auch die Meme beeinflusst haben (s. auch unter Meme). Seit Generationen verblassen auch die Erinnerungen an die Erde mit Strand, Bergen und blauen Himmel. Niemand kann sich, wenn er in uralten Büchern liest, die die ersten Reisenden beim Abflug mitgenommen haben, etwas unter Strand, Bergen und Wäldern vorstellen. Wie mag es um die Psyche der späten Raumschiffgenerationen bestellt sein?

Vielleicht haben die verwirrenden Geschichten einer zufällig im Archiv des Raumschiffs gefundenen Bibel einen besonders cleveren Aussiedler der späten Generationen nach dem Studium animiert, einen neuen Gott zu kreieren. Die Mitreisenden sind sicher in ihrer Psyche anfällig geworden und er wird schnell eine größere Gefolgschaft finden.

Mit 10% der Lichtgeschwindigkeit lässt sich einfach rechnen, ist aber völlig illusorisch! Die Geschwindigkeit werden wir mit unseren Raumschiffen voraussichtlich nie erreichen.

Zur Zeit rechnen Astrophysiker für die Strecke bis zum 4,3 Lichtjahre entfernten Proxima Centauri unter Berücksichtigung heutiger modernster Antriebstechnologie allerdings mit einer realistischen Reisezeit von 6.300 Jahren! Warum sollen 50 Millionen Menschen in ein Raumschiff steigen, das mindestens mehr als 6.000 Jahre bis zum nächsten eventuell geeigneten Planeten braucht? Wie lange dauert es, bis 50 Millionen Reisende, falls über viele Generationen genügend Nachwuchs gezeugt wurde, das Raumschiff verlassen haben, die natürlich auch von Beamten registriert werden müssen. Gibt es wirklich jemanden, der da mitfliegen will?

Proxima Centauri besitzt zwar einen, eventuell sogar drei Planeten, genau weiß man das zur Zeit nicht. Keiner der Planeten kreist jedoch in einer habitablen Zone um seine Sonne. Proxima Centauri ist für uns nicht geeignet, ist also keine Option. Wir müssen den Suchradius erweitern und mehr Flugzeit einplanen!

Auch unter diesem Aspekt müssen wir bevorzugt unsere Erde sanieren.

Am 20.07.2018 steht im Videotext des ZDF:

Reise zum nächsten Exoplaneten: Mindestens 49 Paare benötigt.

Falls die Menschheit eines Tages ein Raumschiff zum nächsten Planeten jenseits unseres Sonnensystems schicken will, müssten laut einer Studie mindestens 49 Paare an Bord gehen. Das haben Forscher als Voraussetzung dafür berechnet, dass eine genetisch gesunde Bevölkerung die 6.300 Jahre lange Reise zum Exoplaneten Proxima Centauri b übersteht. Dafür müsse die Reise mit 98 Menschen begonnen werden, schreiben Frederic Marin und Camille Belufti im „Journal of the British Interplanetary Society".

Frederic Marin und Camille Belufti haben für ein Beispiel den uns nächsten Stern ausgewählt und stimmen mit mir überein, dass man 10 % der Lichtgeschwindigkeit technisch in absehbarer Zeit nicht erreichen kann! Und für 6.300 Jahre Flugzeit ohne Garantie, einen bewohnbaren Planeten zu finden, Geld ausgeben? 6.300 Jahre Flugzeit hört sich an, als würde das Raumschiff eventuell mit Diesel fliegen. Wäre kein Problem, davon haben wir genug und Abgase spielen im Weltall keine große Rolle. Allerdings sind 49 Paare für den Aufbau einer Zivilisation auf einem Exoplaneten nach 6.300 Jahren Flugzeit sicherlich zu wenig, da wir nicht voraussehen können, wie es mit dem Nachwuchs von Generation zu Generation aussieht.

Wenn man sich vorstellt, die alten Ägypter hätten zur Zeit, als sie die Pyramiden bauten, eine Expedition zu Proxima Centauri mit der von Marin und Belufti angenommenen Technik losgeschickt, würde die Crew sich heute vielleicht auf die Landung vorbereiten.

Irgendwann werden die Astrophysiker jubeln, sie hätten einen für unsere Ansprüche geeigneten Planeten in einer habitablen Zone entdeckt. Wäre der angesteuerte, als geeignet erkannte Exoplanet zum Beispiel 40 Lichtjahre entfernt, wären 50 Millionen Menschen selbst bei vorausgesetzten, aber nicht erreichbaren 10% der Lichtgeschwindigkeit mehr als 400 Jahre in der fliegenden Röhre unterwegs. Auch in diesem Fall bei dieser illusorischen Geschwindigkeit wird keiner von denen, die beim Start eingestiegen sind, den Exoplaneten erreichen! Nach weniger als 100 Jahren Flugzeit wären die 50 Millionen Menschen, die sich zum Flug zum neuen Planeten aufgemacht hatten, nicht mehr am Leben und müssten entsorgt oder aufgearbeitet werden. Das Umrechnen der Entfernung auf die real mögliche Reisezeit bei heutiger Technologie ersparen wir uns, oder? 63.000 Jahre sind für eine Reise unvorstellbar.

Wer will schon in ein Raumschiff einsteigen, sehr unbequem reisen, Kinder zeugen und aufziehen müssen, im Beruf ausbilden und letztendlich im Raumschiff sterben? Und den Kindern, Enkeln, Urenkeln usw. geht es genauso. Da bleibt man besser zu Hause auf seiner Terrasse.

Nun hat ein internationales Forscherteam mit der Beteiligung der Uni Göttingen einen möglicherweise bewohnbaren Planeten entdeckt. Im Sternbild „Hydra" umkreisen drei Planeten den 31 Lichtjahre von uns entfernten Stern „GJ 357", von denen einer eventuell bewohnbar ist. Allerdings muss man sich erst an die geschätzte Temperatur von kühlen -53°C gewöhnen. Mit heutiger Technologie wäre man allerdings 46.500 Jahre unterwegs. Ist nichts für mich, außerdem ist es dort auch zu kalt.

Es ist nicht möglich, die gesamte Weltbevölkerung, zur Zeit etwa acht Milliarden Menschen, umzusiedeln, dazu bräuchte man 160 Giga-Raumschiffe. In diesem Fall hätte man im Laufe des Fluges acht Milliarden Tote im Weltraum zu entsorgen.

Also muss ausgewählt werden, wer auswandern darf. Wer entscheidet über die Kriterien, nach denen die Mitfliegenden ausgesucht werden? Zunächst natürlich die Führungsriege und deren Angehörige aus aller Herren Länder. Wer gehört zur Elite? Wie weit geht man da in der Hierarchie? Wer entscheidet das? Eine Kommission? Geld? Und ob die Auserwählten wirklich mitfliegen wollen?

Für ältere, zeugungsunfähige Menschen ist die Reise sinnlos. Sie sind für eine Übersiedlung auf einen Exoplaneten unbrauchbar und können ihre letzten Jahre besser auf Erde verbringen.

Gebraucht werden junge Menschen verschiedenster Berufe und Ausbilder für die nachfolgenden Generationen im Raumschiff, z.B. Raumschiffpiloten, Ärzte, Antriebsspezialisten, Techniker für verschiedenste Bereiche, Handwerker, Lehrer, Physiotherapeuten, Köche, Reinigungskräfte, aber auch Recyclingspezialisten und selbstverständlich Entertainer zur Unterhaltung, denn es wird langweilig werden auf der langen Reise. Vor allem werden junge, zeugungsfähige Männer und junge Frauen im gebärfähigen Alter bevorzugt ausgewählt werden, die eine geprüfte, einwandfreie DNA vorweisen können. Etliche Generationen würden ihr Leben allerdings nur im Raumschiff verbringen! Leider. Kann man nicht ändern.

Die inzwischen in verschiedenen Berufen ausgebildeten Nachkommen müssen das Raumschiff übernehmen und werden die Röhre allerdings ebenfalls nie verlassen können. Außerdem müssten in dem viele Jahrhunderte fliegenden, autarken Viele-Generationen-Raumschiff immer wieder Generationen nicht nur von Raumfahrern, Ärzten und Wissenschaftlern sondern auch von Handwerkern aller Berufe ausgebildet werden, die ihr Wissen an die nachwachsenden Generationen im Raumschiff theoretisch weitergeben, damit nach Ankunft auf dem Exoplaneten Fachleute die Unterkünfte aufbauen können und Gärtner wissen, wie man Gemüse anbaut.

Während des Fluges würden viele Generationen ihr ganzes Leben nur im engen Raumschiff verbringen und den gelobten Planeten nicht zu sehen bekommen. Sie müssen nur für nachfolgende Experten sorgen. Es müssten also immer genügend Mädchen und Jungen nachwachsen. Stellt sich in diesem Zusammenhang auch die ausgefallene Frage, ob man bei der notwendigen Ausübung von Pflicht-Sex bei geringer Gravitation ständig an der Decke hängt. Wäre eine Frage an Alexander Gerst.

Was aber wird mit den Toten? Allein für die erste Generation müsste man bereits fünfzig Millionen Urnen mitschleppen. Geht aber nicht, ist zu viel Gewicht! Und auf dem Raumschiff ein Krematorium? Geht auch nicht, bei der Verbrennung wird wertvoller Sauerstoff verbraucht, der fürs Überleben gebraucht wird. Urnen wird man also nicht mitnehmen und einen Friedhof oder eine Müllhalde wird es auf dem Raumschiff aus Platzgründen wahrscheinlich nicht geben. Gibt es eine Schleuse, durch die Verstorbene ins Weltall entsorgt werden? Wäre das nicht Verschwendung von Ressourcen? Wer stirbt, wird recycelt? Oder wird die Ethik zwangsläufig über Bord geschmissen und Kannibalismus erlaubt? Weiß man dann, wen man auf dem Teller hat?

Etwas anderes wäre es, die Raumfahrer einzufrieren. Aber 50 Millionen Menschen in speziellen Kühltruhen? Da kämen die schweren Kühlaggregate noch hinzu. Wer übernimmt und garantiert am Zielort das Auftauen? Bis jetzt funktioniert der Auftauprozess eines kompletten Körpers dieses Gefrierverfahrens noch nicht. Es ist ja auch nicht nur das vorsichtige Auftauen, der Körper muss bis in die kleinsten Äderchen auch wieder mit Blut aufgefüllt und das Gehirn wieder reaktiviert werden.

Und Roboter mit Grußbotschaften von den Erdbewohnern verschicken? Das hätte allerdings mit unserer jetzigen Lebensform nicht mehr viel gemein und es stellt sich die Frage: Warum sollten wir das tun und finanzieren? Was haben wir davon, außer unvorstellbar hohen Kosten, wenn wir Roboter zu anderen Sternen schicken? Das ist Unsinn und damit ist das Problem „Erde" nicht gelöst.

Ich wundere mich über die Astrophysiker, die sich derartig unsinnige Vorschläge, wie Wurmlöcher, Ringlaser oder Generationenraumschiffe einfallen lassen. Wenn sie ihre zweifellos vorhandene enorme geistige Energie in die Rettung unseres Planeten investieren würden, kämen wir sicher schnell einen großen Schritt weiter und müssten uns nicht mit illusorischen Auswanderungsgedanken herumschlagen.

Es gibt aber eine Reihe Experten, die sehen die Alternative mit Exoplaneten realistisch, darunter ist auch der Astronaut **Alexander Gerst.** Er hält die Besiedelung anderer Himmelskörper für Science-Fiction: *„Es geht darum, dass wir lernen, wie wir unseren Planeten erhalten. Es gibt keinen Planeten B."*

Eine weitere hypothetische Überlegung zu dem Thema der Besiedelung der Milchstraße: Wenn als Beispiel der allen bekannte Polarstern, der von uns 430 Lichtjahre entfernt ist, bewohnbare Planeten hätte und eine revolutionäre Technologie uns ermöglichen würde, tatsächlich mit 10 % der Lichtgeschwindigkeit fliegen zu können und wir eine Expedition hinschicken würden, würde diese nach 4.300 Jahren endlich den Exoplaneten erreichen. Rechnet man großzügig im Schnitt ein Leben mit 100 Jahren, hätten in dieser Flugzeit 43 Generationen das Raumschiff bewohnt. Einundvierzig Generationen hätten ihr Leben nur in einem Raumschiff verbracht, ohne jemals auf einem Planeten in einem Garten spazieren gegangen zu sein. Denken sie hier an unseren Astronauten Alexander Gerst, der froh ist, nach nur einem halben Jahr auf der ISS wieder festen Boden unter die Füße zu bekommen.

Ich vermute, dass die Raumfahrer sich nach einigen Generationen fragen, wer auf die saublöde Idee gekommen ist, ihre Vorfahren in einem engen Raumschiff auf eine viele Jahrhunderte lange Reise zu schicken. Sie sitzen in einem Raumschiff und können die Reise nicht einfach abbrechen. Sicherlich werden sie die Planer verfluchen, dass diese das immense Geld für die Expedition nicht besser für den Erhalt der Erde ausgegeben haben, auf der sie viel lieber am Strand liegen würden.

Wenn der Polarstern aber zum Zeitpunkt des Abflugs der Expedition zu einer Supernova explodieren würde, käme sein Licht noch die nächsten 430 Jahre völlig normal bei uns an und erst in vierhundertdreißig Jahren würden die Astronomen eine Supernova registrieren, obwohl der Stern real längst nicht mehr existiert. Unsere Astronauten könnten nach einem Zehntel der Strecke wieder umkehren. Die technologischen und enormen finanziellen Anstrengungen, den Exoplaneten zu erreichen, wären völlig umsonst gewesen.

Mars- und Venusprojekte

Mars und Venus in unserem Sonnensystem sind wesentlich einfacher und in kürzerer Zeit zu erreichen als der nächste Exoplanet. Die technischen Voraussetzungen für Astronauten, diese Planeten lebend zu erreichen, sind heute bereits gegeben. Also werden entsprechende Projekte entwickelt.

Für die jetzt anstehenden Mars-Projekte benötigt die ESA zunächst elf Milliarden Euro, und die werden sicher nur der Anfang wesentlich größerer benötigter Summen sein. Wie viel müssen wir für nachfolgende Missionen aufbringen, die für die Besiedelung durchgeführt werden.

Seit dem 26. November 2018 bohrte sich ein Roboter, das NASA-Landemodul „InSight", bis 5 Meter tief in das Gestein des Mars, um die Temperatur des Planeten zu messen. Kosten des Unternehmens eine Milliarde Dollar. Der Bohrer hat allerdings seine Arbeit vorzeitig eingestellt.

Im Januar 2021 landeten auf dem Mars ein chinesischer und ein arabischer Roboter. Im Februar folgte ein amerikanischer Rover sogar mit einem Hubschrauber und Mikrofonen ausgestattet, Kosten 2 Milliarden Dollar. Der USA-Rover „Persaverance" hat am 5. März 2021 seine erste Erkundungsfahrt von 6,5 Metern absolviert.

Der chinesische Mars-Rover hat am 21. Mai 2021 begonnen, nach Spuren von Leben zu suchen.

Einen bemannten Flug zum Mars plant die NASA für die 30er Jahre dieses Jahrhunderts. Das genaue Datum steht allerdings noch nicht fest.

Übrigens: Will man den Mars besiedeln, oder auch nur eine dauerhafte Raumstation dort errichten, wird man die notwendige Energie durch Kernenergie gewinnen müssen. Solarzellen werden bei der viel größeren Entfernung bis zur Sonne nicht genügend Energie liefern und Holz oder Kohle gibt es dort hinten wahrscheinlich nicht. Auch den lebensnotwendigen Sauerstoff müssen wir in großen Mengen zum Mars schicken. Da wir hier auf der Erde durch Brandrodung jedes Jahr riesige Regenwaldgebiete in mehreren Erdteilen vernichten, wird hier der Sauerstoff in absehbarer Zeit knapp werden. Dann werden die Marsianer zusehen müssen, woher sie Sauerstoff bekommen.

Da man über die Zustände auf der Venus, dem zweitinnersten Planeten unseres Sonnensystems zuwenig weiß, hat die NASA für die Jahre 2028 und 2030 zwei Missionen zur näheren Erkundung der Venus geplant. Jedenfalls werden die zwei Missionen „DaVinci+" und „Veritas" die Venus genauer untersuchen. „DaVinci+" wird die Atmosphäre untersuchen, „Veritas" soll die Venus kartieren. Vielleicht können wir nach der Kartierung der Venus ein Grundstück aussuchen und auf die Venus umziehen.

Die Tageszeitung *Ruhr-Nachrichten* schreibt am 8.11.2016:

Esa will elf Milliarden Euro für die Raumfahrt

Mit einem Milliardenprojekt Exo-Mars war eine europäisch-russische Raumsonde auf dem 500 Millionen Kilometer langen Weg zum Mars. Nach ihrem Start am 14. März 2016 sollte sie am 20. Oktober 2016 Fotos vom Mars machen und dann auf dem Mars landen und nach Spuren von Leben auf dem Wüstenplaneten suchen. Leider hat das Milliardenobjekt 50 Sekunden vor dem Aufsetzen den Sendebetrieb eingestellt und dann offensichtlich zu hart aufgesetzt.

Wir werden wohl weitere Milliarden Euro investieren und weitere Sonden schicken müssen, um dann festzustellen, dass dort hinten bisher niemand gewohnt hat.

Nun wird bereits eine bemannte Mars-Expedition *Exo-Mars* ins Auge gefasst. Dafür benötigt die ESA zunächst elf Milliarden Euro. Wie sicher ist eine Rückkehr der Astronauten? Kann eine Rakete auf dem Mars ohne Startturm zur Rückkehr starten? Ist sicher möglich, die Mondbesucher sind auch wieder zurückgekommen.

Geld für die Eroberung des Weltalls

Ob es vor 12 oder 14 Milliarden Jahren einen Urknall gab oder nicht, ob Raum und Zeit manchmal abwesend sind, ob es nach Lawrence Krauss im Nichts brodelt und ob in 5.000 Lichtjahren Entfernung Leben existiert, ist für Astrophysiker sicher äußerst interessant, kann uns im Grunde aber nicht sonderlich berühren. Wir werden auch nicht die in fünftausend Lichtjahren Entfernung lebenden Kollegen irgendwann persönlich begrüßen können, da unsere Lebenszeit leider auf maximal 100 Jahre begrenzt ist. Leider. Was man in den nächsten hundert Jahren an neuen Erkenntnissen gewinnt, werden wir schon nicht mehr erfahren. Auch Johannes Heesters mit seinen gesegneten 108 Jahren hätte bei den riesigen astronomischen Zeiträumen keinen gravierenden Vorteil gehabt. Die astronomischen Entfernungen und die damit verbundenen enormen Zeitspannen sind für ein Menschenleben einfach zu groß. Zudem wissen wir nicht, wie sich derart lange Zeiten, die ein Flug zu einem Exoplaneten dauert, ohne Gravitation auf das Gehirn und die Organe auswirken. Was werden das für Menschen sein, die auf einem Exoplaneten landen?

Da ist es auch uninteressant, dass Wissenschaftler meinen, in 10.000 Jahren könnte man unsere gesamte Galaxie, die Milchstraße besiedeln. Bei einem Durchmesser unserer Milchstraße von 100.000 Lichtjahren ist diese Vorstellung absoluter Unsinn. Und der Vorschlag, ein Raumschiff mit einer stabilen Platte am Heck zu versehen und über zehn Minuten alle zehn Sekunden eine Atombombe als Antrieb zu zünden, um auf zehn Prozent der Lichtgeschwindigkeit zu kommen, erscheint mir sehr fragwürdig. Auch diese Reisegeschwindigkeit ist immer noch zu gering, um interstellare Distanzen sinnvoll zu überbrücken. Alternativ könnte man das Raumschiff auf Automatik stellen und die Besatzung einfrieren, bis sie das Ziel erreichen. Aber dann muss das Auftauen auch sicher funktionieren.

So interessant diese Gedankenexperimente erscheinen, die für die Umsetzung dieser Ideen notwendigen unvorstellbaren Geld- und Energiemengen brauchen wir zur Zeit dringender zur Bekämpfung der Klimaveränderung, der weltweiten Armut und anderer fundamentaler Probleme auf unserem Heimatplaneten, wie der Grundversorgung, der Bildung und der Aufklärung. Weltweit verhungern Millionen von Menschen, insbesondere Kinder, weil es an Geld für Nahrung fehlt. Selbst in Deutschland werden Kinderkliniken und Kinderabteilungen in Kliniken aus Geldmangel geschlossen! Während gegenwärtig Millionen Menschen auf unserer Erde keinen Zugang zu einwandfreiem Trinkwasser haben, will man Milliarden Euro für die Reise zum Mars und dessen eventuelle Besiedelung, sowie für interstellare Projekte ausgeben. Irgendwie ist das schwer zu verstehen, wenn man kein Astrophysiker ist.

Auf unserer Erde haben Cyanobakterien vor vier Milliarden Jahren im Laufe von einer Milliarde Jahren den gesamten Sauerstoff unserer Atmosphäre freigesetzt. Auf dem Mars fehlen das Meer und die Cyanobakterien. Da der Mars unbewohnt ist, gibt es natürlich keinerlei existierende Produktionsstätten, keine Fabriken oder Handwerksbetriebe, keine Erz- und Kohlebergwerke, nicht einmal Holz als Baumaterial. Alle technischen Prozesse, in denen große Mengen Sauerstoff benötigt werden, entfallen grundsätzlich, da in der Marsatmosphäre leider freier Sauerstoff nicht vorhanden ist. Schon für die Errichtung von ersten Unterkünften muss das gesamte benötigte Material, von der kleinsten Schraube bis zu großen Bauteilen mit Raumschiffen zum Mars transportiert werden, nicht zu vergessen, in großen Mengen der lebensnotwendige Sauerstoff. Das Leben auf dem Mars wird sich dann wegen der fehlenden passenden Atmosphäre überwiegend in hermetisch abgeschlossenen Unterkünften abspielen. Geht man einmal außer Haus, um den Nachbarn zu besuchen, dann nur im Raumanzug und mit Sauerstoff-Flasche auf dem Rücken. Reichen die Sauerstoffvorräte der Erde auch für einen besiedelten Mars, den wir von der Erde mit Sauerstoff versorgen müssen? Insbesondere, wenn wir die Regenwälder abholzen? Die gleichen Probleme gelten sicher auch für andere Exoplaneten. Wollen wir überhaupt so leben? Ach, ich hatte jetzt vergessen, dass diese Probleme uns nicht mehr betreffen werden.

<u>Frage:</u> Glauben Sie, dass wir die Galaxie besiedeln müssen und dass sich die Ausgabe der vielen Milliarden Euro, Dollar, Rubel und Yen für derartige Projekte lohnt? Ist ein spartanisches Leben auf dem Mars ohne Waldspaziergänge, ohne Urlaub am Strand erstrebenswert?

Wir müssen, wissenschaftlich gesehen, leider davon ausgehen, dass der Mensch wahrscheinlich nur einmal lebt, wenn auch die Hindus anderer Meinung sind. Die gleichen Moleküle werden sich nach der Verwesung des Körpers oder der Verbrennung bestimmt nicht wieder in der gleichen Weise zusammenfinden und uns ein zweites Mal völlig identisch erscheinen lassen, damit das Gehirn uns wiedererweckt.

Wir leben heute und dabei leider sehr selten länger als 100 Jahre! Nur eine Japanerin soll 115 Jahre erreicht haben. Mit dem Tod wird auch das Bewusstsein erlöschen und das Universum hat für den Betroffenen keine Bedeutung mehr.

Es ist gar nicht so einfach, einen bewohnbaren Stern zu finden und vor allem zu erreichen. Sollen wir die vielen Milliarden für den Traum einer Besiedelung eines Exoplaneten oder der Milchstraße wirklich aufbringen? Und was bringt es letztendlich der Menschheit? Keiner, der sich für ein besseres Leben zum Exoplaneten aufmacht, wird ihn erreichen.

Also, was sollen die ganzen Überlegungen? Die Erhaltung der menschlichen Rasse im Universum? Die Überlegungen sind nur interessant für Astrowissenschaftler. Ich glaube es nicht nur, ich weiß es, die Exoplaneten-Projekte kosten Unsummen und bringen dem Normalbürger nichts. Ich wiederhole mich, aber wir brauchen das Geld dringender für die Sanierung unserer Erde. Erst wenn die Zukunft unserer Erde gesichert ist, können wir kostspielige interstellare Probleme angehen.

Fest steht, dass wir jetzt etwas gegen den **Klimawandel** tun müssen, und das kostet ebenfalls sehr viel Geld. Im November 2017 haben amerikanische Forscher in einem Bericht den durch Menschen verstärkten Klimawandel bestätigt, während ihr Präsident Tramp in seiner Amtszeit diesen Wandel trotz wissenschaftlichen Beweisen und zunehmenden Klimakapriolen als eine Erfindung der Chinesen ansah. Die lokale Kältewelle im Dezember 2017 / Januar 2018 im Norden der USA ist kein Argument gegen die Erderwärmung. Die USA werden auch in Zukunft von Hitzewellen und Überschwemmungen heimgesucht werden. Siehe 2021 Kalifornien.

Zeitungsnotiz am 3. Juli 2019: *Der heißeste Juni aller Zeiten – weltweit*

„Brüssel (dpa): Der vergangene Monat war der heißeste Juni in Europa und auch weltweit, der je seit Beginn der Aufzeichnungen gemessen wurde. Das berichtete der Copernicus-Klimawandeldienst in Brüssel. Die Durchschnittstemperaturen lagen in Europa demnach im Schnitt um rund zwei Grad über dem definierten Normalbereich.…"

Und auch das Jahr 2020 ist ein Jahr von Wärmerekorden. Es geht also weiter in Richtung Erwärmung.

Ein Leben ist zu kurz, um im Katastrophenfall einen weit entfernten Planeten zu erreichen oder sogar die Milchstraße zu besiedeln. Selbst eine Katze, der man sieben Leben nachsagt, hätte keine Chance. Aber gegen den Klimawandel müssen und können wir sofort etwas tun, noch haben wir eine Chance und Möglichkeiten.

Wenn Sie ein Menschenleben ins Verhältnis zur Dauer eines Fluges zu einem Exoplaneten setzen, werden Sie die Reise sicher nicht buchen. Halten Sie, lieber Leser, es dann besser mit Goethe, der das Leben sogar zu kurz fand, um schlechten Wein zu trinken. Öffnen Sie eine Flasche guten Wein und während Sie den Wein genießen, denken Sie einmal über die Notwendigkeit der Milchstraßenbesiedelung nach. Warum sollten wir Erdbewohner die gesamte Milchstraße besiedeln? Sehen Sie einen Sinn darin?......

Was meinen Sie? Sollte man nicht die vielen Milliarden, die für die Suche nach einem Exoplaneten und für die Besiedelung des Mars investiert werden, lieber für unseren Planeten ausgeben?

Ist die Weinflasche leer? Zu welchem Schluss sind Sie gekommen?

Grenzen der Vorstellungskraft

Vielleicht sind wir im Weltall allein, weil kein Planet genau die Bahn um einen Stern zieht, die Leben ermöglicht, und wenn die Bahn stimmt, fehlt vielleicht das Wasser. Das sehen Wissenschaftler allerdings als unwahrscheinlich an. Astronomen hatten bei 200 Milliarden Galaxien mit jeweils mindestens 100 Milliarden Sonnen und entsprechenden Planeten alle denkbaren Faktoren berücksichtigt und sind bei vorsichtigster Schätzung auf über 37.000 Planeten mit Voraussetzungen für Leben gekommen. Bei der jetzt geschätzten zehnfachen Zahl der Galaxien sind es wahrscheinlich auch entsprechend mehr für Leben geeignete Planeten.

Neue Hypothesen vermuten selbst in unserer Galaxie mindestens 60 für Leben geeignete Planeten. Ich denke, es wird allerdings nicht ganz einfach sein, diese sechzig Planeten unter mehr als hundert Milliarden Sonnensystemen in unserer Galaxie zu finden und vor allem zu erreichen. Bisher ist die Annahme eines weiteren bewohnbaren Planeten mit Wasser und mit genügend Sauerstoff in der Atmosphäre in unserer Galaxie hypothetischer Natur, also noch, wenn man so will, im Stadium des Glaubens.

Auf unserem Planeten haben sich im Laufe der Millionen Jahre viele verschiedene Lebensformen entwickelt, von denen bei mehreren großen Katastrophen teilweise bis zu 95 % der Lebewesen vernichtet wurden. Was sich auf anderen Planeten entwickelt hat, ob es dort Katastrophen gegeben hat, wer die Katastrophen überlebt hat und was für Wesen sich in der Evolution dort entwickelt haben, können wir nicht wissen. Alle Darstellungen außerirdischer Lebewesen, ob grüne Männchen oder in den USA gefundene Außerplanetarier, sind reine Fantasie, können allerdings auch zutreffen. Wenn ich ein eigenwilliges außerirdisches Männchen malen würde, könnte niemand beweisen, dass es solche Männchen nicht gibt.

Wie das Leben woanders aussieht, ist reine Spekulation. Auch auf fernen habitablen Planeten wird eine Evolution verschiedenste Lebensarten hervorgebracht haben. Derjenige, der sich am besten an die Gegebenheiten anpassen kann, hat die größten Überlebenschancen. Aber auch dort können durch Meteoriten oder andere Katastrophen ganze Lebenslinien ausgelöscht worden sein. Und ob die überlebenden Lebewesen sich zu intelligenten Wesen entwickelt haben, die interstellare Fluggeräte entwickeln können? Um allerdings interstellare Fluggeräte schaffen zu können, müssen außerirdische Erbauer verschiedene Voraussetzungen erfüllen, sie müssten mindestens Gliedmaßen und ein bestens funktionierendes Gehirn besitzen. Es wäre interessant, aber für uns ohne *Bedeutung.* Vielleicht haben sie gar nicht den Drang, ferne Welten zu erkunden und kümmern sich statt dessen um ihren eigenen Planeten. Überprüfen können wir das wegen der unüberbrückbaren Entfernungen nicht.

Senden wir heute ein Signal an einen Stern in unserer Nähe, der nur 50 Lichtjahre entfernt ist, würden wir 100 Jahre auf eine Rückmeldung warten müssen! Und die Entfernung ist gering im Vergleich zum Durchmesser unserer Galaxie, für die das Licht ungefähr 100.000 Jahre benötigt. Voraussetzung ist, dass die Außerirdischen mit unserem Signal etwas anfangen können und zum Antworten eine passende Sendeanlage haben. Dann ist es noch die Frage, ob sie mit uns Kontakt aufnehmen wollen. Vielleicht haben sie Angst, dass wir kriegerisch veranlagt sind und sie sich eine Laus in den Pelz setzen könnten. Aber auch sie könnten kriegerisch veranlagt sein. Dann wäre es besser, wenn sie nichts von uns wissen. Und sollten sie uns dann doch zum Kaffee einladen, wie lange würde erst ein Flug dorthin dauern! Dann stellt sich noch die Frage, ob wir etwas miteinander anfangen und irgendwie miteinander kommunizieren können. Sollten wir den Exoplanetariern zur Begrüßung Champagner anbieten? Eventuell trinken die Exoplanetarier gar keinen Champagner?

Die Evolution kann auf anderen Planeten völlig anders als bei uns abgelaufen sein. Und wie hätte sich das Leben auf unserer Erde entwickelt, wenn die Dinosaurier nicht durch den Einschlag eines Meteoriten vor 66 Millionen Jahren ausgestorben wären?

Wir erreichen in vielen Fällen die Grenzen unserer Vorstellungskraft.

Allein schon, wenn man sich die oft zitierte *Unendlichkeit* vorstellen will, bekommt man Probleme. Das „Unendliche" ist eigentlich weder räumlich noch zeitlich in unserer Vorstellung vorgesehen. Alles hat irgendwo einen Anfang und ein Ende, das ist unsere Erfahrung. Aber hinter jeder Mauer geht es weiter und wo soll das Universum zu Ende sein? Was ist hinter dem Ende?

Schon als Kind beginnt man zu zählen und bekommt ein Gefühl für kleine und große Zahlen. Aber auch hier kommen wir an die Grenze unserer Vorstellungskraft. Wie bereits erwähnt, schätzte man bisher das zur Zeit beobachtbare Universum auf über 200 Milliarden Galaxien mit jeweils mehr als 100 Milliarden Sternen und deren Planeten. Nimmt man die neue Schätzung mit der zehnfachen Anzahl Galaxien an, ist diese Größenordnung kaum vorstellbar. Zur Erinnerung: Die gesamte im All herumfliegende Materie von 2.000 Milliarden Galaxien soll aus dem Nichts bei einem Urknall entstanden sein! Das ist wirklich nicht vorstellbar. Wie war das? Fragen wir die Wissenschaftler.

Urknall, ein mathematisches Modell

Und dann kommen die Wissenschaftler mit erstaunlichen Erklärungen, allen voran Stephen Hawking, und sagen, das Weltall mit allen Galaxien ist vor ca. 14 Milliarden Jahren aus dem Nichts, es gab weder Raum noch Zeit, durch einen **Urknall** entstanden. In einem unendlich kleinen Punkt in einem nicht vorhandenen Raum war urplötzlich eine unendlich große Menge Energie mit unendlich großer Temperatur, und daraus entstand innerhalb von 10^{-43} Sekunden, also im gleichen Moment, die Voraussetzung für die riesigen Materiemassen, die sich heute im Weltall ausbreiten. Entstanden in einem winzigen Punkt? Unvorstellbar!

Der Urknall entstand im absoluten Nichts an einem Punkt, den es vorher nicht gab. Im kleinsten Bruchteil einer Sekunde entstand aus reiner Energie von unendlicher Dichte und der Dimension Null bei unvorstellbarer Hitze in einer unvorstellbaren Explosion die unvorstellbare Masse des Universums! Woher kommt im nicht vorhandenen Raum urplötzlich eine nicht vorstellbare Energiemenge? Das entzieht sich natürlich meiner Vorstellungskraft. Allerdings ist der Urknall auch nur ein mathematisches Modell, eine Hypothese, die nicht bewiesen ist.

Der mathematisch berechnete Urknall führt zu einer „Singularität“, in der alle physikalischen Gesetze nicht mehr gelten, sagen die Wissenschaftler. Wichtig ist, dass Sie diese Aussage verstehen. Mich beschäftigt im Moment das Problem, wie ein Punkt in einem nicht vorhandenen Raum entstehen kann. Und noch etwas sollten Sie berücksichtigen, der Urknall besteht bis jetzt nur als mathematische Berechnung!

Es war eine einfache Überlegung für die Wissenschaftler. Da sich das Weltall nach allen Seiten ausdehnt, kann der Astrophysiker in umgekehrter Richtung alles in der Vergangenheit auf einen Punkt zurückrechnen. Das war der Punkt, an der sich der errechnete Urknall ereignete.

Vor dem Urknall gab es weder Zeit noch Raum, sagt Stephen Hawking. Das unendliche All gab es nicht. Nicht vorstellbar! Wenn ich nachts den Sternenhimmel betrachte, soll es die Sterne und vor allem auch den Raum, in dem sie sich heute bewegen, nicht gegeben haben? Der Mensch ist ein Wesen, das Anfang und Ende braucht, und aus dem absoluten Nichts kann aus seiner Sicht auch nichts entstehen.

An dem Punkt kapitulieren zur Zeit allerdings auch die Wissenschaftler, weil bisher für diesen Fall alle bisher bekannten Naturgesetze versagen.

Was war vor dem Urknall? Nichts? Nichts, sagen die Wissenschaftler.

Da es vor dem Urknall weder Raum noch Zeit gab, kann es auch keinen Gott gegeben haben, der den Urknall ausgelöst hat, sagt Stephen Hawking.

Wie kann aus dem absoluten Nichts ein „Urknallpunkt" mit dieser heute bekannten riesigen Masse im Weltall entstehen?

Warum an diesem Punkt? Wenn es keinen Raum gab, kann es auch keinen Punkt gegeben haben, an dem sich ein „Urknall" ereignen konnte. Es gab auch keine Physik und keine Chemie, es existierten keine physikalischen Gesetze.

Meine Gedanken drehen sich im Kreis. Ein Punkt in einem Raum, den es nicht gab? Urplötzlich knallt es und in dem nicht existierenden Punkt entstehen bei unvorstellbarer Temperatur ungeheure Mengen Energie und damit die unvorstellbar riesigen Mengen an Materie, die wir heute mit unseren Teleskopen sehen können? Schwer vorstellbar. Kann es einen Tintenklecks auf einem nicht vorhandenen Blatt Papier geben, auf einem Blatt, das es nicht gibt?

Es gibt allerdings namhafte Wissenschaftler, die dieser Theorie eines einmaligen Urknalls nicht zustimmen. Sie wollen unbedingt wissen, was vor dem Urknall war. Einige gehen von einem sich ständig wiederholenden Zyklus des Entstehens und des Vergehens eines Universums aus. Kehrt sich die Ausdehnung um und alle Materie kommt in einem Punkt zusammen, bei immer größer werdender Dichte und Temperatur, um letztendlich in einer riesigen Explosion die Materie wieder in den Raum zu schleudern? Wenn diese Annahme richtig ist, stellt sich uns auch hier die Frage nach dem Anfang. Aber, genau wie es kein räumliches Ende des Universums geben soll, wird es auch kein zeitliches Limit geben.

Tatsächlich gibt es Wissenschaftler, die die These vertreten, irgendwann wird sich die Ausdehnung verlangsamen und sich umkehren. Dann wird sich die Materie wieder auf einen Punkt konzentrieren und alles beginnt von neuem. Unvorstellbar, aber unmöglich? Man muss nur noch ein paar Probleme lösen, die sich durch die dunkle Materie und die dunkle Energie ergeben.

Später meinte auch Stephen Hawking, das Universum muss nicht unbedingt aus einer „Singularität" entstanden sein. Wie aber dann?

Wie könnte man die Theorie des Urknalls beweisen? Der Urknall könnte in der Praxis durch einen zweiten Urknall bewiesen werden! Das ist jedoch insofern schwierig und hätte für uns unangenehme Folgen, da wir für dieses Experiment vorher das absolute Nichts ohne Raum und Zeit schaffen müssten. Damit würden wir uns allerdings selbst abschaffen. Ich vermute, dass ehrgeizige Astrophysiker auch für diesen Test Fördermittel beantragen würden.

Verschiedene Wissenschaftler gehen davon aus, dass es unendlich viele Universen gibt, die den gesamten, unendlichen Raum wie Blasen eines Schaums ausfüllen. In den einzelnen Blasen könnten auch unterschiedliche physikalische Gesetze herrschen, die unsere Vorstellungskraft sprengen. Die unterschiedlichen Universen können aus unterschiedlichen Gründen zu unterschiedlichen Zeiten unabhängig von einander entstanden sein. Dann muss der Urknall unseres Universums kein Einzelfall gewesen sein. Das würde bedeuten, dass es keinen Anfang und kein absolutes Ende des Universums geben würde, andererseits aber auch kein absolutes Nichts.

Wenn es die verschiedenen, sich ausdehnenden Universen tatsächlich gibt, könnten sie sich zwangsläufig durch die Ausdehnung nach allen Seiten irgendwann treffen, beeinflussen und vielleicht irgendwo einen außergewöhnlichen Punkt im All bilden. Dadurch bekommt die Gravitation der betroffenen Galaxien einen neuen Kick und die Ausdehnung kehrt sich um, bis die Masse sich auf einen Punkt konzentriert und in einem Urknall wieder auseinander fliegt. Das Spiel könnte unendlich oft geschehen. Mit dieser Vorstellung kann ich mich anfreunden, sie erklärt natürlich immer noch nicht, woher die Materie letztendlich stammt, die eigentlich erstarrte Energie sein soll. Vielleicht aus einem *brodelnden Nichts*?

Welche der verschiedenen Theorien ist die richtige? Wenn wir nur wüssten, wie es war. Doch auch wenn wir es wüssten, welche Bedeutung hätte diese Kenntnis für unseren täglichen Alltag bei einer Lebenserwartung von knapp hundert Jahren? Keine!!! Es würde sich weder für mich noch für Sie etwas ändern.

Im FOCUS 17/2013 wird unter der Überschrift *„Universum ohne Gott"* über die aktuelle Vorstellung der Physiker über die Entstehung des Universums berichtet. Der Physiker *Lawrence Krauss* beschreibt in seinem neuen Buch: *„Ein Universum aus dem Nichts"* den derzeitigen Kenntnisstand und die Hypothesen über den Urknall. Wichtigster Bestandteil der Hypothese ist die *Quan-*

tengravitation, aus der sich ein *brodelndes Nichts*, das Teilchen, aber auch winzige, so stark gekrümmte Miniräume entstehen lässt, dass deren Ausdehnung gegen Null geht, die also verschwinden. Weiter heißt es: *„In einem geschlossenen Universum kompensieren sich die aus der Materie resultierende Energie und die Gravitationsenergie. Sie addieren sich zum Gesamtwert Null. Damit ist das Nichts der Quantengravitation erreicht, die Abwesenheit von Raum und Zeit."*

Es brodelt im Nichts? Haben Sie das verstanden??? Wenn ja, erklären Sie es mir! Und wenn wir schon dabei sind, dann können Sie auch gleich das Folgende erklären:

In der *Frankfurter Allgemeinen Sonntagszeitung* erschien im Juni 2015 ein Bericht unter der Überschrift *„Weltformelverdacht."* Darin berichten der Physiker *Hirosi Ogun* und *Matilde Marcolli* von einem Fortschritt auf dem Weg zu einer Verknüpfung von Quantenphysik und Gravitationstheorie hin zu einer letzten fundamentalen Naturtheorie. Dabei gingen sie vom sogenannten holographischen Prinzip aus, nach dem die Schwerkraft in einem dreidimensionalen Volumen mit Gesetzen einer reinen Quantentheorie auf dessen zweidimensionaler Oberfläche zusammenhängt. Den Beiden gelang nun die mathematische Umkehrung. Sie konnten zeigen, wie räumlich

verteilte Energiekonzentrationen, die ein Schwerefeld verursachen, aus Quantenverschränkungen auf der Fläche berechnet werden können.

Alles klar? Ist doch ganz einfach, die Quanten verschränken sich auf der Fläche. Oder? Sie wollen Näheres wissen? Lesen Sie die Abhandlung in den *Physical Review Letters.*

Man muss die verschiedenen Hypothesen auch nicht glauben oder verstehen. Es sind nur logische Gedankenexperimente von genialen Wissenschaftlern und wenn Sie, lieber Leser, eine andere Idee zur Entstehung des Universums haben, machen Sie

sie bekannt. Sie kann völlig anders sein, aber sie sollte wissenschaftlichen Kriterien entsprechen und wissenschaftlichen Prüfungen standhalten. Also ersetzen Sie nicht einen alten Mann mit weißem Bart durch eine alte Frau mit Warze, der Sie vier Wochen Zeit für die Schöpfung zugestehen.

Trotz aller verwirrenden Hypothesen und Fragen ist es eine Tatsache, dass Sie und ich existieren. Also existiert die aus dem absoluten Nichts entstandene Materie in kompliziertesten chemischen Verbindungen, selbst wenn es nur erstarrte Energie, zusammengehalten durch Higgs-Teilchen und überwiegend leerer Raum ist, in Formen wie Sie und ich.

Stellen Sie sich vor, alle Wissenschaftler, die sich mit Raumfahrt und der Erforschung des Universums befassen, würden sich auf die Rettung unseres Planeten konzentrieren und das Geld, was weltweit für diese intergalaktischen Forschungen ausgegeben wird, stände ihnen dafür zur Verfügung, unsere Erde würde eine gute Chance haben. Ich weiß, ich wiederhole mich, aber die Rettung unseres einmaligen Planeten ist für die Menschheit wichtiger als Weltraumforschung und die Suche nach einem Exoplaneten.

Wenn ich im Liegestuhl auf der Terrasse liege und die weniger als einen Millimeter kleinen weißen Fliegen bei ihrem Spiel in der Sonne beobachte, weiß ich, das kann kein alter Mann mit dicken Fingern gemacht haben. Und es ist mir auch egal, was vor vierzehn Milliarden Jahren passiert ist und ob es die Quantenverschränkung oder ein brodelndes Nichts gibt. Ebenso beunruhigen mich Schwarze Löcher nicht, wenn ich ihnen nicht zu nahe komme. Wichtig ist: Ich denke, also bin ich! Das reicht mir.

Materie, was ist das?

Wir, aber auch die kleinsten Lebewesen und alles um uns herum, bestehen aus Materie. Was ist das eigentlich, Materie? Wissenschaftler sagen, Materie ist erstarrte Energie, zusammengehalten durch Higgs-Teilchen. Dabei soll Materie auch überwiegend leerer Raum sein. Möglich. Trotzdem kann es sehr weh tun, wenn man von einem durch Higgs-Teilchen zusammengehaltenen, überwiegend aus leerem Raum bestehenden Ziegelstein am Kopf getroffen wird.

Und zu allem Überfluss soll es zu der vorhandenen Materie die gleiche Menge Antimaterie geben. Gibt es nach dieser These im Universum auch die gleiche riesige Anzahl Galaxien aus Antimaterie? Treffen Materie und Antimaterie aufeinander, so die Wissenschaftler, löschen sich beide aus, beide Materiearten verschwinden im Nichts. Sozusagen ein umgekehrter Urknall. Zwei Ziegelsteine, einer aus Materie wie wir sie kennen und einer aus Antimaterie treffen sich zufällig. Nur ein Energieblitz und beide sind weg. Ohne Feinstaub in der Luft! Hoffentlich bleibt uns ein Zusammentreffen mit Antimaterie erspart. Eventuell besteht unser Universum nur aus Materie und ein anderes Universum aus Antimaterie, dann sind wir relativ sicher,wenn wir nicht aufeinander zufliegen.

Klimawandel

Kohlendioxid, der Klimakiller

Glauben Sie, wir verursachen mit dem Ausstoß immenser Mengen von klimaschädlichen Gasen einen Klimawandel? Glauben Sie, dass nicht nur die Temperaturen global, sondern auch der Meeresspiegel steigen werden?

Oder sind Sie mit dem wissenschaftlich völlig unbedarften früheren amerikanischen Präsidenten Donald Trump der Meinung, der Klimawandel ist eine Erfindung der Chinesen?

Nein, es ist keine neue Erkenntnis, dass die Gefahr eines Klimawandels bevorsteht. Bereits in der Ausgabe Nr. 33 vom **11. August 1986** titelte DER SPIEGEL:

„DIE KLIMA-KATASTROPHE   Ozonloch, Pol-Schmelze, Treibhauseffekt: Forscher warnen: Das Weltklima gerät aus den Fugen…."

Wir hatten also schon mehr als dreißig Jahre Zeit, Gegenmaßnahmen zu planen, haben die Zeit jedoch nicht genutzt.

Der Klimawandel ist leider keine Erfindung, auch nicht der Chinesen. Es geht heute tatsächlich um das langfristige Überleben der Menschheit! Politiker in allen Ländern, hört auf die Forderungen der Schüler in vielen Ländern, die für den Erhalt ihrer Welt demonstrieren. Wir dürfen ihre Zukunft nicht zerstören!

Unsere Enkel und Urenkel werden einmal unsere Generation für ihre Probleme durch die Klimaveränderung verantwortlich machen, weil wir wider besseres Wissen nicht gehandelt haben. Auf Tafeln werden später einmal Außerirdische die Namen der Politiker lesen, die für das Ende der Menschheit auf der Erde verantwortlich waren. Sie werden sich sicher fragen: Was war ein „Trump"?

Außergewöhnliche Wetterphänomene häufen sich.

Nach Ansicht der Wissenschaftler ist der Klimawandel keine Glaubensfrage. Nach der Auswertung der weltweit für das Jahr 2014 erhobenen Wetterdaten war das Jahr 2014 bis dahin das wärmste Jahr seit Beginn der Wetteraufzeichnungen im Jahre 1880. Und dann schließen sich die folgenden Jahre an. Das Jahr 2015 übertrifft 2014 mit weiteren Wärmerekorden. Auch das Jahr 2016 bestätigt den Kurs. Das haben unabhängige Messungen der Weltraumbehörde NASA und des US-Wetteramtes ergeben.

Und es geht immer so weiter.

Die enorme Trockenphase von Mai bis August 2018 mit ständigen Temperaturen zwischen 30°C und 39°C, die der deutschen Landwirtschaft große Schäden beschert hat, bekräftigt ebenfalls den Trend. 2018 war nach der Bilanz des Deutschen Wetterdienstes das bisher heißeste Jahr seit den Wetteraufzeichnungen 1880.

Nach tagelangen Hitzerekorden im Juni/Juli 2021 erreichen die Temperaturen in dem in der gemäßigten Klimazone liegenden

Ort Lytton/Kanada bis zu 49,6°C! Das führte zu zahlreichen Bränden und vielen Toten, da man in diesen Regionen bisher keine derartigen Hitzewellen kannte und keine Klimaanlagen brauchte. Der Ort Lytton wurde zu 90% Opfer der Flammen. Schuld an der für diese Region nie gekannte Hitze war das Phänomen einer sogenannten „Hitzekuppel". Ein Hochdruck in der Atmosphäre hält die heiße Luft in der Region längere Zeit fest.

Auch auf der anderen Seite der Erdkugel haben die Menschen ebenfalls Probleme. Im australischen Sommer 2019 stöhnen die Einwohner im Januar tagelang über Temperaturen von weit über 40°C bis maximal 49,4°C. Der Januar 2019 war der heißeste Monat im Land seit Beginn der Wetteraufzeichnungen. Waldbrände nie gekannten Ausmaßes vernichten riesige Landstriche im Osten Australiens und fordern Opfer unter den Menschen und der Tierwelt.

Aber es wurde in der letzten Zeit stellenweise auch sehr nass!

Zwei Wochen später ergießen sich riesige Wassermassen über den australischen Kontinent und eine Jahrhundertflut setzt ganze Landstriche unter Wasser. In Queensland fiel binnen weniger Tage so viel Regen wie sonst in einem Jahr. Die Regierungschefin des Bundesstaates Queensland nannte das Hochwasser ein „Jahrhundert-Ereignis".

Im März 2021 berichten die Medien über tagelangen Starkregen, der im Südosten Australiens zu katastrophalem Hochwasser führt. Häuser, Autos, Pferde, Kühe und Kängurus werden von den Fluten mitgerissen. An der Ostküste Australiens wird schon wieder ein Landstrich von mehr als 900 km Länge unter Wasser gesetzt, 18.000 Menschen mussten in Sicherheit gebracht werden. Die Betroffenen sprachen von der größten Überschwemmungskatastrophe, die sie bisher erlebt haben. „Ich habe noch nie einen solchen Regen gesehen", sagte der Chef des Katastrophenschutzes von New South Wales.

Aber auch Afrika wurde nicht verschont. Im März 2019 gab es sintflutartige Überschwemmungen in Malawi, Mosambik und in Simbabwe mit unvorstellbaren Verwüstungen und der Vernichtung der gesamten Ernte durch den Zyklon „Idai". Wenige Wochen später, Ende April 2019 kam mit dem Wirbelsturm „Kenneth" die zweite Sintflut, die in der gleichen Region zweihunderttausend Menschen obdachlos machte. Im Jahr 2021 sind in Afrika große Teile so trocken, dass keine Ernte möglich ist.

Anfang Mai 2019 traf der Zyklon „Fani" mit Windgeschwindigkeiten von 195 Stundenkilometern auf die Küste von Indien und brachte Zerstörung in ungekanntem Ausmaß. Mehr als eine Million Menschen mussten in Sicherheit gebracht werden.

Das Jahr 2021ist das Jahr der schlimmsten Waldbrandsaison in Kalifornien. Mehr als 6.000 Waldbrände haben 3.260 km² Land verwüstet. Allein das sogenannte Dixie-Feuer brannte auf einer Fläche von über 1.800 km². Auch in Griechenland und in der Türkei kämpfen die Menschen gegen Waldbrände riesigen Ausmaßes. Deutsche spezialisierte Feuerwehreinheiten eilten den Griechen zu Hilfe. Italien meldet am 8. August 2021 800 Waldbrände. Durch die Brände entweichen riesige Mengen Kohlendioxid in die Atmosphäre.

Und dann die Flutkatastrophe im Ahr-Gebiet im Sommer 2021 mit nie gekanntem Ausmaß.

Zunächst zum Thema Klimawandel einige weitere Details, die die Komplexität des Themas verdeutlichen sollen:

Ein Argument, das man auch von manchem anderen Skeptiker hört: „Dieses kalte Wetter spricht nicht für eine Klimaerwärmung."

„Ich glaube nicht an die Klimaerwärmung! Es schneite am 12. Dezember 2013 sogar in Jerusalem!"

Dafür wurden allerdings am 11. Januar 2015 in Piding (Bayern) +20,5°C und in Rosenheim (Bayern) +19,5°C gemessen!

Im Mai 2015 wurde es in Indien, insbesondere in der südlichen Region Andhra Pradesh und Telangana tagelang bis zu 48°C heiß. Dieser ungewöhnlichen Hitze fielen mehr als 1.800 Menschen zum Opfer.

Am 30. Dezember 2015 ist im ZDF-Videotext von einem ungewöhnlichen Wetterphänomen zu lesen: *Ein Sturmsystem von historischen Ausmaßen braut sich derzeit östlich von Grönland zusammen und zieht weiter nördlich. Es könnte dem Nordpol Temperaturen von bis zu 50 Grad über den um diese Zeit üblichen Temperaturen von minus 40 Grad bringen. Tatsächlich liegt dort die Höchsttemperatur derzeit bereits bei etwa null Grad. US-Wetterdienst NOAA.*

Am gleichen Tag wird auf der nächsten Seite über Großbritannien berichtet, dass Nordirland, Nordengland, Schottland und Wales sich auf die dritte Hochwasserwelle einstellen müssen.

Riesige Wassermassen ergießen sich im September 2017 über Houston im Süden der USA. Kurz darauf verwüsten Hurrikane Florida in nicht gekanntem Ausmaß. Und im September 2018 bringt der Hurrikan „Florence" wieder große Verwüstungen und enorme Überschwemmungen an der US-Ostküste.

Im Juli 2021 zog das Tief „Bernd" von England nach Westeuropa. Über Nordrhein-Westfalen und Rheinland-Pfalz verharrte „Bernd" und brachte in wenigen Stunden Starkregen mit 150 Litern pro Quadratmeter und damit Schäden in bisher nicht gekanntem Ausmaß. Die Folgen waren verheerend. Über 150 Tote, viele zerstörte Ortschaften voller Schlamm, insbesonders in der Region um Ahrweiler, zerstörte Existenzen und Milliarden Euro Schäden. Telefone funktionieren nicht mehr, Straßen und Häuser, Autos und Wohnwagen sind zu großen Teilen weggespült, überall Schlamm und Geröll. In der Nachbarschaft wurde zur gleichen Zeit die Region um Lüttich in Belgien von „Bernd" heimgesucht. Auch hier große Überflutungen und über 20 Tote. Drei Tage später hat es Starkregen mit mehr als 100 Liter pro Quadratmeter in Thüringen gegeben. Am nächsten Tag meldeten Sachsen und das Berchtesgadenerland, sowie Teile von Österreich Land unter. Die Folge waren auch hier große Über-

schwemmungen mit zerstörten Häusern und Straßen, sowie Toten.

Einzelne lokale Klimaanomalien werden häufig als Argumente
für die jeweilige These einer Seite angeführt. Man sucht sich das
passende Ereignis aus und ignoriert die nicht passenden Anomalien und die globale Tendenz.

Für eine verlässliche Beurteilung des langfristigen Trends ist jedoch nur die längere globale Betrachtung des Wetters aussage-
kräftig. Daraus ergibt sich ein Gesamtbild für unsere Erde, aus
der Schlüsse für die Zukunft gezogen werden können.

So haben Ozeanographen festgestellt, dass im Laufe der letzten
Jahre die Wassertemperatur im Pazifik um 1,5°C gestiegen ist.
Das bedeutet, dass wesentlich mehr Wasser verdunstet und damit die Regenmengen, insbesondere die von Hurrikans, aber
auch bei sommerlichen Tiefdruckgebieten wesentlich größer
werden. Es steht fest, dass wir uns zur Zeit auch durch eigenes
Verschulden von einem ausgeglichenen Klima immer weiter entfernen.

Erst die Summe der Beobachtungen (extreme Hurrikans, Tornados in Amerika; Super-Taifune in Asien; extreme Temperaturen in Indien und Australien; ungewöhnlich lange Trockenzeiten
in Afrika, Wetteranomalien in Europa, Eisschmelze in der Arktis,
Anstieg des Meeresspiegels, usw.) lassen eine Einschätzung zu.

Wissenschaftler sagen zu ihren **Forschungsergebnissen** nun
aber nicht einfach *„Das müsst ihr uns glauben!"* Sie legen ihre
Forschungsergebnisse offen und führen **Fakten** an und ziehen
nachprüfbare Schlüsse aus ihren Untersuchungen. Was wir
oder die Politiker damit anfangen, ist unsere, beziehungsweise
deren Sache.

Einige Zweifler und eine Reihe von Politikern betrachten die Erwärmung des Weltklimas absichtlich mit Skepsis, weil es wirt-

schaftlichen Interessen entgegensteht oder nicht in ihre Politstrategie passt und Gegenmaßnahmen enorme Geldsummen verschlingen werden. Einschneidende Eingriffe in die Industriestruktur aus Klimaschutzgründen können Arbeitsplätze und damit Wählerstimmen kosten.

So müsste man sich in Deutschland zum Beispiel wegen des enormen CO_2-Ausstoßes von der Braunkohle-Verstromung verabschieden. Einige Politiker warnen in dem Fall vor Verteuerung des Stromes und vor Verlust von Arbeitsplätzen, nehmen dafür den Klimawandel in Kauf und schalten statt der Braunkohlekraftwerke die Kernkraftwerke, die kein Kohlendioxid emittieren, in Deutschland ab, weil ein Tsunami in Japan ein Kernkraftwerk am Meer zerstört hat. Auch der amerikanische Präsident Donald Trump setzte auf Kohlebergbau. Dort hatte er seine Wähler.

Manche, nein viele Menschen sind offensichtlich auch nicht in der Lage, die bevorstehende Gefahr zu begreifen. Dazu gehört auch der brasilianische Präsident Bolsonaro, der riesige Regenwaldgebiete abholzen lässt.

Skepsis ist immer angebracht, natürlich auch beim Thema Klimaerwärmung, zumal Wissenschaftler festgestellt haben, dass es auch im Laufe der vergangenen Jahrmillionen verschiedene Eiszeiten, aber auch Warmzeiten gegeben hat. So lag zum Beispiel die mittlere Juli-Temperatur vor 400.000 Jahren bis zu sechs Grad höher als heute. Dagegen ging um 1830 eine kleine Eiszeit zu Ende. Demnach gehen wir heute offenbar wieder einer Warmzeit entgegen. Es gab also im Laufe der Erdgeschichte schon früher natürliche Schwankungen. Diese Tatsache führen die Gegner als Argument gegen einen menschengemachten Klimawandel an. Doch sie irren!

Im Laufe von Millionen Jahren wurde der Kohlendioxidgehalt der Atmosphäre durch die Pflanzen reduziert und gleichzeitig Sauerstoff in die Atmosphäre abgegeben. Der Kohlenstoff wurde letztendlich nach dem Absterben der Pflanzen in der Erde als inerte Kohle oder Erdöl abgelagert. Durch Vulkanausbrüche kam es zu mehr oder weniger großen Schwankungen im Kohlendioxidgehalt der Atmosphäre. Es wurde allerdings wesentlich weniger Kohlendioxid in die Atmosphäre geblasen, als die Pflanzen entzogen hatten. Damit bewegte sich der Kohlendioxidgehalt in einem Bereich, mit dem wir leben können. Im Laufe von Millionen Jahren hatte sich der Kohlendioxid-Anteil auf ein für uns günstiges Maß eingependelt.

Heute greifen wir Menschen mit zusätzlicher Emission von Riesenmengen Kohlendioxid aus verstromter Kohle und fossilen Treibstoffen im Verkehr in die natürlichen Schwankungen ein und verbrauchen für die Verbrennung riesige Mengen an Sauerstoff, den wir und spätere Bewohner des Mars, wenn wir den Mars besiedelt haben und die Marsbewohner kontinuierlich mit Sauerstoff versorgen müssen, dringend brauchen werden.

Es ist eine Tatsache, dass der CO_2-Anteil in der Luft seit der Industrialisierung ständig angestiegen ist. Das haben Untersuchungen an grönländischen Eisbohrkernen ergeben. Wir haben in der Gegenwart einen Höchstwert erreicht, der für unser Überleben die Obergrenze darstellt.

Gleichzeitig werden riesige Waldgebiete abgeholzt, die der Atmosphäre heute kein Kohlendioxid mehr entziehen und keinen Sauerstoff liefern. Allein die Regenwälder des Amazonasgebietes produzieren mehr als 20 % des weltweit generierten Sauerstoffs. Also: Stop mit der Abholzung.

Sicher und wissenschaftlich bewiesen ist, dass ein steigender CO_2-Anteil eine Erwärmung der Atmosphäre sehr begünstigt. Ein gewisser Mindestanteil CO_2 in der Atmosphäre ist jedoch auch notwendig, damit die Erde nicht auskühlt und zu einem Schneeball wird, wie es vor ca. 600 Millionen Jahren passierte. Damals wurde das CO_2 von den Krustentieren im Meer in riesigen Mengen zu Kalziumkarbonat umgewandelt. Erst circa 20 Millionen Jahre später wurde die Erde durch enorme Vulkanausbrüche, die große Mengen CO_2 und Asche in die Atmosphäre geblasen haben, ihren Eispanzer wieder los.

Vielen Mitmenschen sind die Klimaentwicklung und deren Folgen gleichgültig. Lasst doch den Meeresspiegel um zwei Meter steigen, mir ist das egal, ich werde das nicht mehr erleben. Das stimmt sicher, zeugt aber von Egoismus, Rücksichtslosigkeit und Menschenverachtung. Doch schon die nächsten Generationen werden uns und unsere Politiker verwünschen, weil wir trotz wissenschaftlicher Erkenntnisse nicht dem fatalen Trend mit unseren heutigen technischen Möglichkeiten entgegengewirkt und ihre Welt zerstört haben. Etliche flache Inseln in der Südsee werden von Jahr zu Jahr kleiner, weil der Meeresspiegel langsam steigt. Für die dort lebenden Insulaner wird das inzwischen zu einem Problem.

Nun haben die Politik und die Wirtschaft eine Teillösung des CO_2-Problems gefunden: Mobilität mit E-Autos! Sie stoßen kein Kohlendioxid aus. Aber der Umstieg auf E-Autos bringt auch Probleme mit sich. Wenn alle Autofahrer auf E-Autos umsteigen, werden der Stromverbrauch und wahrscheinlich auch der Strompreis in ungeahnte Höhen steigen und es müssen unzählige Ladestationen installiert werden. Zur Zeit dauert das Aufladen eines E-Autos unverhältnismäßig länger als das Betanken eines herkömmlichen Autos. Die Ökostrommengen werden wahrscheinlich nicht reichen, da viele Menschen keine Windräder in ihrer Nähe haben wollen. Aber als Korrektiv haben wir ja die Braunkohle, Atomenergie, selbst nach dem sicheren THTR-Verfahren, will man nicht.

Ein weiteres großes Umweltdesaster stellt auch die Förderung von Lithium für die Batterien der E-Autos in den südamerikanischen Anden dar. Dort befindet sich das größte Lithiumvorkommen der Welt. Allerdings ist die Gewinnung nicht besonders umweltverträglich. Das Lithium liegt in einem riesigen Salzsee als Salz gelöst vor. Um das Lithiumsalz zu gewinnen, werden riesige Mengen des Salzwassers in riesigen flachen Arealen unter südlicher Sonne verdunstet. Ökologen erwarten enorme Umweltschäden für die Region. Die Idee vom Umstieg auf E-Autos erscheint als ideale Problemlösung, verursacht bei näherer Betrachtung aber auch enorme Probleme. Zudem sind E-Autos in der An- schaffung durch die großen Akkus teurer!

Klimawandel und Völkerwanderung

Steht uns in nicht allzuferner Zukunft eine Völkerwanderung enormen Ausmaßes bevor? Das ist ziemlich sicher! Es werden sich Millionen Klimaflüchtlinge in Marsch setzen.

Bereits in weniger als fünfzig Jahren erwarten Wissenschaftler enorme Probleme für große Teile der Menschheit: Große Dür- ren, Trinkwasserprobleme, merkbarer Anstieg des Meeresspie- gels. Es wird brutale Kämpfe um Wasser und Nahrung geben. Erste Anzeichen gibt es bereits heute. Millionen Menschen ha- ben schon jetzt keinen Zugang zu sauberem Trinkwasser.

Und das Meer wird wärmer! Wissenschaftler der NASA stellen durch Satelliten-Messungen im Februar 2019 fest, dass unter dem Thwaites-Gletscher in der Antarktis riesige Eismengen ge- schmolzen sind. Das entstandene Loch ist zehn Kilometer lang, vier Kilometer breit und dreihundertfünfzig Meter hoch. Diesem Loch entsprechen 14 Milliarden Tonnen Eis!

Wissenschaftler haben errechnet, sollten alle Eismassen der Arktis und der Antarktis schmelzen, würde der Meeresspiegel um etwa sechzig Meter steigen.

Es lohnt sich also, vorsorglich ein Grundstück im Sauerland oder im Harz oder, wenn man die bayrische Sprache beherrscht, eine Eigentumswohnung mit Blick auf die gletscherfreien Berge in Oberbayern zu kaufen.

Durch die Erwärmung schmelzen auch die Gletscher in den Hochgebirgen weltweit immer schneller. Satellitenaufnahmen dokumentieren das. Verschwinden die Gletscher, wird es Probleme mit der Wasserversorgung geben. Die Gletscher sind die Trinkwasserreservoire für Millionen Menschen.

Große Probleme mit fehlendem Wasser kennen allerdings die Farmer in den Südstaaten der USA genauso wie die Menschen in großen Teilen Afrikas schon heute. In Madagaskar verschwinden die Nahrungsquellen, weil das Wasser fehlt. Die Ernte fällt aus, die Folge ist eine katastrophale Hungersnot. Die Menschen versuchen, sich mit Heuschreckenlarven vor dem Hungertod zu retten.

Und unvorstellbar: In Bolivien ist der Lago Poopó, ein früher ca. 3.000 km² großer, allerdings flacher See in den Anden in 3.700 Metern Höhe, inzwischen vollständig verschwunden! Der Klimawandel und El Nino führten zu lang anhaltender Trockenheit.

Auch auf dem afrikanischen Kontinent regnet es viel zu wenig. In Südafrika, Namibia und anderen Regionen ist das Wasser knapp und der Tschadsee trocknet langsam aus. Das wird zu großen Problemen für viele Afrikaner führen. Nur wenn sich ein Zyklon wie im März 2019 nach Simbabwe, Malawi und Mosambik verirrt, versinken große Landstriche kurzfristig unter riesigen Wassermassen.

In nicht allzu ferner Zukunft, lange bevor wir auf einen geeigneten Planeten umsiedeln können, wird eine durch den Klimawandel erzwungene Völkerwanderung auf der Erde einsetzen. Millionen Menschen aus inzwischen unbewohnbar gewordenen Regionen werden sich in noch bewohnbare Regionen aufmachen.

Der Spruch: „Wir schaffen das!" hilft dann nicht mehr. Wir würden diesen riesigen Zustrom nicht mehr bewältigen. Die Millionen Menschen aus Regionen, in denen keine Überlebenschancen bestehen, werden sicher vorher keine Visaanträge stellen und monatelang auf einen positiven Bescheid warten, sie werden uns mit Gewalt überrennen. Es wird eng werden bei uns in unseren noch habitablen Regionen. Verhindern können wir den

Exodus nur, wenn wir heute die Klimakatastrophe verhindern und dafür sorgen, dass nicht noch mehr Regionen versteppen.

Es gibt allerdings Skeptiker, die den Einfluss des Menschen auf die Änderung des Klimas anzweifeln. Ihr Argument: Es gab bereits in der Vergangenheit immer wieder Warm- und Kaltzeiten ohne unseren Einfluss. Das ist durchaus richtig. Daraus schließen sie, dass wir ohne Rücksicht so weiter machen können wie bisher.

Sie vergessen nur eine wichtige Tatsache: Wir lassen nicht der natürlichen Klimaentwicklung ihren Lauf, sondern greifen aktiv in die Entwicklung ein!

Vorausgesetzt, wir bewegen uns im Moment wieder auf eine naturbedingte Warmzeit zu, dann müssen wir alles tun, um diesen Trend nicht noch zu beschleunigen. Doch wir bringen weltweit **zusätzlich riesige Mengen CO_2** in die Atmosphäre ein.

Der fossile Kohlenstoff, der von den Pflanzen im Laufe von Millionen Jahren der Atmosphäre entzogen wurde und als Kohle und Erdöl über Jahrmillionen im Untergrund inaktiv gelagert war, wird in gewaltigen Mengen von uns zur Energiegewinnung wieder in die Atmosphäre geblasen. Wir sind es also, die der Atmosphäre zusätzlich ungeheure Mengen Kohlendioxid zuführen und eine Erwärmung beschleunigen.

<u>Beispiel</u>: Ein 720-Megawatt-Steinkohlekraftwerk verbraucht bei normalem Betrieb täglich bis zu 5.000 t Kohle und gibt somit **täglich 13.200 t CO_2** oder als **Gas 6.600.000 m^3/Tag** in die Atmosphäre ab.

Dass durch einen höheren CO_2–Anteil eine schnellere Erwärmung der Atmosphäre die Folge sein wird, ist wissenschaftlich bewiesen und kann nicht geleugnet werden.

Für ein Klima mit einer für uns zuträglichen Temperatur benötigen wir einen bestimmten Anteil Kohlendioxid in der Atmosphäre. Sinkt der Anteil, wird das Klima kälter, steigt er, wird es wärmer. Durch die in der Erde eingelagerten Mengen fossilen, und damit inerten Kohlenstoff war die Atmosphäre in einem für Lebewesen optimalen Gleichgewicht. Die bisher inaktiven fossilen Rohstoffe Kohle, Erdöl und Gas werden von uns in der letzten Zeit in riesigen Mengen in Form von CO_2 wieder in die Atmosphäre geblasen. Das ist inzwischen mehr als die Regenwälder, die in großem Stil abgeholzt werden und unsere Wälder der Atmosphäre entziehen können. Zur Zeit sind wir laut Aussage von Wissenschaftlern an der Obergrenze des Gehaltes an CO_2 für unser langfristiges Überleben angekommen.

Der Astronaut **Alexander Gerst,** ab Juni 2018 für ein halbes Jahr Kommandant der ISS, die in ca. 400 km über der Erde ihre Bahn zieht, war erschrocken, als er von dort oben sehen konnte, wie viel Waldgebiet, insbesondere am Amazonas, seit seinem ersten Aufenthalt auf der ISS inzwischen gerodet wurde. Von dort oben sieht man deutlich, wie fragil die Erde ist.

Bei der Verbrennung von Kohlenstoff verbrauchen wir riesige Mengen Sauerstoff, den wir ebenfalls zum Leben benötigen. <u>Für die Verbrennung von 1 Tonne Kohlenstoff werden 2,7 Tonnen Sauerstoff verbraucht!</u> Da sollten die Wälder, die den Sauerstoff produzieren und das Kohlendioxid der Atmosphäre entziehen, nicht in großem Stil abgeholzt werden!

Die Wissenschaftler sind der Meinung, dass wir durch die zusätzlich in die Atmosphäre abgegebenen klimarelevanten Gase den normalen Zyklus der Warm- und Kaltzeiten gestört und die nächste <u>Kaltzeit</u> bereits um etwa vierzigtausend Jahre nach hinten verschoben haben.

Meteorologische Vorhersagen

Ein beliebtes Argument der Zweifler ist die Feststellung, dass die Meteorologen nicht einmal das Wetter für die nächsten vier Wochen präzise vorhersagen können, wie soll man dann einen Trend für Jahrzehnte vorhersagen können?

Kurzfristige Entwicklungen sind in der Tat schwierig verlässlich vorherzusagen. Ein Meteorologe hat einmal gesagt, dass der Flügelschlag eines Schmetterlings die Wetterlage beeinflussen könne.

Langfristige globale Beobachtungen und Messungen können aber sehr wohl einen Trend aufzeigen.

Es scheint leider wirklichkeitsnah, was die Wissenschaftler in Bezug auf die zukünftige negative Entwicklung des Weltklimas prognostizieren. Die in jüngster Zeit immer häufiger auftretenden Wetterextreme und die wissenschaftlich fundierten Untersuchungen lassen keinen anderen Schluss zu, als dass sich das Weltklima zur jetzigen Zeit durch unsere enorme Produktion von Kohlendioxid in eine für den Menschen, und damit auch für Tiere, bedrohliche Richtung entwickelt (BdW 9/2012). Natürlich wird es Überlebende geben, das ist keine Frage. Nur, wer wird das sein? Sie werden allerdings einen harten Überlebenskampf führen müssen.

Pflanzen würden dagegen von einem höheren Kohlendioxid-Anteil profitieren, da sie CO_2 für ihr Wachstum benötigen (Assimilation), wenn die Feuchtigkeit stimmt. Dann können sie über Jahrmillionen wieder das Kohlendioxid der Luft entziehen und unterirdisch als Kohle einlagern. Und vielleicht wird es mit den Überlebenden eine neue Evolution geben.

„Grönland beginnt zu tauen", heißt es am 2. August 2014 im ZDF, *und das unaufhaltsam. Seit zehn Jahren friert der Ilussit-Fjord auf Grönland nicht mehr zu.*

Für die derzeitige außergewöhnliche Erwärmung gibt es viele wissenschaftlich nachprüfbare Fakten. So hat zum Beispiel der CO_2-Anteil in der Luft, wissenschaftlich in Eisbohrkernen aus Grönland nachgewiesen, den höchsten Stand seit 650.000 Jahren erreicht und dieses Gas kann proportional zur Konzentration die Erwärmung beschleunigen.

Nach den neuesten Messungen der Weltwetterorganisation (WMO) ist die Konzentration des Kohlendioxids innerhalb eines Jahres noch nie so stark gestiegen, wie im Jahr 2016. Global gemessen betrug der Anteil des CO_2 im Jahr 2015 400 ppm (Parts per Million), im Jahr 2016 waren es bereits 403,3 ppm. Im ersten Moment erscheinen 3,3 ppm wenig, betrachtet man die gesamte Atmosphäre unserer Erde, ist dies eine riesige Menge, die zu größeren Hitzewellen führen kann.

„Wenn die eigene Heimat wegschmilzt" titelt ein Beitrag am 13. Mai 2019 in den Ruhr-Nachrichten. *„NAPAKIAK. An der Frontlinie des Klimawandels – Alaskas Ureinwohner bekommen die Erderwärmung direkt zu spüren. Ganze Dörfer müssen umsiedeln…. Der Friedhof musste schon zweimal verlegt werden, die alte Schule steht unter Wasser und das neue Schulgebäude kann auch bald nicht mehr genutzt werden…. Die Küste erodiert schneller als vorhergesagt. … In diesem Frühling stieg das Thermometer in Alaska bis zu 17°C – für die Region eine Hitzewelle."*

Klimaforscher haben festgestellt, dass sich die Arktis wesentlich schneller erwärmt, als der Rest der Erde.

Durch die Erwärmung unserer Atmosphäre wird u.a. auch der Permafrostboden in Kanada und in der Taiga in Russland tauen und riesige Mengen dort eingeschlossenes **Methanhydrid**, ein noch gefährlicheres Klimagas, freisetzen. Wenn das passiert, und es kündigt sich in Kanada und in Russland bereits an, ist es für ein Umdenken vielleicht zu spät! Im Juli 2021 veröffentlichten Forscher ihr Untersuchungsergebnis über die Folgen der Hitzewelle in Sibirien 2020. In zwei Kalksteingebieten wurde demnach außergewöhnlich viel Methan freigesetzt.

Auch die Temperatur der Meere steigt bereits messbar, was einigen Fischarten und Korallen schon sichtlich Probleme bereitet. Und dass der Meeresspiegel jetzt schon messbar steigt, er ist innerhalb weniger Jahre um acht Zentimeter gestiegen, zeigt der ständig größer werdende Landverlust der Südseeinseln. Den

Menschen auf den extrem flachen Inseln steht das Wasser buchstäblich bereits bis zum Hals. Aber solange wir hier, 60 Meter über dem Meeresspiegel, noch trockene Füße haben, kann uns das egal sein. Oder doch nicht? Schmilzt jedoch das Eis der Arktis und der Antarktis, wird es nur noch die Orte geben, die mindestens sechzig Meter über dem heutigen Meeresspiegel liegen. Von vielen Städten wird man nur noch in Geschichtsbüchern lesen. Dann kann die Bibel um etliche Horrorgeschichten ergänzt werden. Es werden sich immer mehr Menschen auf immer weniger bewohnbarem Land zusammendrängen. Der Kampf ums Überleben wird grausam werden und nur die Stärksten werden überbleiben.

Was müssen wir tun?

Wenn wir für nachfolgende Generationen die drohende Klimaerwärmung verhindern wollen, müssen wir primär sofort den Anstieg des CO_2-Gehaltes in der Atmosphäre stoppen. Wir müssen endlich pragmatisch handeln.

Es steht fest, dass Industrieländer leider große Mengen Energie benötigen, die kontinuierlich zur Verfügung stehen müssen. Und der Energiehunger wird immer größer. Denken Sie an den Trend zu Elektroautos, Elektroscooter und an den Ausbau der IT-Branche, wo riesige Mengen Energie gebraucht werden. Auch die sogenannten Entwicklungs- und die Schwellenländer werden ständig mehr Energie benötigen.

Sonnenenergie, die nur tagsüber zur Verfügung steht und Wind, der nicht immer konstant weht, sind allein nicht zuverlässig für ein Industrieland mit großem Energiebedarf. Das Problem ist die Speicherung der Energie. In diesem Zusammenhang ist nicht zu verstehen, dass Bundesländer, wie Bayern den Ausbau der Windenergie und den Bau von Stromtrassen behindern.

Wenn dann noch alle Autofahrer auf Elektroautos umsteigen, was ja von der Politik gewünscht wird, werden wir viel mehr Strom zur Verfügung stellen müssen. Also müssen wir uns zwischen zwei Übeln entscheiden: Weiter, wie bisher, Kraftwerke auf der Basis fossiler Brennstoffe und damit weiter Produktion riesiger Mengen CO_2, oder zusätzlich zu Sonnen- und Windenergie Atomkraftwerke ohne CO_2-Ausstoß, aber mit atomarem Abfall zu akzeptieren. Hier ist zu vermerken, dass es eine wesentlich sicherere Technologie für Atomenergiegewinnung gibt, als die überall verwendeten Siedewasser-Reaktoren, den Thorium-Hochtemperatur-Reaktor!

Welches ist das größere Übel, die größere Gefahr für das Klima? Was ist für uns wichtiger? Die Vermeidung von CO_2-Ausstoß, oder die diffuse Angst vor der Atomkraft?

Das Kohlendioxid wird immer in die Atmosphäre geblasen. Selbst modernste Kohlekraftwerke mit modernster Technologie und höherem Wirkungsgrad stoßen immer noch riesige Mengen CO_2 aus. Verbrenne ich 12 Gewichtsteile Kohlenstoff, entstehen immer 44 Gewichtsteile Kohlendioxid. Das ist Chemie. Daran lässt sich auch mit modernster Technologie nichts ändern.

Zur Zeit schalten wir nach und nach alle Atomkraftwerke ab. Schon das Wort *Atom* weckt bei vielen, technisch nicht bewanderten Menschen eine negative Reaktion.(Ich erinnere daran, dass unsere Sonne der größte Atomreaktor in unserer Nähe ist.) Lieber verfeuern wir dafür in teilweise überalterten Kohlekraftwerken die besonders schädliche Braunkohle in riesigen Mengen, um billigen Strom zu produzieren.

Andere Länder planen und bauen weiterhin Atomkraftwerke, leider die veraltete Technologie der Druckwasserreaktoren. So bietet Russland den afrikanischen Staaten den Bau von Atomkraftwerken konventioneller, alter Art an.

Neue, modernste Atomkraftwerke, wie der technologisch wesentlich sicherere THTR, der **Thorium-Hochtemperatur-Reaktor** (s. unten), würden hier deutlich weniger Probleme bereiten als die auf Basis von Brennstäben arbeitenden Atomkraftwerke.

Dabei muss natürlich das Problem der Entsorgung des atomaren Abfalls gelöst werden. Voraussetzung ist das ernsthafte Bemühen der Entscheidungsträger um eine Endlagerung des atomaren Abfalls in geologisch sicheren Formationen. Die ordnungsgemäße Lagerung muss kontrolliert werden. Atommüll kann nicht wie auf einer wilden Müllkippe chaotisch in billigen Blechfässern abgekippt werden, die innerhalb weniger Jahre durchrosten, wie in Gorleben geschehen!

Entsorgung von Kohlendioxid

Ideen, das CO_2 der Kohlekraftwerke über hunderte Kilometer zu transportieren und in der Erde zu verpressen, ist eine allein von der Menge nicht zu verwirklichende Vorstellung. Dazu braucht man poröses Gestein mit riesigen Hohlräumen. Angedacht war eine Pipeline vom Ruhrgebiet bis nach Schleswig-Holstein! Durch sie müssten allein für ein 720-Megawatt-Kraftwerk tagtäglich, wie bereits erwähnt, **13.200 t CO_2/Tag** oder als **Gas 6.600.000 m³/Tag** transportiert und verpresst werden. Allein von den vier in unmittelbarer Nähe befindlichen Kohlekraftwerken wäre das eine unvorstellbare Menge von ca. 45.000 t bis 50.000 t, beziehungsweise ungefähr 25.000.000 m³ **pro Tag**!

Die in einer größeren Region anfallenden Mengen Kohlendioxid sind nicht zu verpressen. Hinzu kommen die nicht kalkulierbaren Probleme in den für die Verpressung vorgesehenen Regionen (Erbeben; Gasaustritt über Felsspalten; Senken, die sich mit CO_2 füllen, da CO_2 schwerer als Luft ist; usw.). Also eine „Schnapsidee".

Unsere Politiker, technologisch nicht immer auf dem neuesten Stand, befassen sich zur Zeit intensiv mit der Energiewende und möchten am liebsten nur noch Wind- und Solarenergie anstelle von Kohle- und Atomkraftwerken. Das ist lobenswert, aber ist das für eine Industrienation eine verlässliche Versorgung, zumal niemand Windräder in seiner Nähe haben will. Die THTR-Technologie wird nicht diskutiert, ist offensichtlich nicht jedem bekannt. Die Bewältigung der Klimaprobleme müssen endlich dringend von Fachleuten in die Hand genommen werden, Politiker sind überfordert.

Dazu einige Fakten:

Kohlekraftwerke

Ein modernes **Steinkohlekraftwerk** mit einer Leistung von 720 Megawatt verfeuert pro Tag etwa 4.000 t **Steinkohle**, bei Spitzenlast bis zu 5.000 t.

Bei einem Aschegehalt von etwa 10% und angenommenen **4.000 t Steinkohle/Tag** entstehen bei der Verbrennung **13.200 t CO_2/Tag = 6.600.000 m^3/Tag** !

Rechnet man 300 Betriebstage/Jahr, der Rest sind Zeiten für die Revision und Instandhaltung, bläst das Kraftwerk **39.600.000 t CO_2/Jahr** in die Atmosphäre. Das bedeutet auch einen Verbrauch von **28.800.000 t Sauerstoff, während der Regenwald abgeholzt wird!**

Allein in unserer unmittelbaren Nähe haben wir Kohlekraftwerke in Bergkamen, in Stockum, in Lünen, sowie zwei in Hamm. Diese Steinkohlekraftwerke werden als erste zu Gunsten der billiger produzierenden Braunkohlekraftwerke vom Netz genommen.

Braunkohlekraftwerke produzieren durch den Übertagesabbau der Braunkohle den Strom besonders billig, sind aber auch die mit Abstand größten Umweltverschmutzer und verschandeln ganze Landstriche. Berücksichtigt man jedoch die Folgekosten der Braunkohleverstromung, ist der Strompreis nicht günstiger zu bewerten. Das Problem ist in diesem Fall, dass eine größere Region von der Braunkohle abhängig ist und die Politik eine Lösung für die Menschen schaffen muss.

Gaskraftwerke sind zwar sauberer, emittieren aber ebenfalls CO_2 und die Energieerzeugung ist teurer als in den Braunkohlekraftwerken. Deshalb sind sie, wie in Werne-Stockum, vielfach

außer Betrieb, werden allerdings für Notfälle in Bereitschaft gehalten, da sie sehr schnell hochgefahren werden können.

Alternativen

Windenergie leistet bereits einen größeren Beitrag zum Energiebedarf, ist jedoch nicht 100%ig zuverlässig. Wind steht nicht
immer überall zur Verfügung und in starken Stürmen werden die
Windanlagen abgeschaltet. In diesen Fällen muss kurzfristig auf
andere Energiequellen zurückgegriffen werden. Hinzu kommt,
dass viele Bürger Windanlagen in ihrer Nähe ablehnen. Windkraftanlagen müssen in Deutschland mindestens 1.000 Meter
von der nächsten Siedlung entfernt stehen, sie können auch
nicht in Landschaftsschutzgebieten gebaut werden. Tierschützer
lehnen diese Anlagen wegen der Gefahr für Vögel generell ab.
Auch Windkraftparks im Wattenmeer sind für Umweltschützer
ein rotes Tuch. Neue kleinere Windkraftanlagen haben eine 20%
höhere Leistung, waren von der Bürokratie in Bayern aber im
Juni 2021 noch nicht genehmigt, sodass hier für einen geplanten
Windpark die leistungsschwächeren, größeren Windanlagen gebaut werden müssen.

Solarenergie, neben Windenergie, die Energie der Zukunft,
steht zwangsläufig nur tagsüber zur Verfügung. Bei Dämmerung
und des Nachts, also mehr als die Hälfte eines Tages, insbesondere im Winter bei tiefer stehender Sonne und nach Schneefall,
muss auch hier auf andere zusätzliche Energiequellen zurückgegriffen werden.

Eine Industrienation mit hohem Energiebedarf kann zur Zeit
noch nicht allein von Solarstrom und Windenergie existieren.

Anmerkung: Die mit Solarzellen gewonnene Energie ist die <u>um-
gewandelte Atomenergie der Sonne</u>. Wir nutzen in unseren So-
laranlagen also die Atomkraft der Sonne! Das heißt, ohne Kerne-

nergie der Sonne kein Solarstrom auf der Erde! Der Kernreaktor Sonne, ohne jede Sicherheitseinrichtung, fährt mit voller Leistung und befindet sich zum Glück in 149.600.000 Kilometern Entfernung von der Erde. Ein Supergau ist in absehbarer Zeit nicht zu erwarten, da die gesamte Sonne bereits ein Reaktor ist.

Um den atomaren Abfall müssen wir uns nicht kümmern, er bleibt einfach auf der Sonne und wird von ihr zu anderen Elementen weiter verarbeitet.

Ohne Sonnenenergie gäbe es nur Dunkelheit und kein Leben auf der Erde! Also: Kernenergie nicht verteufeln!

Prinzipiell ist es ohne die Atomenergie der vielen Milliarden Sterne im Weltall finster und das gesamte All wäre ohne jedes Leben! Chemische Prozesse und damit auch die Entstehung von Leben brauchen Energie.

Speicherung von überschüssiger Solar- und Windenergie

Eine Speicherung von Solarenergie und Windenergie ist zur Zeit noch sehr aufwendig. Allerdings wird an dem Problem aussichtsreich gearbeitet. In Hamburg wurde ein neuartiger Wärmespeicher in Betrieb genommen, bei dem überschüssiger Strom zum Aufheizen größerer Mengen Vulkangestein auf 600°C genutzt wird. Vulkangestein speichert Wärme besonders lange. Bei Bedarf kann die Wärme später zur Dampferzeugung für Turbinen genutzt werden.

Energie aus Biomasse: Glauben Sie, dass Sie durch das Tanken von „Bio-Kraftstoff" mit 10% „Bio-Alkohol" aus nachwachsenden Rohstoffen einen Beitrag zur Verhinderung der Erderwärmung leisten? Das ist ein großer Irrtum!

Als in Europa Kraftstoff durch die Beimischung von nachwachsenden Energieträgern zu „Bio"-Sprit wurde, entstand ein riesiger neuer Absatzmarkt für Palmöl.

Bio-Äthanol und Bio-Diesel für Kraftstoff bedeutet Abholzung von Urwäldern und Regenwäldern, um wegen der steigenden Nachfrage mehr Land für die Produktion von Palmöl oder Mais zur Herstellung von Treibstoffen zu gewinnen.

So entstanden zum Beispiel in Indonesien in wenigen Jahren auf 20 Millionen Hektar riesige neue Monokulturen mit Ölpalmen in früheren Regenwaldregionen. Das Gleiche gilt auch für Sumatra, Borneo und Neuguinea. Länder in den tropischen Gebieten Afrikas und Südamerikas folgen dem Beispiel von Südostasien. Die Zerstörung frisst sich immer tiefer in die Regenwälder. Mit Ölpalmen und Sojabohnen ist viel Geld zu verdienen, mit Regenwald nicht.

Eine von der EU in Auftrag gegebene Studie belegt, dass Bio-Diesel aus Palmöl dreimal klimaschädlicher ist als Diesel aus Erdöl.

Auch das Verheizen von Holz und Pellets ist nicht klimaneutral. Es setzt ebenfalls Kohlendioxid frei und richtet in der Natur durch Abholzung große Schäden an. Große Waldgebiete verschwinden, um den Bedarf an Heizmaterial zu decken. Was der Wald in vielen Jahrzehnten an Kohlendioxid der Atmosphäre entzieht, blasen wir in kürzester Zeit heute in die Luft. (Regenwald-Report Nr. 2/19 Das Magazin von „Rettet den Regenwald e.V.)

Bei der ständig steigenden Weltbevölkerung brauchen wir andererseits in den nächsten Jahrzehnten mehr Ackerfläche für die Lebensmittelproduktion.

Atomenergie produziert grundsätzlich **kein CO_2**! Atomkraftwerke können außerdem im Gegensatz zu Kohlekraftwerken bei Bedarf extrem schnell hochgefahren werden.

Das größte Problem der derzeitigen AKW's stellt der atomare Abfall dar. Dieses Problem ist im Laufe der vergangenen Jahrzehnte nie ernsthaft angegangen worden, weil Interessengruppen unterschiedlicher Art stets opponiert haben. So hat Bayern zwar Atomkraftwerke, will aber einen Endlager-Standort in Bayern nicht akzeptieren. Selbstverständlich soll auch keine Stromtrasse, die Windenergie von der Nordsee nach Bayern transportiert, bayrisches Gebiet verschandeln. Die bayrische Regierung schlägt für die Trasse die anderen benachbarten Bundesländer vor. THTR-Kraftwerke würden hier einen deutlichen Vorteil bieten.

Unfälle in Atomkraftwerken

Nach den Unfällen von Tschernobyl und Fukushima ist die Akzeptanz der Atomenergie durch einseitige Berichtertattung und teilweise falsche Informationen in der Bevölkerung kaum mehr vorhanden und Atomkraftgegner differenzieren nicht.

Dabei ist festzuhalten, dass sich der Unfall in Tschernobyl während eines Experimentes ereignete, bei dem bewusst die vorgegebenen Grenzwerte überschritten worden waren und damit die Katastrophe heraufbeschworen wurde!

In Fukushima sind die Anlagen über zehn Jahre nicht ordnungsgemäß gewartet worden. Hier war das Sicherheitsdenken und das Verantwortungsbewusstsein nicht sehr ausgeprägt. Hinzu kommt die Gefahr von Erdbeben in dieser Region und die Lage direkt am Meer, die von vornherein eine Gefahr durch Tsunamis birgt. Hier war also schon in der Planung des Standortes ein Risiko enthalten.

In beiden Fällen haben die Behörden und die Betreiber total versagt und verantwortungslos gehandelt. Es sind die menschlichen Probleme, die an sich sichere Technik zu Problemfällen werden lassen.

Beiden Atomkraftwerken ist gemeinsam, dass es Druckwasser- bzw. Siedewasserreaktoren sind, die mit <u>großvolumigen Brennstäben</u> betrieben werden. Das radioaktive Material liegt in ungeschützter Form vor, es ist nicht ummantelt. Funktioniert die Kühlung nicht mehr, kann es zum Schmelzen der Brennstäbe kommen. Es bildet sich beim Zusammentreffen der geschmolzenen

Brennstäbe eine kritische Masse, so dass es zu einer atomaren Explosion kommen kann (s. Tschernobyl).

Aus technischer Sicht nicht notwendig war die hysterische Reaktion in Deutschland, wo sofort die Forderung von verschiedensten Seiten kam, alle Atomkraftwerke sofort abzuschalten. Dabei wird unter anderem außer Acht gelassen, dass Atomkraftwerke in Deutschland nicht von Tsunamis bedroht werden und starke Erdbeben nicht zu erwarten sind. Leider ist eine vorurteilsfreie Betrachtung des Themas und eine sachliche Diskussion auch heute kaum möglich.

Auch im nichtatomaren Bereich eines AKW kann es zu Zwischenfällen kommen. Selbst dann ist eine hysterische Reaktion oft die Folge, aber völlig unsinnig.

Thorium-Hochtemperatur-Reaktor THTR

Ein gravierender Fehler der Verantwortlichen der Politik und der Energieversorger war, dass man in der Vergangenheit und auch heute die modernere Version eines Atomkraftwerkes mit einer deutlich sichereren Technologie völlig links liegen lassen hat. Hier spielte nicht die Sicherheit, sondern der monetäre Aspekt die Hauptrolle. Die älteren AKW-Typen mit ihren großvolumigen, nicht ummantelten Brennstäben sind leider deutlich preiswerter im Bau, dafür aber deutlich weniger sicher. Doch wir sollten hier nicht aus Kostenbetrachtungen die billigste, aber risikoreichste Technologie bevorzugen. Es gibt eine bessere und sicherere Technologie, die eine Möglichkeit bietet, Energie ohne Kohlendioxid zu erzeugen, den Thorium-Hochtemperatur-Reaktor.

Leider wurde der THTR-Reaktor von den Atomkraftgegnern mit dem Slogan „Atomkraft nein danke" ohne Detailkenntnis in den gleichen Topf wie die Siedewasser- bzw. die Druckwassergeneratoren geworfen.

Eine geniale Idee

Im **Kernforschungszentrum Jülich** wurde ein Reaktor mit völlig anderer Technologie und einer im Problemfall wesentlich größeren Sicherheit entwickelt, der **Thorium-Hochtemperatur-Reaktor THTR**. Es war eine geniale Idee, das energieliefernde radioaktive Thorium in kleinen Portionen in Keramikmaterial einzukapseln. Damit war eines der größten Probleme der alten Atomkraftwerke beseitigt. Außerdem kann der THTR in der Größe den jeweiligen Bedürfnissen angepasst werden. Auch <u>kleinere Anlagen</u>, mit denen einzelne Stadtteile versorgt werden können, sind ohne Probleme zu bauen und sind besser beherrschbar.

Der erste, in Jülich gebaute kleinere Prototyp, lief über 20 Jahre ohne Probleme, ohne Zwischenfälle. In Hamm-Uentrop wurde daraufhin die größere Version THTR 300 als Prototyp gebaut, dessen Sicherheit während seiner Laufzeit noch verbessert wurde. Der Reaktor erhielt ein geschlossenes Kugel-Zuführungssystem.

Der THTR arbeitet mit **tennisballgroßen Keramikkugeln**, in denen das radioaktive Thorium in kleinen Portionen eingeschlossen ist. Durch Beschickungsröhren werden die Kugeln im Reaktor zu einem Haufen zusammengeführt und erhitzen sich. Durch den Kugelhaufen geleitetes Helium wird dort hoch erhitzt und erzeugt in einem Wärmetauscher den für die Turbinen notwendigen Wasserdampf. Bei diesem Reaktor gibt es keine großen Brennstäbe und keine Tauchbecken. Ein Supergau ist völlig ausgeschlossen. Auch bei einem Erdbeben oder einem Tsunami ist keine Katastrophe zu erwarten.

Die radioaktiven Keramikkugeln sind wesentlich einfacher zu handhaben als die großen, unhandlichen, nicht gekapselten Brennstäbe. Sie können kontinuierlich über Rohrleitungen zugeführt werden und werden im unteren Bereich ebenfalls kontinuierlich wieder abgezogen. Dort werden sie einzeln geprüft. Die verbrauchten Kugeln werden aussortiert, die noch verwendbaren werden oben wieder dem Reaktor zugeführt.

Dies System hat den Vorteil, dass das radioaktive Thorium bereits in kleinen Mengen sicher in Keramik eingeschlossen ist und im Problemfall die Kugeln unten aus dem Reaktor entfernt werden können. Da es sich um nicht schmelzende Keramikkugeln handelt, kann das radioaktive Thorium nicht, wie bei der Verwendung von Brennstäben, zu einer kritischen Masse zusammenschmelzen! Die ausgebrannten Kugeln können wesentlich problemloser als die Brennstäbe entsorgt werden und auch selbst in durchgerosteten Fässern das Thorium nicht an die Umwelt abgeben.

Ein weiterer Vorteil des Kugelhaufenreaktors ist der sogenannte **Negative Temperaturkoeffizient**. Bei einem eventuellen Störfall kann man in Ruhe abwarten und entscheiden, was zu tun ist. Je höher die Temperatur, um so weniger Neutronen fließen und der Reaktor schaltet sich bei 2.000°C praktisch selber ab. Bei einem Zwischenfall müssen die Physiker und Techniker nicht in Panik verfallen. Eine Katastrophe wie in Tschernobyl oder Fukushima ist bei einem THTR ausgeschlossen!

Störfall im THTR 300 in Hamm-Uentrop

Im THTR-300 in Hamm-Uentrop war es in der Anfangsphase am 4. Mai 1986 zu einem Störfall gekommen, der von hysterischen Atomkraftgegnern voreilig zu einem zweiten Tschernobyl-Fall aufgebauscht wurde. Die Wahrheit interessierte sie nicht.

Was war geschehen?

Eine in der Zuführung zerbrochene Kugel hatte den Zulauf der anderen Kugeln blockiert. Durch Einblasen von Helium in das Zuführungsrohr wurde der Stau behoben und die Bruchstücke entfernt. Dabei wurde allerdings eine kleine Menge radioaktives Material mit dem Helium in die Umwelt geblasen.

Die NRW-Landesregierung hat in der Bewertung dieses Ereignisses bestätigt, dass bei diesem Zwischenfall nur <u>60% der täglich erlaubten(!) Menge</u> an radioaktivem Material in die Umwelt gelangt war!

Zu dieser Zeit lag die radioaktive Bodenbelastung durch den Tschernobyl-Unfall bei 50.000 Becquerel pro Quadratmeter. Kontinuierliche Abluftmessungen haben ergeben, dass die Umwelt durch den Zwischenfall beim THTR am 04. 05. 1986 mit weniger als 0,1 Bq/m^2 belastet worden war – ein rechnerisch ermittelter Wert, da wegen der Geringfügigkeit der Abgabe ein messtechnischer Nachweis nicht möglich war!! Schon der Normalwert aus der natürlichen und zivilisatorischen Strahlenbelastung liegt bei 500 Bq/m^2, also 5.000mal höher, als die zusätzliche Belastung durch die Abgabe aus dem THTR 300 am 4. Mai 1986!! (Siehe hierzu die VEW-Presseinformation Nr. 22/86 vom 1. Juni 1986). Also kein Klein-Tschernobyl! Dieser Sachverhalt wurde von den Medien ignoriert! Wäre ja keine spektakuläre Meldung!

Aber Menschen mit vorgefasster Meinung wollen die Wahrheit sowieso nicht hören und schon gar nicht akzeptieren! Das ist ein generelles Problem unserer Zeit! Dabei ist Detailkenntnis so wichtig für Entscheidungen!

Nach diesem Zwischenfall haben die zuständigen Ingenieure in Uentrop die Zuführung in einen geschlossenen Kreislauf geändert, so dass kein radioaktives Material, sollte es noch einmal zu einer zerbrochenen Kugel in der Zuführung kommen, durch das Freiblasen mit Helium in die Umwelt gelangen kann.

Anmerkung: Das Problem wurde durch eine einfache Änderung der Zuführung gelöst! Der Zwischenfall war kein Grund, diese Technologie nicht weiter zu verfolgen. Wir können also Reaktoren bauen, die wesentlich sicherer sind und bei Bedarf auch kleiner sein können. Aber diese wesentlich bessere, risikoärmere Technologie mit tennisballgroßen Keramikkugeln, in die das radioaktive Thorium sicher eingeschlossen ist, kommt bis heute aus finanziellen Gesichtspunkten nicht zum Einsatz. Für die Weltraumforschung wird dagegen genügend Geld bereitgestellt.

Sicherheit ja, aber sie darf nichts extra kosten. Kann die Politik nicht zwingend vorschreiben, generell die sicherere Variante einzusetzen?

Der Reaktor in Hamm-Uentrop wurde inzwischen stillgelegt und abgerissen.

Anmerkung für Atomkraftgegner: Selbst bei einem zerstörerischen Angriff auf den THTR-Reaktor ist kein Supergau möglich.

Atomkraftwerke in Planung

Verschiedene Länder, darunter auch Japan und China setzen weiterhin auf Atomenergie und planen den Bau neuer AKW's. Nun wollen auch afrikanische Länder russische Atomkraftwerke bauen. Sie würden sich viele Probleme ersparen, wenn sie auf Kugelhaufen-Reaktoren setzen würden.

Das Fernsehen meldete am 06. Dezember 2015, **China** plane einen massiven Ausbau der Kernenergie. Nachdem die Feinstaubbelastung in Peking und großen Regionen Chinas durch die vielen Kohlekraftwerke mehr als das Hundertfache der Toleranzgrenze überschritten hat, muss hier dringend gehandelt werden.

Zur Zeit sind in China 30 Kernkraftwerke in Betrieb, 21 weitere sind im Bau. Bis 2020 hatte China 500 Mrd. Yuan (71 Mrd. Euro) eingeplant, um über fünf Jahre jährlich sechs bis acht neue Reaktoren zu bauen.

Leider kommt auch hier wieder nicht die THTR-Technologie zum Tragen.

Kernfusion

Ein Verfahren für die fernere Zukunft, ein Verfahren mit wenig schwach radioaktiven Abfällen.

Zur Zeit sind die Forscher von einer kommerziellen Nutzung jedoch noch weit entfernt. Insider sagen, der Aufwand für Energie zum Erreichen der extrem hohen Temperaturen, die zur Kernverschmelzung in den Ringmagneten notwendig sind, wäre sehr hoch. Man muss viel Energie aufwenden, um noch mehr Energie zu gewinnen. Die Anlagen für die Kernfusion werden sehr aufwendig und sehr groß sein. Kleine Einheiten, wie sie bei der THTR-Technologie möglich sind, kann man bei Kernfusions-Anlagen aus heutiger Sicht allerdings nicht realisieren.

In Greifswald wird an dieser Technologie geforscht und man zeigt sich optimistisch.

Ebenso ist man in den USA an dieser Technologie interessiert, da der Energiehunger der Welt, insbesondere, wenn alle Autofahrer auf E-Autos umgestiegen sind, in der Zukunft enorm ansteigen wird.

Erste hoffnungsvolle Ansätze hat das MIT, das Massachusetts Institute of Technology, veröffentlicht. Dort heißt es:

The new reactor is designed for basic research on fusion and also as a potential prototype power plant that could produce significant power. The basic reactor concept and its associated elements are based on well-tested and proven principles developed over decades of research at MIT and around the world, the team said.

Es ist noch ein weiter Weg, bis die Kernfusion wirtschaftlich nutzbar sein wird. Wir können also die Weiterentwicklung auf diesem Gebiet nur abwarten, aber in der Zwischenzeit müssen wir unbedingt die Erde retten, zum Beispiel mit dem THTR! Wenn wir die Erde lebenswert erhalten wollen, geht das nur ohne fossile Energieträger.

Parallel dazu gibt es den verständlichen Forschungsdrang der Astrophysiker und ihre Versuche, das Universum zu erklären. Stände unsere Welt nicht vor großen Problemen, müssten wir uns nicht entscheiden, was vorrangig angegangen werden muss. Bestimmte Themen müssen heute hintenangestellt werden, wie zum Beispiel die Suche nach einem Exoplaneten. Mit der Auswanderung auf einen Exoplaneten wird es nichts. Niemand lebt lange genug für einen interplanetarischen Flug. Wie bereits erwähnt, ist das auch die Meinung des Astrophysikers und Astronauten Alexander Gerst, er ist Spezialist auf diesem Gebiet. Er sagt, wir sollen unsere Erde retten. Auf ihn sollten wir hören!

Es gibt unendlich viele Probleme auf unserer Erde, aber auch ebensoviele Möglichkeiten, die Probleme anzugehen. An vielen dringenden Problemen wird bereits intensiv gearbeitet. Hier muss auch die Politik mitziehen.

Das wichtigste Problem, so scheint mir, müssen allerdings Genforscher lösen. Genforscher müssen sich das menschliche Chromosom vornehmen und nach dem Gen für Dummheit suchen, mit der Gen-Schere CRISPR/Cas9 ausschneiden und durch ein Gen für Intelligenz ersetzen. Dadurch käme die Menschheit einen großen Schritt weiter.

Übrigens, wie steht es jetzt mit Ihrem Glauben? Nachdenklich geworden?

Sie waren schon vorher meiner Meinung? Sehr gut! Wir verstehen uns.

Informative Literatur zu diesen verschiedenen Themen von Menschen mit freiem Geist, die ihr Gehirn benutzt haben:

NORBERT ROHDE: *Abschied von der Bibel.*

UWE HILLEBRAND: *Warum glaubst du noch?*

RICHARD DAWKINS: *Die Schöpfungslüge*

RICHARD DAWKINS: *Der Gotteswahn*

LAWRENCE KRAUSS: *Ein Universum aus dem Nichts*

BEN MOORE: *Elefanten im All*

DIETER NUHR: *Gibt es intelligentes Leben?*

Science Busters:	*Das Universum ist eine Scheissgegend*
Harald Lesch:	*Die Menschheit schafft sich ab*
Harald Lesch:	*Wenn nicht heute, wann dann?*

Weitere interessante Dokumentationen:

Harald Lesch **Leschs Kosmos**

Zum Beispiel: *Die zweite Schöpfung – Der neue Mensch* (ZDF) usw.

Harald Lesch **Unser Universum**

Zum Beispiel: *Sind wir allein im All?* (ZDF)

Ohne Limit Und weitere (ZDF)

Siehe auch: *Aufgedeckt – Rätsel der Geschichte* Staffel 4, Episode 5, ZDF

(Rückseite)

Unsere Welt ist ist voller Rätsel und es ist ein menschliches Bedürfnis, auch unerklärliche Dinge verstehen zu wollen. Diese Neugier ist verständlich, doch nicht immer gelingt es, bestimmte Phänomene selbst zu ergründen. In diesen Fällen kommen häufig andere Menschen ins Spiel, die behaupten, die mysteriösen Zusammenhänge erklären zu können.

Wenn es Wissenschaftler sind, werden sie anhand von Beweisen die Erklärungen liefern. Wenn es sich aber um Religionsvertreter, Wunderheiler oder Hellseher handelt, die angeblich alles wissen, ist Skepsis angesagt. Schalten Sie Ihr Gehirn ein und prüfen und hinterfragen Sie die Auslegungen und die oft skurrilen Erklärungen der Allwissenden, der Querdenker oder der Verschwörungstheoretiker auf Plausibilität und wissenschaftliche Beweise. In den meisten Fällen bleibt nichts übrig.